# 자연에너지 시장

# 자연에너지 시장

이이다 데쓰나리 엮음 | 푸른아시아 옮김

이후

## 일러두기

- 단행본·전집·정기간행물에는 겹낫쇠(『 』)를, 논문·논설·기고문·단편 등에는 홑낫쇠(「 」)를, 방송·영화·음악·단체명에는 꺽쇠(〈 〉)를 사용했습니다.
- 인명·지명·기타 외래어는 통상적으로 허용되는 몇몇 표기를 제외하고 「외래어 표기법」(1986년 1월 문교부 고시 제85-11호)에 따랐습니다.

# 자연에너지 시장, 새로운 에너지 사회의 모습

2005년 일본에서 이 책을 출판한 지 4년이 지났다. 이 책은 당시 지평선 위로 막 떠오르고 있던 자연에너지 시장의 전체 상을 그린 선구적인 책이었다. 하지만 지금 되돌아보면 자연에너지 시장은 이 책의 전망을 크게 뛰어넘어 역동적으로 발전했다. 간단하게 살펴보자.

현재 자연에너지는 미국 오바마 대통령의 등장과 함께 세계적으로 확산되고 있는 녹색 뉴딜의 주역을 담당할 것으로 기대를 모으고 있다. 녹색 뉴딜은 경제 위기, 기후 위기, 에너지 위기를 일석삼조의 방식으로 해결하기 위해 세계 각국의 정부가 솔선하거나 예정하고 있는 추진 방안을 가리킨다.

100년에 한 번 찾아온다는 금융·경제 위기는 아직 바닥이 보이지 않고 세계 각국의 정부는 공황을 피하기 위해 모든 수단을 동원하고 있다. 이러한 금융·경제 위기 상황에서 자연에너지가 일정한 역할을 해낼 것으로 기대를 모을 만큼 이미 자연에너지 시장은 성장하고 있다.

자연에너지 시장의 투융자 규모는 2004년에는 2조 엔에도 미치지 못했다. 하지만 그 후 해마다 60퍼센트의 성장을 거듭하면서 2008년에는 15조 엔 규모에 이르렀다. 현재 자동차 산업을 바짝 뒤쫓고 있으며 10년 후에는 팔목상대할 정도로 큰 규모의 산업으로 성장하여 자동차 산업을 추월한 것으로 예상된다. 〈국제노동기구(International Labour Organization, ILO)〉에 따르면 고용 규모가 230만 명에 이르고 2030년에는 2,000만 명을 넘을 것으로 예상된다.

개별 기업 차원에서 보더라도 불과 수년 전에 탄생한 자연에너지 기업 중에 이미 주식 시가 총액이 1조 엔을 넘는 기업이 여러 개 탄생했다. 정확히 100년 전에 'T형 포드' 1호가 세상에 등장한 이래 20세기는 산업 경제는 물론 정치·사회·문화적으로 '자동차의 세기'였다. 100년에 한 번 찾아온다는 경제 위기에 직면한 우리들 앞에 곤경에 처한 미국의 3대 산업 중 하나인 자동차 산업을 곁눈질하면서 21세기의 새로운 산업의 주역이 탄생을 준비하고 있다.

이런 상황을 반영해 2009년 1월 26일에는 녹색 뉴딜의 산물이라 할 수 있는 〈국제 자연에너지 기구(International Renewable Energy Agency, IRENA)〉가 발족했다. 이는 에너지 관련 국제 기구로서는 〈국제에너지기구(International Energy Agency, IEA)〉, 〈국제원자력기구(International Atomic Energy Agency, IAEA)〉에 이어 전후 세 번째다.

자연에너지를 주류로 만들기 위한 이와 같은 흐름을 이끌어 온 원동력은 역시 풍력발전이다. 2004년에는 4,800만 킬로와트에 불과했으나 2008년에는 1억 2,500만 킬로와트로 성장했다. 풍력발전은 전 세계에서 4조 엔의 시장 규모와 40만 명의 고용 규모를 가진 세계적 산업으로 변모했다. 2008년 말 기준으로 국가별로 보면, 보급이 주춤해진 독일(2,500만 킬로와트)을 대신하여 미국(2,500만 킬로와트)과 중국(800만 킬로와트)이 풍력발전 대국으로 도약했다.

태양광발전은 틈새 시장에서 급속하게 산업화되고 있다. 2004년 이전에는 일본의 독무대였던 태양광발전은 해마다 두 배씩 증가해 왔다. 특히 2000년에 발전 차액 지원(Feed in Tariff, FIT) 제도를 도입한 독일과 그 뒤를 따르던 스페인의 성장세가 대단하다. 현재 보급 분야에서는 독일, 스페인, 미국이 경쟁하고 있고 생산 분야에서는 독일, 중국, 미국, 일본이 경합하고 있다.

자연에너지는 시장과 사회에 새로운 변혁을 초래하고 있다. 대표 주자는 오바마 정권이 힘을 쏟고 있는 '스마트그리드'(Smart Grid, 지능형 전력망. 옮긴이)다. 스마트그리드란 인터넷 등 정보통신 기술과 태양광·축전지 등의 분산형 에너지 기술을 활용하여 전력망 시스템을 개선한 것으로 미래의 성장 동력은 물론 기술 혁신의 새싹으로 기대를 모으고 있다. 축전지, 계량기, 인터넷, 전력망 등 스마트그리드를 구성하는 각각의 기본적 기술은 대부분 갖추어져 있다. 앞으로 규제나 비용, 기존 업계의 장벽 등의 과제를 극복하느냐 여부에 성패가 달려 있다.

자연에너지는 지역사회에도 커다란 변화를 일으키고 있다. 이 책에서 소개하고 있는 나가노張野 현 이이다飯田 시가 추진한 태양광 보급을 위한 사회 모델은 국내외에서 주목을 받았고 2009년에는 일본 정부가 저탄소 도시의 본보기를 만들기 위해 추진하고 있는 '환경 모델 도시'에 선정됐다.

또한 역사적으로 일본의 환경 정책을 주도해 온 도쿄 도는 2020년까지 도내都內 전체 에너지 소비량의 20퍼센트를 자연에너지로 충당하는 것을 목표로 내걸었고 2008년부터는 태양 에너지(태양광발전과 태양열 온수 시스템) 이용을 폭발적으로 확대하는 정책을 도입했다.

이처럼 불과 5년 사이에 자연에너지를 둘러싼 상황은 크게 변화했다. 환경 에너지 혁명은 이미 시작됐다. 나는 이 책이 한국의 독자들이 자연에너지 시장의 전체상을 살펴보는 데 큰 도움을 주리라고 생각한다. 이 책이 한국의 녹색 뉴딜과 환경 에너지 혁명의 성공에 작으나마 시사점을 던져 줄 수 있기를 희망한다.

자연에너지의 성지聖地 독일 프라이부르크에서

이이다 데쓰나리

# 차례

## 4부 | 일본 시장은 앞으로 어떻게 될 것인가?

# 이 책을 읽는 독자들에게

이 책은 21세기 초반에 등장한 '자연에너지 시장'의 전체 상을 전망한 일본 최초의 책이다.

'자연에너지'는 '재생 가능 에너지'라고도 불린다. 석유, 천연가스 등의 고갈되는 자원과 대비되는 태양이나 풍력, 수력, 바이오매스 등을 말한다. 이 책에서는 환경에 미치는 영향이 적은 소규모의 '지속 가능한 자연에너지'를 '자연에너지'로 정의한다. 이러한 자연에너지가 일본에서는 오랫동안 '돈벌이가 되지 않는다', '북유럽과 일본은 풍토, 전기 계통 등이 달라 실현 불가능하다'는 인식 때문에 반짝하고 사라지는 유행 상품으로 취급되어 왔다. 하지만 자연에너지 시장의 확대라는 흐름과 대규모의 사회적인 변혁을 배경으로 시장이 조금씩 확대되고 있다.

앞으로 빠르게 성장할 자연에너지 시장이란 무엇인가? 이 책은 자연에너지 시장을 다양한 관점( 에너지, 환경, 산업 그리고 지속 가능한 사회 등의 관점)에서 살펴본 뒤, 그 동향을 파악할 수 있도록 편집됐다. 자연에너지와 관련하여 편집자를 포함한 일선에서 활약하고 있는 전문가와 연구자들 열다섯 명의 원고를 모은 것으로 자연에너지 시장의 전체 상과 최전선을 망라할 수 있는 책이다.

1부는 이 책 전체를 전망할 수 있는 부분이다. 자연에너지 시장을 형성하기 위해서는 '정책'이 중요하다. 1부에서는 에너지 정책의 주류에 자연에너지가 도입된 역사적 흐름과 국제정치의 거시적 변화를 파악할 수 있도록 했다. 또한 에너지 정책과 환경 정책(기후변화 정책)을 연결하는 주요 고리로서의 자연에너지의 위치 설정, 다양한 자연에너지 촉진 정책의 개관, 계통 문제나 전력 자유화와의 통합 등 전체 상을 해설했다. 2부에서는 일본에서 자연에너지 '시장'의 선행 사례를 해당 분야의 전문가가 분석한다. 관련 기업의 관계자는 물론 신규 사업을 지향하는 사업가들에게도 새로운 시야를 넓혀 줄 것이다. 자연에너지 시장이 폭넓게 전개되는 데 꼭 필요한 것은 시장만이 아니다. 3부에는 지역사회나 시민들의 앞선 대응 현황을 담았다. 4부에서는 정부의 전망, 국제적 동향과 지방자치 단체의 실천이라는 세 가지의 중요한 정치 영역을 각각 다루었다. 이 장에서는 향후 일본에서의 자연에너지 시장을 내다볼 수 있다.

　이 책이 환경·에너지 문제에 관심을 가진 독자는 물론 연구자나 정책 결정자, 환경 관련 비영리 단체(Non-Profit Organization, NPO), 관련 기업의 사업가들에게 참고가 되기를 바란다. 🌱

# 일본은 자연에너지 선진국인가?

　일본은 자연에너지 선진국이라는 평판을 듣고 있다. 정부도 '일본은 태양광발전 분야에서 세계 최고'라고 꼭 자랑한다. 산업계나 기술자들도 그런 자부심을 갖고 있는 것 같다. 하지만 진짜 그런가? 그러한 평판은 일본이 태양광발전의 보급이나 제조에서 국제적으로 선두 주자라는 사실에서 출발한다. 태양광발전만을 보면 2003년 말 기준으로 누적 설치량이 약 86만 킬로와트로 확실히 세계에서 선두 주자임이 분명하다. 하지만 풍력발전은 약 68만 킬로와트로 태양광발전을 밑돌고 있고 독일의 20분의 1 수준에 불과하다. 풍력발전 설치량이 태양광발전을 밑돌고 있는 나라는 전화電化가 뒤처진 나라나 작은 섬과 같이 특수한 경우다. 풍력발전이 일반적으로 가장 경쟁력 있는 자연에너지 발전이라는 점에서 이는 당연한 일이다. 이에 비해 태양광발전의 비용이 낮아졌다고 해도 풍력발전과 비교하면 아직 몇 배나 높다. 태양광발전이 보급되는 것은 물론 반가운 일이다. 하지만 왜 이처럼 기묘한 역전 현상이 일어나고 있을까?

　이에 대해서, 예를 들면 '일본의 바람은 풍력발전에 적합하지 않다'고 종종 설명하곤 한다. 몇 해 전까지 자주 들었던 얘기다. 하지만 풍차가 다소 늘어난 최근에는 말하는 방식이 조금 바뀌어서 '일본의 바람은 유럽과 다르다', '일본의 전력 계통은 특수하다'고 말한다. 일본의 특수성을 강조한 이러한 설명은 한 발 물러서서 듣는 것이 좋다. 대부분이 현상 유지에 대한 변명에 가깝다. 아직 '현실'이 아니라는 점에서 불가능한 이유는 얼마든지 갖다 붙일 수 있기 때문이다. 여기에는 바람직한 미래를 '현실'로 만들려는 의지와 상상력 그리고 건설적인 자세가 처음부터 없다.

그뿐만이 아니다. 선두 주자라고 자랑하는 태양광발전도 실은 위험하다. 일본의 태양광발전은 정부의 설치 보조금이라는 '정책'만으로 보급된 것이 아니다. 오히려 전력회사가 자율적으로 추진해 온 잉여 전력 구입 프로그램이 보급을 뒷받침해 왔고 정부의 보조금과 맞물린 '정치적 우연'의 산물에 불과하다. 만일 전력회사가 잉여 전력 구입 프로그램을 추진하지 않는다면 바로 그 순간에 일본의 태양광발전 '시장'은 무너져 버릴 것이 틀림없다. 그런 일은 일어나지 않을 것이라고 생각할 수도 있다. 하지만 최근 수년간 풍력발전이 걸어온 길을 살펴보면 전력회사의 자율적인 프로그램이 갑자기 그리고 일방적으로 변경되는 일이 적지 않았고 그런 변화를 정책이 뒤따르지 못했다는 점은 분명하다.

또 다른 예로 바이오매스가 있다. 현재 일본 정부는 마치 올림픽 표어이기라도 한 양 '바이오매스 일본'을 외치며 국가 전략 차원에서 바이오매스 이용을 추진하고 있다. 하지만 불과 몇 년 전만 해도 바이오매스는 '신에너지'의 정의에 포함되지 않았고 바이오매스라는 단어도 거의 알려져 있지 않았다. 그뿐만 아니라 대다수의 '에너지 전문가'들은 최근까지도 '땔감이나 분뇨, 초목이 쓸모 있는 에너지 자원이 되기는 어렵다'는 고정관념에 사로잡혀 있었기 때문에 제대로 된 정책 연구는 거의 없는 상황이다. 또한 소리만 요란한 '바이오매스 일본'도 내용을 들여다보면 예전처럼 하향식의 설치 보조금이나 연구 개발비뿐이며, 실효성 있는 보급 정책이 없다는 점에서 전략과는 사뭇 거리가 멀다. 이런 식이라면 무엇 때문에 총리실과 다섯 개의 부처가 참여하는 범정부 차원의 프로젝트로 추진되고 있을까? 각 부처가 '국가 전략'

이라는 이름 아래 보조금을 확보하기 위한 동상이몽을 꾸고 있다고 생각할 수밖에 없다.

이렇게 보면 자연에너지 선진국과는 아주 거리가 먼 열악한 일본의 상황이 드러난다. 내실이 없다는 평판을 들으면서도 실행할 수 없는 이유들만 내세웠다. 게다가 현실에서는 국제 현실에 등을 돌리고 아무런 계획도 없이 주먹구구식의 대응을 반복해 왔다. 이런 상황이라면 최근 10년간 자연에너지 분야에서 크게 뒤처져 버린 일본은 '자연에너지 정책의 후진국'으로 불리는 편이 낫다.

하지만 세계적으로는, 특히 유럽을 중심으로 1990년대에 들어 성장세가 점점 빨라지면서 자연에너지 산업과 시장이 조금씩 형성되고 있다. 일본에서도 새로운 대응이나 다른 각도에서 보면 '자연에너지 시장'은 이미 탄생하여 성장 과정에 있다. 즉 이제부터 확대될 새로운 시장이다. 따라서 이 분야는 초기에 시장에 진출하여 선점하는 기업일수록 많은 이익을 얻을 수 있다. 그리고 사회 전체가 많은 혜택을 받게 된다. 🌱

# 1부 | 주류로 나아가는 자연에너지

# 1장 자연에너지 정책의 전개 과정

이이다 데쓰나리 飯田哲也

1995년 야마구치山口 현에서 태어났다. 교토京都 대학 공학부 원자력핵공학과, 도쿄東京 대학 대학원의 〈첨단과학 기술 연구 센터〉에서 박사 과정을 수료했다. 비영리 법인 〈환경 에너지 정책 연구소〉 소장, 〈일본 종합 연구소〉 주임 연구원, 스웨덴 룬드 대학의 객원 연구원이다. 자연에너지 정책을 필두로 시민 풍차나 녹색 전력 등 일본 자연에너지 시장의 선구자 혹은 개혁가로서 국내외에서 활약하고 있다. 〈중앙 환경 심의회〉, 〈종합 자원 에너지 조사회〉, 〈도쿄 도 환경 심의회〉 위원 등을 역임했으며 지은 책으로 『북유럽의 에너지 민주주의北欧のエネルギーデモクラシー』, 『빛과 바람과 숲이 여는 미래: 자연에너지 촉진법光と風と森が開拓く 未来: 自然エネルギー促進法』(공저), 『환경 지성의 시대環境知性の時代』가 있으며, 『에너지와 우리 사회エネルギーと私たちの社会』 등의 책을 번역했다.

'자연에너지'는 오랫동안 연구·개발의 단계에 머물러 있었다. 하지만 1990년대부터 급속하게 시장이 형성되어 왔다. 이런 변화에는 '정책'이 가장 중요한 역할을 담당했다.

이 장에서는 에너지 정책의 주류에 자연에너지가 자리를 잡게 된 역사적 흐름과 국제정치적인 흐름을 함께 살펴본다. 또한 에너지 정책과 환경 정책(기후변화 정책)을 연결하는 핵심 고리로 자연에너지의 위치를 설정하고 새로운 자연에너지 촉진 정책을 개관하며 전력 계통 문제와 전력 자유화의 통합과 관련한 전반적인 상황을 살펴본다.

## 1. '자연에너지 시장'의 개막

자연에너지는 기후변화 문제의 해결책으로 큰 기대를 모으고 있다. 또한 대기오

표 1. 〈경제협력개발기구〉에서 본 자연에너지 확대와 투자 전망[1]

| | 참조 시나리오 | 정책 강화 시나리오 |
|---|---|---|
| 발전량에서 자연에너지가 차지하는 비율 | | |
| 2003년 | 15% | 15% |
| 2030년 | 17% | 25% |
| 설비량 증가 2003~2030년 | 19% | 32% |
| 새로운 설비 투자 2003~2030년 | 33% | 52% |
| (2000년, 달러) | 4,770억 달러 | 7,240억 달러 |

염 방지 등 지역의 환경 보전 대책으로서 에너지 안전보장에 기여하고 있으며 산업과 고용의 창출, 지역사회 활성화와 같은 경제·사회의 측면에 이르기까지 다양한 장점을 갖고 있다. 하지만 화석연료 등 기존의 에너지 자원과 비교할 때 높은 비용 등의 문제로 에너지 정책 중에서는 오랫동안 연구 개발 단계에 머물러 있었다.

그러나 1990년대를 통해 가장 성장한 전원電源은 풍력발전과 태양광발전이며, 각각 연 20퍼센트가 넘는 성장을 이루어 왔다. 자연에너지 시장은 2003년도에는 세계적으로 약 200억 달러(약 2조 2,000억 엔)의 규모에 이르렀고, 앞으로도 해마다 약 20퍼센트씩 성장할 것으로 전망하고 있다. 1995년에서 2003년까지 누적 투자액이 1,000억 달러(약 11조 엔)이고 〈경제협력개발기구(Organization for Economic Cooperation and Development, OECD)〉에서만 향후 2030년까지 7,000억 달러(약 80조 엔)의 투자가 이루어질 것이라는 전망도 나와 있다.(표 1의 '정책 강화 시나리오' 참조)

선두를 달리는 독일에서는 자연에너지를 이용한 발전량이 총 발전량의 10퍼센트에 달했고[2] 13만 명의 고용[3]과 80억 유로의 경제 효과를 창출하고 있다. 그뿐 아니라 자연에너지를 이용하여 3,500만 톤(2004년[4])의 이산화탄소를 줄였다는 점에서 환경과 경제의 통합을 상징하는 존재가 되고 있다.

이제 진정으로 '자연에너지 시장'의 막이 열렸다고 할 수 있다.

## 2. '정책'이 문을 연 자연에너지 시장

### 1) 자연에너지 정책의 역사

자연에너지 시장이 형성되는 과정에는 네 번의 '파도'가 있었다. 우선 1970년대 초반에 있었던 원자력 논쟁이 자연에너지에 대한 관심을 단숨에 끌어 올렸다. 1972년 스톡홀름 '인간 환경 회의'와 특히 1973년의 제1차 석유 위기를 계기로 정부나 전력회사가 추진한 원자력 개발에 대해 사회적으로 엄청난 비판이 확산됐고, 이를 대체할 수 있는 에너지의 상징으로 떠오른 것이 자연에너지였다. 다만 당시는 기술적으로 실용화할 수 있는 단계가 아니어서 이상理想의 단계에 머물러 있었다.

두 번째 파도는 1970년대 후반부터 80년대 전반에 걸쳐 대두된 석유 대체에너지에 대한 관심이다. 1970년대 두 번의 석유 위기를 거치며 모든 정부가 석유 대체에너지에 관심을 쏟았다. 일본과 같이 원자력을 핵심 대안으로 설정한 국가와 북유럽과 같이 원자력이라는 선택지가 사라진 국가에서도 정책의 중심은 다르지만 정부가 석유 대체에너지를 찾기 위한 목적으로 자연에너지의 연구 개발에 힘을 쏟았던 것은 마찬가지다.

세 번째 파도는 1980년대 후반부터 급속하게 확산됐던 지구온난화에 대한 우려다. 다양한 자연에너지에 대한 대응 속에서, 특히 북유럽에서는 1990년대에 들어서서 정책을 통해 자연에너지를 빠르게 보급하는 데 성공한 두 가지 대표 사례가 등장했다. 독일과 스페인의 풍력발전과 스웨덴과 핀란드의 바이오매스 에너지다. 풍력발전은 '자연에너지 전력의 거래 제도'라는 '시장'을 활용한 '새로운 정책'이 만들어 낸 대표 성공 사례. 한편 바이오매스 에너지는 열 이용의 측면에서 환경세의 활용과 지역 차원에서의 대응이 만들어 낸 자연에너지 보급의 대표 성공 사례.

그리고 최근 '자연에너지 시장'이 등장했다. 이것을 국제정치에서 가장 적극적으로 지지한 〈유럽연합(European Union, EU)〉은 지구온난화 방지 등의 환경 보전을 시작으로 에너지 안보의 향상, 산업·고용의 확대 그리고 지역 개발이라는 네 가지 측면에서 자연에너지를 지역 에너지 정책의 중심에 두고 있다. 독일이나 북유럽에서 자연에너지 정책이 성공한 경험에 기초하여 1997년의 『자연에너지 백서』는 2010년까지 자연에너지를 1차 에너지의 12퍼센트로, 두 배로 늘리는 계획을 발표했다. 2001년에는 '자연에너지 지침'을 수립하여 2010년까지 자연에너지 전력으로 전력에너지 사용량의 22퍼센트를 공급한다는 목표를 세웠다. 나아가 2003년에는 '바이오 연료 지침'을 통해 2020년까지 수송 연료의 20퍼센트를 바이오 연료로 전환한다는 목표를 세웠다.

국제적으로도 자연에너지 보급이 '지속 가능한 발전'의 핵심이라는 인식에 기초하여 2000년 오키나와에서 열린 주요 선진국 정상 회의(G8 서미트)에서 〈G8 자연에너지 전담 기구〉가 설립됐다. 그리고 2002년 '지속 가능한 개발에 관한 세계 정상 회의'(요하네스버그 서미트)에서도 자연에너지의 목표 수치가 중심적인 의제가 됐다. 이후 독일 본에서 열린 '자연에너지 2004 국제회의'로 이어지는 일련의 흐름은 '자연에너지 국제정치'의 시작을 알렸다.

## 2) 풍력발전의 성공

풍력발전에 대해 얘기할 때 1980년대까지는 미국 캘리포니아 주와 덴마크가 풍력발전의 '성공 사례'로 알려져 있었다. 덴마크에서는 1973년 석유 위기 직후에 전력회사가 전국에 15기의 원자력 발전소 건설 계획을 발표했고, 이것이 사회를 양분하는 원자력 논쟁의 시발점이 됐다. 이 논쟁은 1979년 미국의 스리마일 섬 원전 사고로 사실상 종지부를 찍었다. 그 사이에 풍력발전은 원자력에 대항하는 상징이 됐고 1970년대 말에는 송전망과의 계통 연계나 풍력 협동조합, 전력 거래를 위한 삼자 협정 등 오늘날의 풍력발전 시장을 낳은 시험들이 시작됐다. 이는 미국의 카터 대통령이 1978년에 도입하여 캘리포니아 주에서 폭발적인 풍력발전의 유행을 낳은 '공익 사업 규제법(Public Utility Regulatory Policies Acts, PURPA)'과 함께 현재의 성공한 '자연에너지 정책'의 뿌리라고 할 수 있다.

그 후 1990년대에 들어서 독일, 덴마크, 스페인에서 급속하게 풍력발전이 보급되기 시작했다. 여기에는 풍력발전을 비롯한 자연에너지로 생산한 전력을 일정한 가격으로 구매하는 것을 삼자 협정을 통해 결정한 덴마크를 모방했다는 공통점이 있다. 먼저 독일이 1990년에 '전력 공급법'(Electricity Feed-in Law, 독일에서 1990년 2월에 도입한 자연에너지 구매 의무법이다. 줄여서 EFL로 쓴다)을 도입했다. 이것은 지역 전력회사가 평균 전기 요금의 90퍼센트 가격으로 자연에너지를 구매하도록 의무화한 것이다. 독일을 따라 덴마크도 1992년에 유사한 법제화를 추진했고 스페인도 1994년에 이를 도입했다.

그 결과 2003년 말의 풍력발전 설치량을 보면 독일과 스페인이 각각 1,461만 킬로와트, 641만 킬로와트로 월등히 앞서가고 있고 여기에 덴마크(311만 킬로와트)를 포함한 3개국이 유럽 전체 풍력발전의 83퍼센트, 세계 전체의 60퍼센트를 차지하고 있다.

덧붙여서 세계 전체의 풍력발전은 2003년 한 해 동안 795만 킬로와트로 25.1퍼센트가 증가했고 누적 설치량이 3,929만 킬로와트(2003년 말)에 달했다.[5] 그중에서도 유럽에서 560만 킬로와트가 늘어나 누적 2,907만 킬로와트가 됐고, 세계 전체의 74퍼센트를 차지하고 있다. 이어서 미국이 173만 킬로와트가 증가하여 누적 637만 킬로와트(세계 전체의 16퍼센트), 독일이 39만 킬로와트가 증가하여 누적 211만 킬로와트(세계 전체의 5퍼센트)가 됐다.(그림 1)

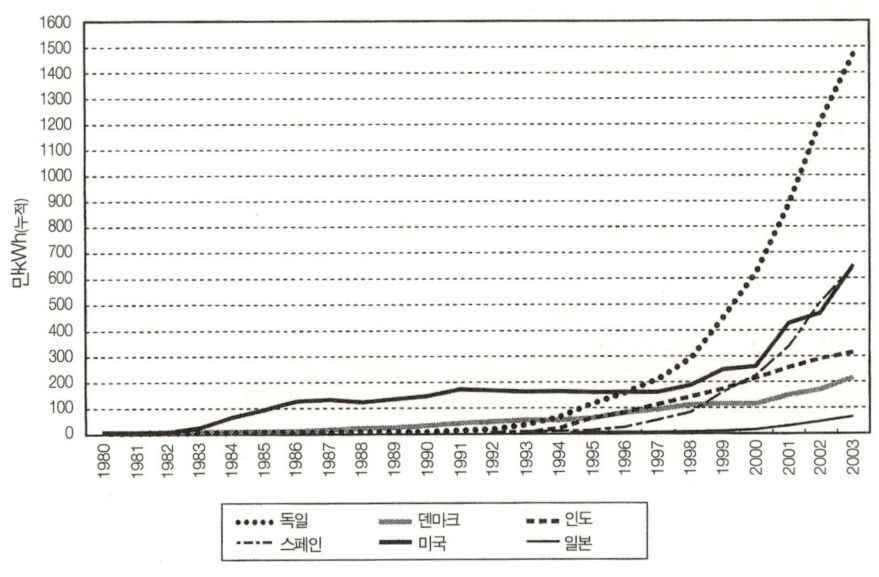

그림 1. 세계 각국의 풍력발전

범례:
- ●●●●● 독일
- ▒▒▒▒ 덴마크
- ▬ ▬ ▬ 인도
- ─·─·─ 스페인
- ▬▬▬ 미국
- ──── 일본

### 3) 바이오매스 에너지의 보급

한편 스웨덴이나 핀란드에서는 같은 시기인 1990년대에 풍력발전이 아니라 바이오매스 에너지 이용의 성공 모델을 만들어 냈다. 당시 두 나라에서는 지역에 전력과 난방 열을 공급하는 지역 에너지 공사公社가 전국으로 확대됐고, 이것이 바이오매스 에너지를 도입하는 데 중대한 역할을 수행했다. 지역에서 열을 공급할 때 바이오매스 연료로 전환한 것은 정책의 측면에서 2단계로 구분할 수 있다.

1단계는 1980년대 초반부터 시행된 보조금이다. 두 번의 석유 위기를 거친 후에 스웨덴에서는 1980년 무렵부터 정부가 석유 대체에너지로 지역에서 열을 공급할 때 사용하는 연료를 중유에서 톱밥으로 전환하는 사업에 보조를 해 주기 시작했고, 이것이 서서히 확대됐다.

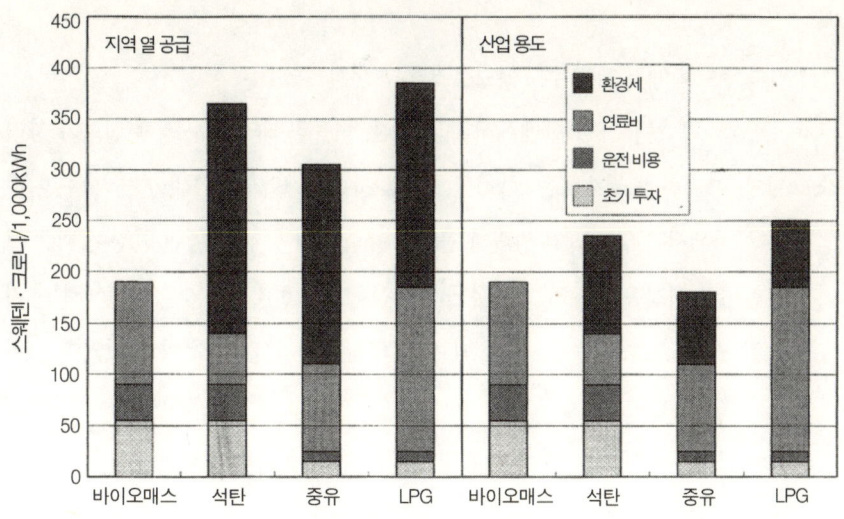

그림 2. 바이오매스와 여타 연료의 세금에 따른 가격 차이

둘째, 1990년대 초반에 차례로 도입된 환경세가 있다. 스웨덴에서는 1980년대 후반부터 세금 제도와 재정 전체를 녹색화하는 일련의 정책 개선 작업이 이루어져 왔다. 그 이전에는 에너지 절약을 위한 에너지세가 중심이 됐던 에너지 분야에서 탄소세, 유황세 그리고 질소산화물($NO_x$)에 부과하는 과징금이 환경세로 새로 추가되면서 지역에 열을 공급하는 데 사용되는 바이오매스 연료가 비용 경쟁에서 유리해졌다.(그림 2) 1990년부터 1997년에 걸쳐 지역에 열을 공급할 때 연료로 이용된 바이오매스는 100억 킬로와트시(kilowatt-hour, 전력량의 보조 단위로 전력량을 산정하는 기준이며 kWh로 표기한다. 옮긴이)에서 250억 킬로와트시로 2.5배 늘어났다. 2001년에는 스웨덴의 1차 에너지 이용량 6,160억 킬로와트시 중 16퍼센트에 상당하는 980억 킬로와트시를 바이오매스 에너지가 공급하고 있고, 그중 약 4분의 1이 지역에 열을 공급하는 데 이용되고 있다.

## 3. 자연에너지 정책의 개관

### 1) 기술 주도형에서 시장 주도형으로의 정책 전환

자연에너지가 연구 개발 단계에서 '시장'으로 이동한 배경에는 정책 변화가 자리 잡고 있다. 중요한 배경으로는 1980년대부터 시작된 '생태적 근대화'가 있다. 이것은 좁은 의미에서는 당시까지 명령과 관리형의 규제가 중심이 됐던 환경 정책에 경제적 기법이나 시장을 활용하기 시작했다는 것을 의미한다. 더 넓은 의미에서는 '지속 가능한 발전sustainable development'의 사상적 배경과 관련한 논의가 있었지만 이 글에서는 다루지 않는다.

이러한 생태적 근대화가 불러 온 환경 정책의 변화에 따라 자연에너지 정책도 연구 개발 중심의 기술 주도형에서 경제적 인센티브를 수반하는 시장 주도형으로 전환됐다. 정부의 경제 정책에서 보면 자연에너지 설비에 대한 정부 보조금이나 특별 감세와 같은 초기 투자에 대한 보조에서 발전량을 대상으로 경제적 인센티브를 제공하는 실적 기준의 지원 조치로 진화해 왔다.(표 2)

역사적으로 볼 때 각국에서 진행된 초기 투자 보조에서 1990년 독일이 도입한 발전 차액 지원 제도(FIT)와 이를 전후하여 영국이 도입한 경쟁 입찰[비화석연료 사용 의무(Non-Fossil Fuel Obligation, NFFO)로 표기한다]로 전개됐고, 그 후 1990년대 후반에 자연에너지 할당 기준(Renewable Portfolio Standard, RPS) 등의 의무 할당 제도fixed quota system를 도입하기 시작했다.

### 2) 새로운 자연에너지 정책의 개관

'새로운 자연에너지 정책'이란 앞서 얘기한 발전량을 대상으로 경제적 인센티브를 제공하는 실적 기준의 지원 조치를 말한다. 주요한 정책을 개관한다.(그림 3)

### 표 2. 자연에너지 보급 제도의 분류[6)]

| | | 직접적 수단 | | 간접적 수단 |
| --- | --- | --- | --- | --- |
| | | 가격 | 할당 | |
| 규제 · 법적 | 초기 투자 대상 | • 초기 투자 보조<br>• 우대 세제 | • 경쟁 입찰<br>(영국 NFFO, 일본) | • 환경세 |
| | 발전량 대상 | • 고정 우대 가격<br>(독일형) | • 자연에너지 할당<br>기준(RPS)(영국, 일본) | |
| 시장 · 자율 | 초기 투자 대상 | • 청정 요금 | | • 자율 협정 |
| | 발전량 대상 | • 자율 결정<br>(잉여 전력 구입 프로그램)<br>• 녹색 요금, 녹색 증서 | • 녹색 증서 | |

### 그림 3. 유럽 각국의 자연에너지 정책 지도

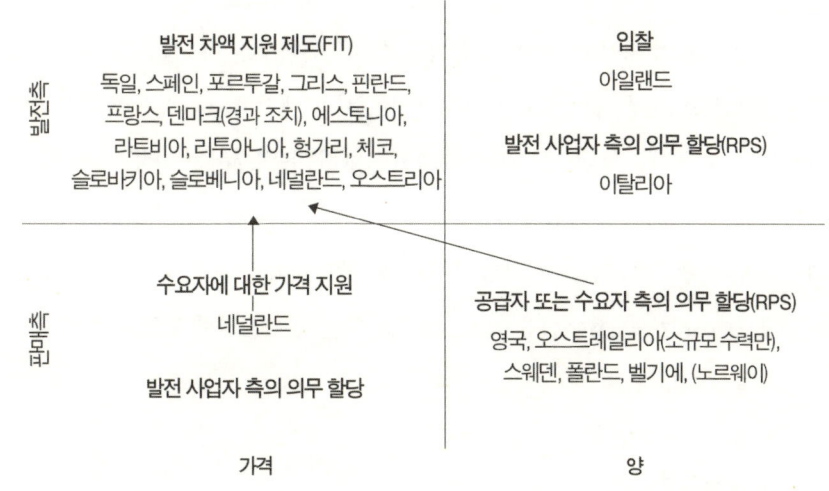

① 발전 차액 지원 제도

'발전 차액 지원 제도(FIT)'란 지역의 송전 계통 관리자 또는 전력회사가 자연에너지에서 얻은 전력을 일정 가격에 의무적으로 구입하도록 한 정책이다. 이 제도는 독일이 1990년에 도입한 '전력 공급법(EFL)'을 시작으로 덴마크나 스페인 등이 차례로 도입하면서 오늘날 유럽에서는 주류가 된 '새로운 자연에너지 정책'의 대표 사례다. 특히 독일에서는 2000년에 도입하여 2004년에 개정한 새로운 '자연에너지 촉진법(Erneuerbare Energien Gesetz, EEG)'으로 풍력발전 보급에 더욱 탄력이 붙었다. 게다가 태양광발전은 2004년부터 옥상(지붕)에 설치할 때 20년간 1킬로와트당 57유로센트(약 80엔)로 전력회사가 구매를 보증한 이후 급속하게 성장하고 있다.

② 의무 할당 제도

'의무 할당 제도(쿼터제)'란 '자연에너지 할당 기준(RPS)'으로도 불리며, 전력 공급자가 일정 비율의 자연에너지를 공급하도록 의무화한 것이다. 이 제도는 독일이나 스페인의 발전 차액 지원 제도와 마찬가지로 시장 메커니즘을 이용한 자연에너지의 새로운 보급 제도로 1990년대 중반에 등장했다. 유럽에서는 영국, 스웨덴, 이탈리아 등 일부 국가가 도입했다. 미국에서는 텍사스 주와 캘리포니아 주 등 19개 주에서 도입을 추진했고 오스트레일리아의 '신재생 에너지 의무 사용 제도(Mandatory Renewable Energy Target, MRET)'(2002년), 그리고 일본이 2003년에 도입한 '신新 에너지 이용 특별 조치법'도 이 제도로 분류된다.

③ 경쟁 입찰

영국에서 1989년에 '신新전기법'을 개정하면서 도입한 제도로 화석연료 과징금(Fossil Fuel Levy, FFL)과 비화석연료 사용 의무(NFFO)를 조합해 만들어졌다. 과거 다섯 차례의 경쟁 입찰이 이루어졌고 낙찰된 자연에너지 전원을 구입할 때 화석연료 과징금에서 보조금을 지불하는 체계다. 그렇지만 이 제도는 자연에너지 보급에 제 대로 기여하지 못한 채 2001년 영국에서 새로운 전력 거래 제도(New Electricity Trading Arrangement, NETA)가 등장하고 새로운 자연에너지 정책인 '자연에너지 의무화 제 도(Renewable Obligation, RO)'가 도입되면서 사실상 폐지됐다.

④ 기타 정책과 자율 프로그램

환경세 등 간접적인 지원 조치 이외에 자연에너지에 대한 직접적인 지원 조치는 자율 프로그램을 포함해 다음과 같은 것이 있다.

• 네트미터링Net-Metering

소비자가 분산형의 자연에너지 설비를 설치할 때 발전 전력이 배전 계통으로 흘 러간다는 사실(역조류)을 인정하여 가격 면에서도 판매 전력과 같은 가격으로 쌍방 향의 전력 흐름을 상쇄하여 정산하는 프로그램이다. 미국의 여러 주에서 규제나 전 력회사의 자율 프로그램으로 도입했고 일본의 전력회사가 실시하고 있는 잉여 전 력 구입 프로그램도 이에 해당한다.

• 자연에너지의 생산 감세Renewable Energy Production Tax Credit

미국의 연방정부가 간헐적으로 시행하고 있는 제도로 일정 연한까지 운용한 자 연에너지의 발전량에 대해 킬로와트시당 1.5센트의 감세를 적용한다. 대상이 되는 자연에너지는 풍력발전, 순환형으로 이용하는 바이오매스발전, 가축 폐기물을 이 용한 발전이다.

• 녹색 전력 프로그램

주로 전력회사의 자율 프로그램으로서 자연에너지를 이용해 발전한 전력을 선택 할 수 있도록 하는 것이다. 1990년대 초부터 미국, 유럽, 호주 등에서 시행됐고 일

본에서도 1999년 시민 단체가 만든 '녹색 펀드'를 시작으로 일반 전력회사도 2001
년부터 '녹색 전력 기금'과 '녹색 전력 증서' 프로그램을 시작했다.


## 4. 유럽이 이끌어 가는 자연에너지 국제정치

### 1) 세 개의 흐름

요하네스버그 정상 회의를 계기로 자연에너지 국제정치에는 크게 세 가지의 흐
름이 만들어졌다. 첫 번째는 원래 요하네스버그 정상 회의를 위하여 중국 정부가 중
심이 되어 준비해 왔던 〈자연에너지·에너지 효율화 파트너십(Renewable Energy and
Energy Efficient Partnership, REEEP)〉이다. 2003년 10월 런던에서 발족을 기념하는 심포
지엄이 열렸고, 그 후 빈(오스트리아)에 사무국이 설치됐다. 두 번째는 요하네스버그
정상 회의에서 자연에너지의 목표 수치를 둘러싼 교섭이 결렬된 것을 계기로 〈유럽
연합〉이 제안한 〈요하네스버그 자연에너지 연합(Johannesburg Renewable Energy Coali-
tion, JREC)〉이 있다. 이 또한 2003년 6월에 기념 심포지엄이 열렸고 2005년 현재 약
90개국이 참가하고 있다. 그리고 세 번째가 요하네스버그 정상 회의 당시 독일의 게
르하르트 슈뢰더Gerhard Schröder 총리가 제안한 '자연에너지 2004 국제회의'다.


### 2) 자연에너지 2004

2004년 6월 독일 본에서 154개국, 약 3,500명의 관계자가 참가하여 개최된 '자
연에너지 2004 국제회의'는 자연에너지가 에너지 공급의 측면뿐 아니라 국제정치
적으로도 '주류'의 대열에 들어섰음을 상징하는 국제회의가 됐다.

이 회의의 주요 성과로 154개국의 정부 대표단이 조인한 「정치 선언」, 200개 이
상의 프로그램이 등록된 「국제 행동 프로그램」, 그리고 자연에너지 보급을 촉진하

그림 4. 전력 분야에서 각국의 자연에너지 확대 목표치

그림 4. 전력 분야에서 각국의 자연에너지 확대 목표치

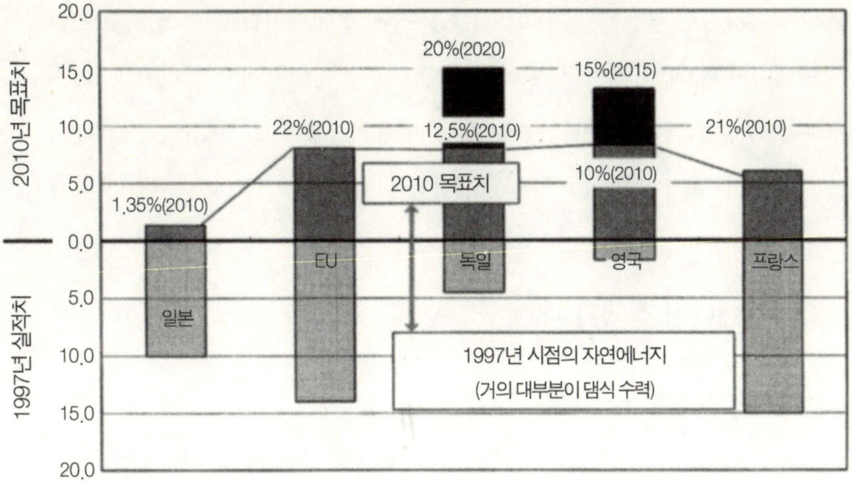

기 위해 권장하는 「정책 제언」 등을 들 수 있다. 더욱이 2010년까지 자연에너지를 전원 설비의 10퍼센트로, 두 배로 늘리겠다고 공약한 중국이 가장 많은 주목을 받았으며 독일(2020년에 전력량의 20퍼센트)이나 영국(2015년에 전력량의 15퍼센트) 등 유럽 각국이 한층 높은 자연에너지 도입 목표를 경쟁적으로 발표했다.(그림 4)

또한 현재 세계 전체에서 약 2조 엔밖에 되지 않는 자연에너지에 대한 투자가 2010년에는 약 10조 엔에 이르고, 2030년까지 〈경제협력개발기구〉에서만 총 투자액이 80조 엔에 이를 전망이다. 〈유엔 환경계획(United Nations Environment Program, UNEP)〉이 '지속 가능한 에너지 금융'을 위한 회의를 계기로 참가하게 됐고, 〈세계은행World Bank〉도 향후 매년 20퍼센트씩 자연에너지에 대한 투자를 확대하기로 약속하는 등 정치적인 개입과 시장 확대가 분명하게 드러난 국제회의였다.

그 이후 회의에서 제안된 공약은 두 개의 과정으로 진행됐다. 첫째는 요하네스버그 정상 회의에서 약속한 2006~2007년의 〈유엔 지속 가능 발전위원회(Commission on Sustainable Development, CSD)〉이며, 목표 달성을 위한 실행 회의를 2005년 말 중국에서 개최하기로 결정했다. 두 번째는 '지구 정책 네트워크'라 불리는 것으로 이는 '자연에너지 2004 국제회의'의 특징이었던 다중 이해관계자 협의(Multi Stakeholder Process, MSP. 지속 가능한 발전에 관심을 가진 개인이나 기관 등 복수의 주체들 사이에서 이루어지는 협의를 의미한다. 옮긴이) 방식을 사실상 계승한 것이다.


## 5. 자연에너지 정책의 과제

### 1) 정책을 둘러싼 '논쟁'

이러한 일련의 '새로운 자연에너지 정책' 중에서 발전 차액 지원 제도와 의무 할당 제도를 둘러싼 논쟁이 계속되고 있다. 발전 차액 지원 제도는 독일이나 스페인, 덴마크에서 풍력발전의 비약적인 보급을 이루었다는 점에서 '효과'가 분명한 정책이다.(그림 5) 이것은 자연에너지 사업에서 전력 구입 가격을 장기간 보장하기 때문에 사업 위험risk을 줄일 여지가 많다. 이에 비해 의무 할당 제도는 일반적으로 '경제적 효율성'이라는 장점이 있다. 자연에너지와 관련된 사업이나 종류와 무관하게 최소 비용으로 사업을 추진할 수 있기 때문에 사회 전체의 총 비용도 최소화될 수 있다. 이 두 개의 정책 선택을 둘러싼 갑론을박이 전문가나 경제학자의 판단을 넘어 정치 논쟁으로까지 이어지고 있다.

〈유럽연합〉의 경우, 〈유럽연합위원회〉 사무국은 2001년에 발표한 자연에너지 관련 안건의 초안 단계에서 의무 할당 제도를 유일한 선택지로 검토했다. 이에 대해 자연에너지 관련 산업계와 〈유럽연합〉 의회가 반발하면서 최종적으로는 각국의 판단에 맡기게 됐고, 2005년에 수정이 이루어졌으며, 이어서 2007년으로 연기됐다.

일반적으로 관료와 경제학자는 '시장 방식'의 의무 할당 제도를, 정치가나 자연에

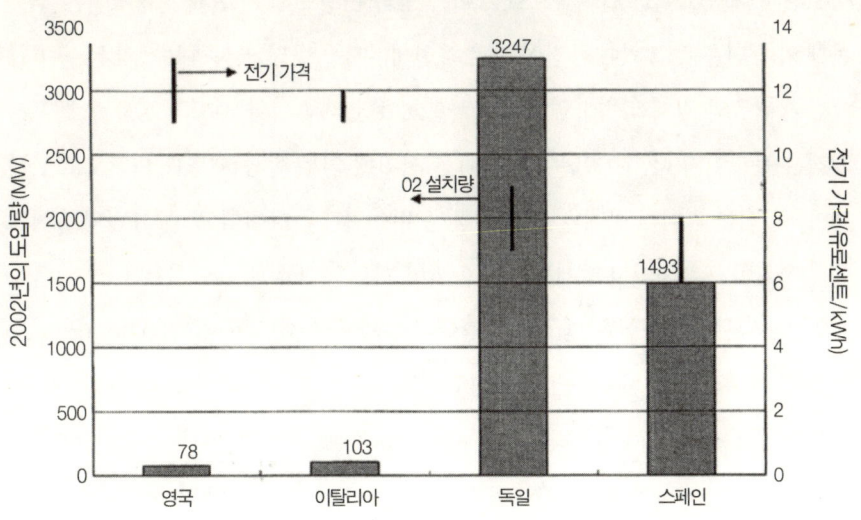

그림 5. 발전 차액 지원 제도(독일, 스페인)와 의무 할당 제도(영국, 이탈리아)의
풍력 도입량에서의 격차

너지 사업자는 사업 위험이 낮아지는 효과가 확실한 발전 차액 지원 제도를 지지했다. 전력회사는 양쪽의 규제 조치에 반대하여 자율 프로그램을 지지하는 식으로 편이 갈리는 경우가 많다. 국가별로 보면 지금까지 의무 할당 제도를 도입한 것은 영국을 비롯해 미국(현재 19개 주), 오스트레일리아 등 앵글로색슨계 국가들이 다수이고 발전 차액 지원 제도는 독일, 스페인을 필두로 프랑스가 뒤를 잇고 있어 유럽 대륙에서 강세를 보이고 있다는 점에서 각 정책이 가진 정치적 성격을 반영하고 있다.

이와 같이 발전 차액 지원 제도와 의무 할당 제도를 제도적 관점에서 비교한 정책 연구를 살펴보면 비용 효율성이나 사업 위험과 같은 경제적 측면에서 분석하는 경우가 많은데, 그것은 본질을 벗어난 비현실적인 분석에 가깝다. 양자의 '정치적 성격'을 분석해 보면 관료가 할당량을 계획적으로 의무화하는 의무 할당 제도는 하향식의 관리주의 성향과 시장(원리)주의 요소가 강한 데 비해 발전 차액 지원 제도는 자연에너지의 안정적인 보급과 지역이나 주민의 참여를 존중하는 정치적 가치가 강조된다. 전문적이고 합리적으로 보이는 정책 논쟁도 실은 현재 진행형인 '이념적 논쟁'의 측면을 갖고 있다는 점이 바로 자연에너지를 둘러싼 정책 논쟁의 본질이다.

한편 관료와 경제학자가 열광적으로 환호했던 의무 할당 제도의 경우 그 이후의 성적은 볼품이 없다. 1999년이라는 이른 시기에 의무 할당 제도를 법안으로 만든 덴마크에서는 의회의 반대 등으로 시행 준비에 시간을 낭비했고, 2001년의 총선거에서 정권이 교체되면서 법제화된 의무 할당 제도도 그 상태로 방치됐다.

일본이 '본보기'로 삼은 영국의 자연에너지 의무화 제도(RO)는 2002년 4월에 도입됐다. 경제적 합리성이라는 과대 선전에도 불구하고 거래되는 크레딧[재생 에너지 의무 발전량 증명서(Renewable Obligation Certificate, ROC)]은 독일의 거래 가격(20년 평균 킬로와트시당 약 8.5엔+전기 요금)보다 높았다. 게다가 지금까지 약 65만 킬로와트(2003년 말)라는 수치가 보여 주듯이 보급이 순조롭지 않았고 '2010년 말까지 10.4퍼센트'라는 블레어 정권의 야심 찬 목표의 달성도 절망적이다. 또한 2003년 9월 대형 전력회사 TXU(Texas Utilities Company)가 도산하여 이 제도의 의무를 이행할 수 없는 사태가 발생하면서 제도 자체가 혼란에 빠졌다. 이외에도 일본과 거의 같은 시기에 의무 할당 제도를 시행한 스웨덴에서는 자연에너지 설비를 확대하지 않아 소비자의 부담만 늘어났다는 의미에서 '거래할 수 있는 세금'에 비유되고 있다. 이런 이유로 2001년에 의무 할당 제도를 도입한 오스트레일리아가 독일형의 발전 차액 지원 제도로 전환했고, 네덜란드도 2005년부터 발전 차액 지원 제도로 전환하는 등 의무 할당 제도는 점점 소수파가 되고 있다.

## 2) 계통 연계 문제

이러한 정책의 선택과 함께 현재 자연에너지가 직면한 가장 중요한 과제가 송전선과의 '계통 연계'다. 일반적으로 전력회사(송전 계통의 관리자)는 풍력발전 등 변화하는 자연에너지가 '계통에 미치는 영향'을 우려한다. '계통에 미치는 영향'에는 ① 전압 변동(스파크) 등으로 나타나는 국지적 영향, ② 계통 전체에서 발생하는 교류 주파수에 미치는 영향, ③ 대규모 정전을 초래할 수 있는 대규모의 영향의 세 가지가 있다. 풍력발전의 경우 주로 앞의 두 가지가 문제가 된다.

결론부터 말하면 풍력발전 등의 자연에너지가 '계통에 영향을 미치는' 것은 사실이다. 하지만 그 영향은 기술적·경제적으로 해결할 수 있다. 우선 국지적인 전압 변동이나 고주파의 경우에는 일정한 기술 수준을 유지하면 별 문제가 없다. 여기에 드는 비용도 기본적으로 자연에너지 사업자가 부담하고 있어 경제적인 문제도 없다.

그리고 주파수 변동의 경우, 수시로 변동하는 풍력발전은 전력 공급자에게 분명히 영향을 미친다. 하지만 주파수 변동은 풍력발전을 포함하여 시시각각 발생하는 수요의 변동 이외에 발전기에 발생하는 변동 전체를 포괄한 것이다. 게다가 주파수 변동은 교류로 연계하고 있는 계통 전체에서 발생하고 있다. 예를 들면 〈도호쿠 전력東北電力〉은 〈도쿄 전력東京電力〉의 발전량을 합한 합계 발전량(최대 부하 약 7,500만 킬로와트, 최저 부하 약 3,000만 킬로와트)이라는 대규모의 계통으로 볼 수 있고, 풍력발전의 규모가 몇 퍼센트 정도로 상대적으로 작은 경우에는 주파수에 미치는 영향은 거의 무시할 수 있다.

주파수에 영향을 미치는 전력의 수요와 공급의 균형은 수시로 발생하는 전체의 변동에 대해 다양한 수단으로 대응하고 있다. 이러한 주파수 조정에는 다음의 세 단계가 있다. ① 수초에서 수분 정도의 가장 짧은 주기의 변동에는 각 발전기가 보유한 '속도 조절기'가 자동으로 대응한다.('비통제governer free 제어') ② 수분에서 십수분 정도의 수요의 불일치에는 속도 조절기의 설정을 자동 혹은 수동으로 변경하는 '부하 주파수 제어(Lord Frequency Control, LFC)'를 이용해 대응한다. ③ 그리고 더 긴 주기의 변동에 대해서는 다양한 발전소에 전기 공급을 명령한다.

따라서 풍력발전과 계통을 연계할 때 발생하는 주파수에 미치는 영향도 전체 변동을 합한 값에 대해 각각의 계통이 가진 주파수 조정 능력 범위 내에서 조정하게 된다. 그리고 그 비용을 풍력발전에 배분할 때도 사회의 부담 방식에 대한 합리적인 논의가 필요하다.

### 3) 에너지 시장의 개혁과 통합

이제부터 설명할 새롭고 중요한 과제는 1990년대 이후 급속히 전개되고 있는 '에너지 시장 개혁'과 자연에너지 정책의 조화와 관련되어 있다. 이런 측면에서 우선 시장에 모든 것을 맡기자는 시장 원리주의자가 말하는 '자유화'와 분리할 필요가 있다. 오늘날의 경제사회는 에너지 없이는 성립할 수 없다. 뿐만 아니라 에너지 이용으로 기후변화나 산성비 등의 환경문제가 심각해지고, 석유 자원을 둘러싼 분쟁이 빈발하고 있다. 나아가 원전 사고나 핵 폐기물의 문제를 미래 세대에 남긴다. 또한 지금도 20억 명의 사람들이 최소한의 필요 에너지도 공급받지 못하고 있는 이른바 '남북 간의 격차'(North-South problems, 선진 공업국과 저개발국 사이에서 발생한 심각한 발전 및 경제적 격차를 일컫는 말로 선진 공업국 대부분이 북반구에 위치하고 저개발국이 적도 및 남반구에 위치하고 있는 지리적 특성을 반영해 만들어진 용어다. 옮긴이)가 존재하는 등 '지속 가능한 사회'라는 목표가 위협받고 있다.

이와 같은 환경문제나 사회문제는 독점과 위계적인 규제가 지배해 온 전통적 에너지 시장에서는 해결할 수 없다. 또한 '시장 원리주의'를 통해 저절로 해결되지 않는다는 것도 분명하다. 따라서 '지속 가능한 사회'라는 보다 고차원의 사회 목표를 이루기 위한 '적절한 규제의 재구축'이 상대적으로 더 중요하다.(표3)

이런 측면에서 자연에너지 정책과 에너지의 효율화 정책은 '에너지 시장 개혁'에

## 표 3. 〈유럽연합〉과 추가 가입국들의 자연에너지 보급을 위한 규제 조치

| | | 대형 수력 | 소형 수력 | 신재생 에너지 | 고형 쓰레기 |
|---|---|---|---|---|---|
| 오스트레일리아* | 현재 | × | 현재의 8% 할당 (RPS 제도) | 2008년까지 4% 교환 불가능한 RPS 제도 | × |
| | 제안 | × | 교환 불가능한 RPS 제도: 2008년에 소형 수력의 9%, 신재생 에너지의 4% | | 바이오매스만 |
| 벨기에 | | × | 플랑드르 지방 : 2004년에 3% 할당. 2004년에 왈로니아 지방 : 5% 할당. 브뤼셀 지방 : 지원 없음. | | |
| 덴마크 | 현재 | × | 혼합 전략(FIT, 세제 등) | | × |
| | 제안 | × | 1999년에 RPS 제안 후 동결 | | × |
| 핀란드 | | × | × | 풍력: 30~40%의 보조금, 세제 보조 (0.7c 유로/kWh) | × |
| 프랑스 | | × | FIT: 5.5~6.0 c 유로/kWh | FIT: 풍력: 15년 평균 4.8~ 8.4c 유로/kWh PV: 15.25~30.5c 유로/kWh | 4.5~5.0 c 유로/kWh |
| 체코 | | × | FIT: 5.0c 유로/kWh | FIT: 풍력/열: 10.0c 유로/kWh | × |
| 독일 | | × | FIT: 6.65~7.67 c 유로/kWh | FIT: 풍력: 6.1~9c 유로/kWh PV: 48.1c 유로/kWh | × |
| 그리스 | | × | FIT | FIT | × |
| 아일랜드 | | × | 입찰 제도 | | × |
| 이탈리아 | | 모두 자연에너지로 2% 할당(RPS 제도) | | | |
| 룩셈부르크 | | × | × | FIT와 풍력 보조 제도, 세제 | × |
| 폴란드 | 현재 | 2010년부터 7.5%의 RES 전력. 2001년에는 2.4%에서 시작. FIT: 5~7c 유로/kWh | | | × |
| | 제안 | × | RPS: 2010년까지 7.5%의 RES. 2020년까지 14%. 아직 법률은 없음. | | × |
| 포르투갈 | | × | FIT와 풍력, PV, 바이오매스, 소형 수력 보조금 제도 | | × |
| 스페인 | | FIT | | FIT: 풍력: 2.89c 유로/kWh PV: 18~36c 유로/kWh 바이오매스: 2.55~2.77c 유로/kWh | FIT 2.15 c 유로/kWh |
| 스웨덴 | 현재 | | 15% 보조금 | 바이오매스: 25%의 보조금 풍력: 10~15% 의 보조금 | × |
| | 제안 | | RPS: 2010년까지 10TWh 증가 목표=2010년에 15.3% 할당 | | × |
| 이탈리아 | | 혼합 전략(FIT로의 전환, 세제 등) | | | |
| 영국 | | 2010년까지 할당 제도 : 2002년에는 3%에서 시작, 2011년까지는 10.4% RES의 세금 면제. 풍력 보조금 제도 | | | |

* 오스트레일리아에서 소규모 수력에 대해 실시한 RPS 제도는 2001년에 FIT로 변경.
FIT(Feed In Tariff)=발전 차액 지원 제도
RPS(Renewable Portfolio Standard)=의무 할당 제도
c 유로(Eurocent)=100분의 1유로
TWh(Terra Watt Hour, 1테라와트는 1조 와트다. 옮긴이)

서 최우선 과제다. 이에 더해 전통적인 에너지 시장의 문제를 해결하는 '규제의 재구축'이 필요하다. 다시 말하면 '공정한 시장 경쟁의 환경'을 조성한다는 관점이 필요하다. 화석연료나 원자력 등의 기존 에너지 산업은 직간접적으로 다양한 우대를 받고 있고, 이것이 앞서 말한 계통 연계 문제와 같은 형태로 자연에너지의 보급을 가로막고 있다.

구체적으로는 가격 면에서의 우대 이외에 '자연에너지 우선 접속'의 원칙이 중요하다. '우선 접속'이란 일반적으로 어떤 지역의 송전 계통을 제3자인 발전 사업자나 전력 공급자가 이용하는 데 있어 '우선priority'적으로 또는 '개방open'하는 것을 의미한다. 유럽에서는 자연에너지를 다른 전력에 '우선'해서 송전 계통에 접속할 때 사용하는 경우가 많기 때문에 '우선 접속'이라는 용어를 주로 쓰고, 미국에서는 자연에너지를 넘어 모든 독립 발전 사업자에게 송전 계통의 이용을 개방한다는 의미에서 '전력망 개방open access'이라는 용어를 주로 사용한다.


## 6. 자연에너지의 '주류화'를 향하여

자연에너지는 오늘날 가장 활기차게 성장하고 있는 에너지 산업이다.

자연에너지가 확대되면 기후변화나 산성비 등을 막아 환경을 보전할 수 있을 뿐만 아니라 새로운 산업과 고용을 창출하고 지역 자원의 이용이나 지역 산업의 진흥, 주민 참여 등을 통해 지역 활성화를 도모할 수 있다. 나아가 에너지 공급의 측면에서도 중요한 역할을 담당하고 있다. 이 때문에 유럽에서는 '20세기에 자동차가 담당했던 역할을 21세기에는 자연에너지가 담당한다'고까지 얘기한다. 우리는 유럽에서 자연에너지 '시장'이 주류의 길을 개척하는 과정에서 '새로운 자연에너지 정책'이 결정적인 역할을 담당했다는 사실에 주목할 필요가 있다. 🌱

1) OECD/IEA, 2003, *World Energy Investment Outlook 2003*.

2) C. Ender, 2003, "Wind Energy Use in Germany-Status", 30. 06. 2003, *DEWI Magazine* Nr. 23, August 2003.

3) BMU, F. Staiss, *Jahrbuch Erneuerbare Energien 2002*.

4) *Third Report by the Government of the Federal Republic of Germany in accordance with the Framework Convention of the United Nations*, (Annex 1) 2001.

5) Observ' ER, 2004, *Wind Energy Barometer of Renewable Energies*, www.energies-renouvelables.org.

6) Hass et. al., 2000, "promotion strategies for electricity from renewable energy sources in EU countries", Institute of Energy Economics, Vienna University of Technology, June 2000.

# 2부 | 자연에너지 시장의 최전선

일본에서도 이미 자연에너지 '시장'이 탄생하고 있다.

2부에서는 풍력발전의 전기 판매 사업, 바이오매스 에너지 시장, 태양광발전 시장, 풍력발전 관련 금융시장, 그리고 '신에너지 이용 특별 조치법(신에너지 RPS법)'으로 출현한 'RPS 시장'에 관하여 현장의 일선에서 활약하고 있는 전문가와 사업가(직책은 집필 당시)가 각각의 현황과 전망을 해설한다.

먼저 호리 도시오(유러스 에너지 홀딩스 주식회사)가 풍력발전 시장에 대해 보고한다. 풍력발전은 유럽을 필두로 '시장'이 형성된 뒤 일본에서도 빠르게 보급되고 있는 가장 '시장화'된 자연에너지다. 풍력발전 사업과 관련한 국제 무대에서 선구적으로 사업을 전개했고 현재 최대 사업자의 하나인 〈유러스 에너지 홀딩스 주식회사〉의 경험과 현황에 기초한 최신 동향을 알 수 있다.

구마자키 미노루(기후현립대학 산림문화 아카데미)는 바이오매스 에너지 시장을 선도하고 있는 유럽, 특히 북유럽의 상황과 일본의 현황을 비롯하여 바이오매스 에너지의 전반적인 상황과 '현재'를 알려 주고 있다. 바이오매스 에너지는 자연에너지로 이용할 수 있는 것은 물론 산림이나 임업의 재생, 폐기물의 효과적 활용, 중산간 지역의 활성화 등 다양한 혜택을 기대할 수 있고, 일본 각지에서 보급을 위한 준비가 확산되고 있다는 점에서 중요한 시장이다.

도미타 다카시(샤프솔라 시스템 사업 본부)는 태양광발전 시장에 대해 보고한다. 태양광발전은 제조와 보급에서 일본이 주도하고 있고 비용도 빠르게 낮아지고 있다. 도미타 다카시의 글에서는 태양광발전의 세계시장을 주도하고 있는 이 회사의 관점에서 일본 국내외 태양광발전 기술을 비롯한 시장의 현황과 전망을 가늠할 수 있을 것이다.

무라카미 메구무(일본 종합 연구소)는 풍력발전과 관련한 프로젝트 금융의 개요와 관련 위험 요인 및 대응책 등에 대해 보고한다. 프로젝트 금융은 풍력발전이 일본 시장에서 자리를 잡게 된 중대한 요인인 동시에 금융시장의 입장에서도 주목해야 할 중요한 '시장'이라고 할 수 있다.

후나비키 히사시(나트소스 저팬 주식회사)는 2003년 '전기 사업자에 의한 신에너지 이용 등의 촉진에 관한 특별 조치법' 제정으로 새롭게 등장한 'RPS 시장'의 개요와 현황을 해외 동향까지 아울러 보고한다. 이 법에 대한 평가는 분분하지만 일본 자연에너지 시장의 중심 과제이기 때문에 더욱 의미가 있다.

# 2장 풍력발전 사업

호리 도시오堀 俊夫

1941년 도쿄東京 도에서 태어났다. 1966년 도지사同志社 대학 법학부를 졸업한 뒤 같은 해 〈도멘 주식회사〉에 입사해 2000년 상무이사, 전력 사업 본부장, 2002년 〈유러스 에너지 홀딩스 주식회사〉의 대표이사 회장, 명예 고문을 거쳐 현재 〈그린 파워 인베스트먼트 주식회사〉의 대표이사 사장으로 있다.

## 1. 풍력발전 사업의 개척자

내가 풍력발전에 대해 사업의 측면에서 관심을 갖게 된 것은 뉴욕에서 〈도멘 주식회사〉의 기계부서 직원으로 근무할 때였다. 1985년 초반, 캘리포니아 주 로스앤젤레스에서 북쪽으로 약 240킬로미터 떨어진 곳에 위치한 모하비 사막 테하차피의 풍차 단지(풍력발전의 송전을 위해 주 정부의 지원을 받아 지역 전기회사인 남부 캘리포니아의 〈에디슨 사〉가 건설한 세계 최대의 풍력 단지. 710메가와트의 용량으로 시간당 1,482기가와트를 2,444개의 터빈으로 생산할 것으로 계획되었다. 옮긴이)를 직접 눈으로 보고 풍력발전 사업이 공익 사업 규제법(PURPA)에 기초하여 추진되고 있다는 사실을 알게 되었다.

1973년 석유 위기로 원유 가격이 배럴당 40~50달러로 올라갈 수 있다는 위기감에서 미국은 1978년(카터 대통령 재임 시), 에너지 안보의 관점에서 열병합발전을 권장했다. 또한 대체에너지(풍력·태양광·지열 등의 자연에너지로 발전하는 것)의 개발을 촉진하기 위해 공익 사업 규제법을 제정했다. 이 법은 자연에너지로 발전한 전기를 구입하는 것을 전력회사의 의무로 규정한 것으로 다수의 민간 기업이 이를 사업 기회로 받아들이면서 대체에너지를 이용한 발전 사업에 참여할 수 있는 토양이 마련됐다. 왜냐하면 미국 정부를 비롯한 각 주가 대체에너지 이용을 촉진하기 위해 투자감세 정책을 입안했고, 대체에너지 사업에 투자할 경우 투자액의 50퍼센트에 대해 면세 조치와 더불어 자산의 신속한 보전 방안을 강구하면서 많은 투자자들이 흥미를 가졌기 때문이다.

〈도멘 주식회사〉는 대체에너지 중에서도 특히 풍력발전 사업이 가진 다음 네 가지의 특징을 인식하고 사업화를 결정했다.

① 전력회사와 30년간의 매매 계약을 하고 최초 10년간은 우대를 받는 고정 가격이라는 점.
② 일반 상품은 기술 개선 등에 따라 상품이 팔리지 않는 사업 위험이 있지만 풍력발전 사업은 적어도 계약 기간 중에는 그러한 위험이 없다는 점.
③ 계약 기간에 걸쳐 통상의 상품 판매와 달리 경기에 좌우되지 않는다는 점.
④ 바람이 불안정하다고 생각할 수도 있지만 과거의 기록을 10년 단위로 보면 크게 바뀌지 않고, 바뀐다고 해도 ±10퍼센트 정도의 차이라는 점.

이러한 검토 결과에 기초하여 회사는 풍력발전 사업을 추진하게 됐다. 당시에는 아주 새로운 사업 방식이었다. 일반적인 사업이 시장이나 기술혁신의 위험을 떠안으면서 매매 차익을 얻는 방식인 데 비해 풍력발전 사업은 새로운 유형의 사업 위험을 갖고 있음에도 이익을 창출할 수 있다고 판단한 것이다.

## 2. 풍력발전 사업의 발전

### 1) 미국에서의 전개 상황

〈도멘 주식회사〉는 1987년 캘리포니아 주 모하비 사막에 최초의 풍력발전 설비(〈미쓰비시 중공업〉 제작, 250킬로와트 발전기 20기, 합계 5,000킬로와트)를 건설했고, 발전한 전기를 남부 캘리포니아 〈에디슨 사〉(지역 전력회사)에 판매하기 시작했다. 그 후 1989년에는 같은 장소에 8만 5,000킬로와트, 1990년에는 7만 5,000킬로와트를 생산할 수 있는 대형 풍력발전 설비를 설치했다. 이 설비는 모두 〈미쓰비시 중공업〉이 생산했다. 이로써 모하비 사막 지역은 합계 16만 5,000킬로와트(풍차 660기)의 발전 규모로 당시 세계 최대의 풍력 단지가 됐다.

16만 5,000킬로와트의 전기를 생산하는 프로젝트에 드는 비용은 현재의 일본 엔으로 약 400억 엔에 상당한다. 당시 일반적인 자금 조달 방식은 해당 기업이 막대한 자금을 은행에서 빌려 사업 자금으로 충당하는 것이었다. 하지만 이 경우에 사업을 추진하는 기업의 차입 한계(회사의 여신)에 따라 프로젝트를 수행할 수 있는 한도가 결정된다. 당시 미국에서는 프로젝트의 위험을 분석하고 프로젝트의 건전성과 확실성에 기초해 개별 프로젝트에 자금을 제공하는 이른바 프로젝트 금융project finance이 부쩍 활발해졌다. 이런 상황에서 프로젝트 전체 비용의 70~80퍼센트에 대해 회사의 여신 한도를 넘어설 수 있도록 설계한 프로젝트 금융 방식을 채용할 수 있었다. 이것이 세계 최초로 풍력발전 사업에 프로젝트 금융을 적용한 사례다.

실제로 〈도멘 주식회사〉의 입장에서도 프로젝트 금융이 적용되지 않았다면 곧장 자기 자본의 한계에 직면했을 것이고 동시에 개별 프로젝트에 투입한 자본 회수에 7~10년의 긴 시간이 걸린다는 특성 때문에 풍력발전 사업의 추진을 결정하기 어려웠을 것이다. 〈도멘 주식회사〉가 현재 세계적 규모의 기반과 자산을 구축할 수 있었던 가장 큰 요인은 바로 프로젝트 금융을 최초로 적용할 수 있었기 때문이다.


### 2) 유럽에서의 전개 상황

1990년대 초반에는 세계 풍력발전의 약 95퍼센트가 캘리포니아 주에 자리 잡고 있었다. 하지만 그 후 풍력발전 시장의 중심은 서서히 유럽으로 옮겨 갔다. 우선 1990년에 영국의 대처 정권이 전력 자유화 정책의 일환으로 '비화석연료 구입 의무(NFFO)'를 도입했고, 풍력발전에 최초 5년간 1킬로와트당 11펜스(약 20엔)라는 특별 우대 가격을 부여하는 아주 좋은 조건을 만들었다. 이런 상황에서 〈도멘 주식회사〉는 이 사업에 응찰했고, 11개 사업이 건설 허가를 받았다. 다만 허가와 인가 등의 문제로 실제 완공한 것은 그중 4개 사업뿐이었다.(현재 1993년에 완공한 사업 2개 소유)

이어서 이탈리아 남부 지역도 'Chip 6'라는 조례를 도입하여 풍력발전 사업에 최초 8년간은 특별 우대 가격을 적용해 주었고 사업 이익에 대한 면세 조치를 적용해 주었다. 〈도멘 주식회사〉는 2년의 공사 기간을 거쳐 1996년 16만 9,000킬로와트의 풍력발전 설비를 완공하여 소유하고 있다.

또한 스페인에서도 1994년부터 풍력발전 사업에 특별 우대 가격을 적용하기 시작했다. 〈도멘 주식회사〉는 1996년 스페인에 진출하여 1998년에 첫 사업(4만 킬로와트)을 시작했고 현재 규모는 30만 킬로와트가 넘는다.


### 3) 일본에서의 전개 상황

일본에서는 〈경제 산업성〉의 요청에 따라 1998년부터 전력회사가 자율적으로 풍력발전 사업에 대해 15~17년간 고정 판매 가격으로 구입하는 프로그램을 공표했다. 〈도멘 주식회사〉는 이를 활용해 홋카이도 도마마에苫前 정町에 일본 최초로 상업용 대형 풍력 단지(2만 킬로와트)를 건설했다. 2001년에는 아오모리青森 현에서도 최대 규모(3만 3,000킬로와트)의 설비를 완성하여 각각 〈홋카이도 전력〉과 〈도호쿠 전력〉에 전기를 팔고 있다.

얼마 지나지 않아 고정 판매 가격 제도가 사라지고 전기 판매 가격의 경쟁 입찰이 도입됐다. 그 결과 풍력발전 사업에 이전보다 많은 개발업자, 풍력발전기 제조사, 건설업자들이 참여하여 일종의 일본판 '풍력발전 유행'이 일어났다.

한편 2003년 4월에는 〈경제 산업성〉 주도로 '전기 사업자에 의한 신에너지 이용 등의 촉진에 관한 특별 조치법(신에너지 RPS법)'이 시행됐다. 이것은 2010년까지 각 전력회사가 판매 전력량 중 신에너지 비율이 1.35퍼센트까지 차지하도록 해야 한다는 의무를 부과하는 법률이다.(6장 「RPS 시장의 등장」 참조) 2010년까지 정부의 풍력발전 생산 목표는 3,000킬로와트다. 유럽 국가들과 비교하면 이 수치는 아주 작다. 하지만 일본에서 처음으로 신에너지의 이용이 의무화됐다는 점은 평가할 만하다.

이리하여 일본에서도 풍력발전 사업 확대를 위한 시장이 형성되기 시작했다. 이 상황에서 〈도멘 주식회사〉(〈도멘 주식회사〉는 자본 증식을 위해 2002년 〈도쿄 전력〉에 주식의 50퍼센트를 팔았고, 회사 이름을 〈유러스 에너지 홀딩스 주식회사〉로 바꿨다. 2004년 현재 이 회사는 자본금 56억 9,920만 엔, 종업원 106명, 주주 비율은 〈도쿄 전력〉 60퍼센트와 〈도멘 주식회사〉 40퍼센트다)도 일본 시장에 대응하기 위해 부서를 보강하고 확대 노선을 선택했다. 그 결과 현재 건설 중이거나 건설 준비가 거의 끝난 것을 포함하면 총 30만 킬로와트를 넘는 발전 능력을 갖게 되어 일본 풍력발전 사업 점유율에서 1위에 올랐다.(표 1)


## 3. 사업자가 바라본 풍력발전의 매력

풍력발전 사업은 지역에 있는 자연에너지인 바람을 활용해 전력을 만들고 그 전력을 송전선으로 이동시킨다는 점을 빼면 연료의 물류를 수반하지 않는 사업이다.

표 1. 〈유러스 에너지 홀딩스 주식회사〉의 풍력발전 설비 현황(2004년 12월 말 현재)

| 국가 | 상태 | 장소 | 프로젝트 | MW | 완공일 | 지분(%) | NET | 수주 형태 |
|------|------|------|----------|-----|--------|---------|-----|-----------|
| 일본 | 가동 중 | 홋카이도 | 도마마에 | 20.00 | 1999/11 | 100 | 20.00 | 수의 |
| | 가동 중 | 아오모리 | 이와야 | 32.50 | 2001/11 | 100 | 32.50 | |
| | 가동 중 | 홋카이도 | 하마톤베쓰 | 2.97 | 2001/12 | 100 | 2.97 | |
| | 가동 중 | 홋카이도 | 엔베쓰 | 2.97 | 2001/12 | 100 | 2.97 | |
| | 가동 중 | 아오모리 | 시쓰카리 | 19.25 | 2003/10 | 100 | 19.25 | 입찰 |
| | 가동 중 | 가고시마 | 기호쿠 | 20.80 | 2004/02 | 100 | 20.80 | |
| | 가동 중 | 아오모리 | 오다노사와 | 13.00 | 2004/10 | 100 | 13.00 | 입찰 |
| | 가동 중 | 아키테 | 니시메 | 30.00 | 2004/11 | 100 | 30.00 | 입찰 |
| | 가동 중 | 이와테 | 가마이시 | 42.90 | 2004/12 | 100 | 42.90 | 입찰 |
| | 계 | | | 184.39 | | | 184.39 | |
| | 건설 중 | 홋카이도 | 소야 | 57.00 | 2005/11 | 100 | 57.00 | 추천 |
| | 건설 중 | 홋카이도 | 하마톤베쓰(확장) | 1.00 | 2005/07 | 100 | 1.00 | 추천 |
| | 계 | | | 58.00 | | | 58.00 | |
| | 낙찰 | 아오모리 | 노헤지 | 50.00 | 2006/10 | 100 | 50.00 | 입찰 |
| | 낙찰 | 아오모리 | 시쓰카리(확장) | 12.00 | 2006/10 | 86 | 10.32 | 입찰 |
| | 계 | | | 62.00 | | | 60.32 | |
| | 총계 | | | 304.39 | | | 302.71 | |

| 국가 | 상태 | 장소 | 프로젝트 | MW | 완공일 | 지분(%) | NET |
|------|------|------|----------|-----|--------|---------|-----|
| 영국 | 가동 중 | 웨일스 | P&L | 30.90 | 1993/03 | 50 | 15.45 |
| | 가동 중 | 웨일스 | RYG | 7.20 | 1993/03 | 50 | 3.60 |
| | 계 | | | 38.10 | | | 19.05 |
| 스페인 | 가동 중 | 갈리시아 주 | PEBSA | 29.04 | 1999/12 | 12.5 | 3.63 |
| | 가동 중 | 갈리시아 주 | Paxareiras I & II a | 39.60 | 1998/02 | 48.5 | 19.21 |
| | 가동 중 | 갈리시아 주 | Vicedo | 24.60 | 1999/02 | 50 | 12.30 |
| | 가동 중 | 갈리시아 주 | Paxareiras II c & f | 43.80 | 2000/05 | 50 | 21.90 |
| | 가동 중 | 갈리시아 주 | Paxareiras II d & e | 34.80 | 2002/11 | 50 | 17.40 |
| | 가동 중 | 갈리시아 주 | Paxareiras II b | 21.60 | 2001/10 | 50 | 10.80 |
| | 가동 중 | 갈리시아 주 | Paxareiras II f+ | 7.80 | 2003/02 | 50 | 3.90 |
| | 가동 중 | 갈리시아 주 | DEVA | 39.60 | 2003/11 | 50 | 19.80 |
| | 가동 중 | 갈리시아 주 | TEA | 48.10 | 2003/12 | 50 | 24.05 |
| | 가동 중 | 아스투리아스 주 | Bobia y San Isidro | 49.30 | 2003/01 | 50 | 24.65 |
| | 계 | | | 338.24 | | | 157.64 |
| 이탈리아 | 가동 중 | 이탈리아남부 | IVPC | 169.20 | 1996/12~ | 50 | 84.60 |
| | 가동중 계 | | | 545.54 | | | 261.29 |
| | 건설 중 | - | - | - | - | - | - |
| | 건설 중 계 | | | 0.00 | | | 0.00 |
| | 총계 | | | 545.54 | | | 261.29 |

※ Pax I & II a는 일부 권리를 주 정부가 보유하고 있기 때문에 50% 지분이 되지 않는다.

| 국가 | 상태 | 장소 | 프로젝트 | MW | 완공일 | 지분(%) | NET |
|------|------|------|----------|------|--------|---------|------|
| 미국 | 가동 중 | 캘리포니아주 | Toyo West I | 4.80 | 1987/09 | 50 | 2.40 |
|  | 가동 중 | 캘리포니아주 | Viking 1+2 | 23.96 | 1999/06 | 50 | 11.98 |
|  | 가동 중 | 캘리포니아주 | Mojave 89 | 85.00 | 1989/12 | 50 | 42.50 |
|  | 가동 중 | 캘리포니아주 | Mojave 90 | 75.00 | 1990/12 | 70.7 | 53.00 |
|  | 가동 중 | 캘리포니아주 | Oasis | 60.00 | 2004/12 | 10 | 6.00 |
|  | 가동 중 | 오르곤주 | Combine Hills | 41.00 | 2003/12 | 15 | 6.15 |
|  | 계 |  |  | 289.76 |  |  | 122.03 |
|  | 건설 중 | 일리노이주 | Crescent Ridge | 54.45 | 2004/12 | 10 | 5.45 |
|  | 계 |  |  | 54.45 |  |  | 5.45 |
|  | 총계 |  |  | 344.21 |  |  | 127.48 |

※ Mojave 90(75MW)의 지분 내역(MW는 메가와트Mega Watt의 기호로 1MW는 1백만 와트다. 옮긴이)
- Mojave 4 29MW를 100% 보유.
- Mojave 3/5 46MW 중 52%(24MW) 보유.

**통계**

| 국가 | 상태 | 장소 | 프로젝트 | MW | 완공일 | 지분(%) | NET |
|------|------|------|----------|------|--------|---------|------|
|  | 가동 중 |  |  | 959.69 |  |  | 561.71 |
|  | 건설 중 |  |  | 112.45 |  |  | 63.45 |
|  | 낙찰 |  |  | 62.00 |  |  | 60.32 |
|  | 개발 중 |  |  | 60.00 |  |  | 6.00 |
|  | 총계 |  |  | 1,194.14 |  |  | 691.48 |

※ 해외 프로젝트의 완공일은 기계적 준공일(Mechanical Completion Date) 기준.

다만 세계시장에서 사업을 벌이기 위해서는 문화가 다른 여러 나라 사람들과 사귀고 그 나라의 법 체계와 환경 기준 내에서 사업을 창출하고 운영하는 것이 중요하다.

〈도멘 주식회사〉의 전력 사업 본부는 지금까지 세계시장에서 풍력발전 사업을 담당해 왔으며, 글로벌 비즈니스의 대명사로 자리 잡았다. 이러한 〈도멘 주식회사〉의 사례를 참고하여 풍력발전 사업의 기본 방향을 두 가지로 정리할 수 있겠다.

① 외부에서 개발한 풍력발전 사업을 사들이지 않고 자체적으로 개발 · 건설 · 운영한다.
② 자체 자금과 함께 프로젝트 금융을 활용한다.

이렇게 하려면 개발 단계부터 제3자의 자금을 끌어들이기 쉬운 사업을 새로 만들어야 한다. 즉 사업 체계를 융자가 가능한 방식으로 만들고 사업 위험을 검증하여 개발 시점부터 위험을 최소화할 수 있는 역량을 축적해야 한다. 〈도멘 주식회사〉는 이러한 기반을 갖추면서 풍력발전 사업의 운영에 관한 고도의 전문성과 경험을 갖춘 사람들의 집단이 됐고 그 결과 수많은 프로젝트를 새로 만들어 낼 수 있었다.

## 4. 향후 과제

풍력발전은 이산화탄소와 같은 온실가스를 배출하지 않는 청정에너지인 동시에 대부분의 연료가 유한 자원으로서 가격이 변동하는 데 반해 반영구적인 '공짜' 연료라는 점이 특징이다. 이것이 풍력발전이 지금 큰 화제를 모으는 이유일 것이다.

하지만 바람은 자연에너지이기 때문에 우리 사정에 맞추어 불어 주지 않는다. 석탄, 석유와 같이 연료를 태워서 발전하는 것이 아니기 때문에 공급 면에서는 안정성이 떨어진다. 또한 바람은 1년(8,760시간) 내내 안정적으로 불지 않기 때문에 설비 가동률이 낮다. 좋은 입지 조건에서도 설비 가동률이 30~40퍼센트 수준이면 아주 높은 편이다. 따라서 투입 자본의 회전이라는 점에서 보면 연료가 '공짜'라고 해도 여타 화력발전과 비교하여 발전 단가가 비교적 높은 것이 현실이다. 이 때문에 지구온난화 저감에 기여한다는 장점에도 아직 시장 규모가 커지지 않고 있다. 따라서 이를 확대하는 것이 우선 과제다. 풍력발전 사업은 지구온난화를 해결하는 방법의 하나이기 때문에 경제적 합리성만으로 그 가치를 판단하지 않고 사회적 비용 혹은 환경 비용으로 국민의 공감대를 확보할 필요가 있다. 그렇게 된다면 시장이 한층 더 커지면서 지금보다 경쟁이 치열하게 되어 기술혁신이 이루어지고 그 결과 발전 단가가 낮아져 다른 전력과 비교하여 경제 면에서도 경쟁력을 갖게 될 것이다.

한편 송전 계통의 전압 변동이나 주파수 변동 등으로 송전 계통을 불안정하게 만드는 요인이 된다는 약점이 풍력발전을 도입하는 데 어려운 점으로 지적되어 왔다. 하지만 풍력발전이 많아지면 많아질수록 전원으로서의 발전량 예측이 쉬워져, 항상 안정적이지는 않지만 여타의 전원(예를 들면 가스, 석탄)과의 조합을 통해 전력을 더욱 안정적으로 공급할 수 있다. 그리고 앞으로 전력 저장 기술이 발달하여 풍력으로 발전한 전력을 저장해서 사용하게 되면 풍력이 안정적인 에너지 자원이 될 날도 그리 멀지 않았다고 생각한다.

지금은 다른 자원(화력발전)에 비해 발전 단가가 높지만 약점을 뛰어넘어 지구온난화 해결에 기여하는 풍력발전, '공짜' 자연에너지인 풍력발전을 늘려 나가기 위해서는 결국 정부의 적극적인 장려책이 꼭 필요하다. 풍력발전을 최대한으로 확대하기 위한 방법은 다양하지만 기본적으로는 다음과 같은 사항들이 주요 요건이다.


① 보조금을 고려한 고정 가격 구매 제도의 도입

처음에 풍력발전의 도입을 장려하기 위해 미국, 영국, 독일, 이탈리아, 스페인, 덴마크, 네덜란드 등 거의 모든 유럽 국가들이 채택한 정책으로 풍력발전이 가능한 모든 장소를 경제적인 기준을 세워 개발할 수 있도록 할 것.

② 우선 접속의 의무화

경제적으로 고정 가격에 적합한 프로젝트를 개발한 경우, 전력회사의 입장에서 물리적으로 배전망grid에 접속할 수 있을 때는 우선적으로 접속할 의무가 있다는 것을 명확히 할 것.

③ 설비비의 가속도 상각

④ 투자감세를 인센티브로 제공

특히 계통 연계, 즉 송전선과 풍력발전의 접속에 관한 문제는 거의 예외 없이 모든 국가가 안고 있다. 바람이 잘 부는 곳에 풍력발전기를 설치하더라도 발전한 전력을 보낼 송전선이 없거나 송전 설비 용량이 충분하지 못하다. 특히 이 문제가 간단하지 않은 것은 계통 연계 비용을 부담하는 주체와 관련되어 있다. 풍력발전 사업자가 부담하는 데는 한계가 있다. 그리고 지역의 전력회사는 비교적 높은 가격으로 풍력발전에서 생산한 전기를 구매하는 것조차 문제로 삼는 상황이라 송전선망을 확충하기 위해 지역의 전력회사에게 추가로 비용을 부담하도록 만들 유인책도, 동기도 없는 것이 오늘의 현실이다. 이 계통 연계 문제의 해결 여부가 풍력발전 사업의 장래를 점치는 핵심 요인이라고 해도 지나치지 않다.

해결책은 풍력발전 사업자나 지역 전력회사만의 문제가 아니라 해당 국가 혹은 국민 전체의 문제로 받아들여 비용 부담의 방식과 기준을 결정하는 방법뿐이다.

## 5. 풍력발전 사업의 미래 전망

10년 전에 나로 하여금 풍력발전 사업에 흥미를 가지게 만들었던 미국의 '공익 사업 규제법'이 탄생했을 당시와 마찬가지로 지금 1배럴당 원유 가격이 50달러를 넘는 상황에 직면했고 대체에너지로서 풍력발전의 가치가 다시금 주목을 받고 있다. 또한 2005년 2월 교토의정서가 발효되면서 이산화탄소를 배출하지 않는 청정에너지로서 지구온난화 문제를 해결하는 데 작으나마 도움이 될 풍력발전 사업이 세계인들의 기대를 받으면서 사업으로서도 크게 발전할 수 있는 시대가 왔다. 🌱

# 3장 바이오 에너지 시장—산림의 에너지 자원을 어떻게 활용할 것인가?

**구마자키 미노루熊崎 實**

1935년 기후岐阜 현에서 태어났다. 미에三重 대학 농학부를 졸업하고 〈농림 수산성 산림 종합 연구소〉 임업 경영 부장, 쓰쿠바筑波 대학 농림학부 교수를 거쳐 현재는 〈기후현립대학 산림문화 아카데미〉 학장과 『계간 목질 에너지季刊·木質エネルギ—』 편집 책임자를 맡고 있다. 『수목학樹木学』, 『일본인은 어떻게 숲을 만들어 왔는가日本人はどのように森をつくってきたのか』, 『목질 바이오매스 발전에 대한 기대木質バイオマス発電への期待』 등의 책을 번역했다.

## 1. 바이오매스의 종류와 공급원

### 1) '바이오매스'라는 용어의 부정적 이미지

일본에서 바이오매스가 '신에너지 이용 촉진법'의 '신에너지'에 추가된 것은 2002년 1월이다. 그때까지 폐기물 속에 묻혀 있던 바이오매스가 지표면으로 나온 것이다. 이 법률에서 말하는 바이오매스란 '동식물에서 유래하는 유기물로서 에너지원으로 이용할 수 있는 것'(화석연료는 제외)을 가리킨다.

오랜 인류 역사에서 나무나 풀 등의 바이오매스는 20세기에 이르기까지 가장 의지할 만한 에너지원이었다. 오늘날에도 개발도상국의 많은 사람들이 에너지원의 절반 이상을 바이오매스로 충당하고 있다. 이런 상황에서 바이오매스는 과거의 에너지원으로 간주되어 신에너지의 대열에 끼이지 못했다.

하지만 유럽의 국가들은 1970년대 석유 위기를 겪을 때부터 이 '시대에 뒤떨어진 연료'를 자연에너지원(Renewable Energy Source, RES)으로 재평가하고 이를 활용하는 데 힘을 쏟고 있다. 정책적으로 이를 뒷받침하는 이유는 다음과 같다.

① 정치적 이유: 외국의 에너지 자원에 의존하지 않는다.
② 경제적 이유: 농촌 지역에 고용과 소득을 창출한다.
③ 환경적 이유: 지구온난화 방지, 산성비 감소, 산림 활성화 등에 기여한다.

〈유럽연합〉은 자연에너지원의 소비를 확대하는 데 힘을 쏟고 있고 이를 선도하고 있는 15개국에서 바이오 에너지의 소비량이 늘어나고 있어 자연에너지원의 주축이 되고 있다. 2002년에 공급된 자연에너지(석유 환산 8,100만 톤) 중 목질 에너지가 1위로 51퍼센트, 바이오가스와 바이오 연료는 이 가운데 3퍼센트를 차지한다. 2위는 수력으로 36퍼센트, 3위는 지열로 6퍼센트, 태양과 풍력은 아직 4퍼센트에 불과하다.(EurObser'ER, 2003. 유럽의 에너지·환경·개발 부문 전문가들로 구성된 자문 기관으로 1997년에 설립되었다. www.eurobserv-er.org. 옮긴이) 바이오매스의 비중이 압도적이다.

하지만 최근 〈유럽연합〉이 작성한 보고서[1]에 의하면 바이오매스라는 용어에 대한 일반인들의 평가는 별로 좋지 않다. 바이오매스는 나무 칩이나 펠렛pellet을 효율적으로 태우는 보일러나 난로가 개발됨으로써 편리성과 경제성의 면에서 충분히 석유 난방에 대응할 정도의 연료가 됐다. 그럼에도 일부 국가나 지역에서는 선입관 혹은 '인식의 장벽'에 가로막혀 보급이 매우 더디다.

원래 '바이오매스'는 일상적으로 사용하는 용어가 아니다. 일본에서 실시된 설문조사를 보더라도 바이오매스에 대해 '모른다', '들어 본 적 없다'고 대답한 사람이 상당수에 이른다. 설령 들어 보았다고 해도 곧바로 정확하게 이해하고 있다고는 생각하지 않는다. 바이오매스는 너무나 다양한 내용을 포함하고 있는 추상적이고 애매한 개념이기 때문이다.

지속 가능한 에너지라고 할 때 사람들이 쉽게 떠올릴 수 있는 것은 풍력발전이나 태양광발전일 것이다. 이 두 가지에 대해서는 대략이나마 공통된 이미지가 있다. 하지만 바이오매스의 이미지는 가지각색이다. 나무를 태운다고 얘기하면 예전의 아궁이나 장작 난로를 연상하고는 '시대에 뒤떨어졌다', '비위생적이다', '다루기가 번거롭다'는 느낌을 먼저 갖는 사람들이 있다. 개발도상국에서의 약탈에 가까운 연료 채취를 떠올리면서 '산림 파괴'라고 단정하는 사람들도 있다. 또한 바이오매스를 유해 폐기물이라고 생각하는 사람들은 바이오매스를 에너지로 쓰면 유해 물질을 퍼뜨릴지도 모른다고 걱정한다. 바이오매스는 재생 가능하고 환경친화적인 에너지원이라고 선전되고 있지만 실제로는 액면 그대로 받아들여지지 않는다.

바이오매스를 부적절한 방식으로 이용할 경우 다양한 폐해를 초래하는 것은 분명하다. 그러한 폐해를 최대한 줄여야 한다. 많은 노력을 기울인 결과 현재 대부분의 문제를 해결하고 있다. 이런 상황을 일반인들은 알지 못하고 있다. 일본에서도 이러한 '인식의 장벽'이 바이오매스의 이용을 크게 가로막고 있다.

### 2) 구별해야 할 바이오매스의 두 가지 범주

나는 바이오매스라는 용어를 명확히 정의하지 않은 채 일상적으로 사용하는 것에 반대한다. 구체적인 내용을 확실하게 떠올릴 수 있게 하는 용어를 쓰는 것이 바람직하다. 따라서 식물에서 오염된 폐기물까지를 아우르는 바이오매스를 적절하게 분류할 필요가 있다.

최근 발표된 〈유럽연합〉의 보고서는 바이오매스를 깨끗하고 시장에서 거래가 가능한 것과 폐기물 처리와 관련한 규제에 따라 거래가 불가능한 것으로 구분하고 있다.[2] 이 구분은 매우 중요하기 때문에 바이오 에너지 정책의 기본으로 삼아야 한다. 그 각각의 내용은 다음과 같다.

- 거래 가능한 것

  임업 부산물 및 개량 목질 연료

  고형 농업 잔재

  고형 산업 잔재(대부분은 임산업 부산물)

  고형 에너지 작물

- 거래 불가능한 것

  생生 분뇨

  유기 폐기물

  생물 분해성의 도시 쓰레기

  폐목재

  건조 분뇨

  목초액(黑液, 제지 공업에서 펄프재pulp材를 찌거나 삶았을 때 남는 액체. 옮긴이)

  하수 가스

  매립지 가스

- 수송 연료

  바이오 에탄올

  바이오 디젤

이 장에서는 이중에서 산림의 에너지 자원에 관련된 것을 다룬다. 즉 거래 가능한 바이오매스인 '임업 부산물 및 개량 목질 연료'와 '고형 산업 잔재'로 북유럽에서 '산림 연료'라 부르는 것이다. 여기에 폐목재 연료와 수목의 특성을 가진 에너지 작물을 추가한 것이 '목질 연료'다.[3] 향후 일본의 바이오 에너지 시장은 폐기물 이용에서 산림 연료 이용으로 원만하게 이행할 수 있는가? 이것이 이 장의 주제다.

## 3) 목질 바이오매스의 공급원

1960년대까지 일본에서는 대량의 땔나무나 목탄을 생산했다. 상수리나무나 졸참나무 등으로 구성된 '연료림'이 그 주요한 공급원이 됐고, 이것으로 일단 지속 가능한 생산 체계가 형성됐다고 볼 수 있다. 하지만 오늘날의 공업국에서는 연료용 목재의 생산을 주목적으로 하여 산림을 벌채하는 경우는 줄어들고 있다. 가장 일반적인 목질 연료는 임업과 임산업에서 나오는 잔재다. 예를 들면 산림에서 건축 용재나 펄프재를 잘라내면 '임지 잔재林地殘材'라 불리는 나뭇가지나 나무토막이 반드시 나온다. 또한 인공림이나 천연 재생림을 육성할 때 가끔씩 솎아내기(나무가 자라는 초기에 잡목을 베어 내는 작업. 옮긴이)나 솎아베기(나무가 일정한 크기 이상으로 자란 다음, 또는 일반적으로 나무를 심은 뒤 10~20년 사이에 비교적 굵은 나무들을 다시 베어 내는 작업. 옮긴이)를 하는 과정에서 시장성이 없는 소경목(小徑木, 지름 18센티미터 이하의 나무. 옮긴이)이 꽤 많이 발생한다. 이 모두가 중요한 에너지원이다. 앞의 분류표에서는 일본에서 말하는 임지 잔재와 보육 작업에서 나오는 소경목을 일괄하여 '임업 부산물'이라고 부른다. 더는 폐기물로 보지 않는다는 것이다.

한편 시장성이 있는 통나무는 제재 공장 등에서 가공하는데 이곳에서도 제재품의 생산에 따라 대량의 톱밥이나 배판(背板, 상품성이 없는 널빤지. 옮긴이), 나무껍질 등이 발생한다. 앞의 분류에 따르면 '산업 잔재'가 된다. 이것도 유력한 에너지원으로 '잔재'가 아니라 '임산업 부산물'로 분류하는 문헌도 있다.

'개량refined 목질 연료'라는 것은 임지 잔재 등의 잡다한 원료를 균질하고 다루기 쉬운 칩이나 펠렛 등의 형태로 바꾼 것이다. 이것들은 '임업 부산물'인 동시에 임산업의 중요한 부산물이기도 하다. 원래 펠렛은 나무 부스러기 처리에 어려움을 겪던 임산업이 이른바 궁여지책으로 만들어 낸 것이었다. 목재의 가공 과정에서 발생하는 나무 부스러기는 상당한 발열량을 갖고 있다고 해도 그대로 판매할 수는 없다.

이것을 파쇄하고 압축하여 펠렛으로 바꾸어 어렵사리 에너지 자원으로 활용하는 방법을 찾아낸 것이다.

어쨌든 현재 대부분의 목질 연료는 임업과 임산업의 부산물로 생산되고 있고 최대 공급량은 주산물의 생산량에 따라 결정된다. 목질 연료의 공급을 계속적으로 늘리는 유력한 방안은 성장이 빠른 에너지 수목을 인공적으로 재배하는 것이다. 유럽의 일부 지역에서 도입하기 시작했으나 생산 비용이 많이 들어서 현재 상황에서 급속하게 확대될 가능성은 낮다.

## 2. 목질 에너지의 시장 경쟁력

### 1) 에너지 전환의 세 가지 형태

목질 바이오매스 에너지의 이용을 역사적인 전개에 따라 유형별로는 '재래형'과 '개량형' 그리고 '혁신형'으로 나눌 수 있다.[4]

'재래형'이란 목재를 단순한 장치로 직접 태우는 전통적인 방식이다. 이 방식은 열효율이 높지 않은데다 언제나 사람이 붙어 있으면서 연소를 관리해야 한다. 또한 불완전연소로 실내 공기를 오염시켜 건강을 해치는 일도 자주 발생했다.

다행스럽게도 최근 10~20년 사이에 목재를 효율적으로 연소시키는 기술이 개발됐다. 이 기술을 이용하면 연기나 일산화탄소 등의 유해 물질이 거의 배출되지 않는다. 땔나무도 연료로 사용할 수 있지만 균질한 칩이나 펠렛의 경우에는 연소 과정이 일관되게 이루어지는 자동화도 가능하다. 이것은 목재의 직접 연소로 열을 얻는다는 점에서는 재래형과 같지만 효율성, 쾌적성, 편리성이 크게 개선되어 화석연료와 거의 차이가 없다. '개량형'으로 불러야 할 국면에 들어선 것이다. 화석연료와의 치열한 경쟁을 견뎌 냈는가의 여부가 재래형과 개량형을 나누는 기준이 된다.

'혁신형'은 다양한 목질 바이오매스를 전기나 가스, 수송 연료 등의 근대적인 에너지 운반체로 전환하는 방식의 총칭이다. 목질 바이오매스를 이용한 발전소나 열병합(Combined Heat and Power, CHP) 발전소가 유럽 국가들을 중심으로 각지에서 건설되고 있다. 하지만 그 이외의 혁신적인 에너지 전환은 연구 개발의 과정에 있는 경우가 많아 본격적으로 시장에 참여하는 데 조금 더 시간이 걸릴 것 같다.

### 2) 연소 규모와 연료 조달

전환 방식이 재래형에서 개량형, 그리고 혁신형으로 이행하면서 연소 규모가 점차 커지는 경향이 있다. 이에 따라 연료의 조달 방법도 변화할 것이다.

과거 농촌 지역에서는 집에서 사용하는 연료를 가까운 산에서 직접 조달했다. 정해진 규격이 없기 때문에 각자가 태우기 쉬운 형태로 가공한 것이다. 땔감이 시장에서 거래되면서 일정 규격에 따라 생산됐지만 생산도, 소비도 작은 규모로 그리고 개별적으로 이루어졌다.

하지만 개량형의 시대가 되면 임지 잔재나 공장 잔재를 칩이나 펠렛으로 만들 필요가 있다. 상당량의 재료를 모아 비교적 대형 기계를 사용하여 효율적으로 가공하지 않으면 화석연료와의 경쟁이 어렵다. 또한 수요자 입장에서 지역 난방 시설이나 산업용 보일러와 같은 대규모 소비가 늘어나고 있다는 사실도 간과할 수 없다. 모든 면에서 규모 확대가 하나의 흐름이 되고 있다.

다만 가정용 난로나 보일러를 중심으로 한 소규모 연소와 산업용 대형 보일러를 이용한 대규모 연소 사이에는 매우 뚜렷한 차이가 있다. 유럽 등지에서는 가정용 땔감을 만들어 내는 것이 지금도 개별 농가의 일거리인데 농업용 트랙터와 같은 간단한 기계를 이용하여 쓰러진 나무들을 끌어내어 가지치기, 통나무 토막 내기, 장작 패기 등의 작업을 한다. 양질의 땔감은 비교적 높은 가격에 판매되기 때문에 이런 작업들이 가능하다.

또한 동일한 칩 보일러 중에서도 소형의 경우에는 칩의 질이 나쁘면 사용하기 어렵다. 좋은 칩의 주요 조건은 크기가 비교적 작아야 하고 수분 함량이 적어야 하며, 불순물을 포함하지 않아야 한다. 이런 조건을 충족하는 칩이라야 소형 보일러에서 효율적이고 깨끗하게 탈 수 있다.

양질의 나무 칩은 비교적 높은 가격에 팔리기 때문에 앞에서 얘기한 땔감과 마찬가지로 산림을 보유한 농가가 간벌재를 솎아 내거나 가지를 잘라 내어 이를 여름철에 말려서 칩으로 만들기도 한다. 오스트리아의 사례를 보면 이런 농가가 여럿 모여 열 공급 발전소를 건설하고 인근의 주택 단지에 열을 판매하고 있다. 이는 질 높은 연료를 요구하는 소규모 연소의 경우에는 소규모의 연료 생산자들이 끼어들 여지가 있다는 것을 보여 준다.

한편 발전을 병행하는 대규모 연료 장치의 경우에는 에너지의 전환 효율을 높이기 위해 저렴한 바이오매스를 대량으로 모으려는 경향이 강하다. 가지나 잎을 붙인 채로 분쇄한 임지 잔재 칩이나 수분 함유율이 높은 나무껍질 이외에 폐기물계의 목질 바이오매스도 섞고 있다. 이 경우에는 잡다한 연료의 사전 처리와 오염 물질의 제거에 상당한 투자가 필요하지만 규모의 경제가 이루어지면 가능해질 것이다. 혁신형의 에너지 전환에서는 이 유형이 늘어날 가능성이 있다.


### 3) 화석연료와의 비교

목질 에너지의 정착 가능성을 가늠하는 데 결정적인 것은 결국 시장에서 화석연료에 어느 정도까지 대항할 수 있는가다.

내가 목질 에너지에 관심을 갖게 된 것은 1990년대 초반인데, 당시의 예상과 크게 달라진 것은 소규모 연료 기술의 진보다. 규모가 큰 연소 장치라면 다양한 장치

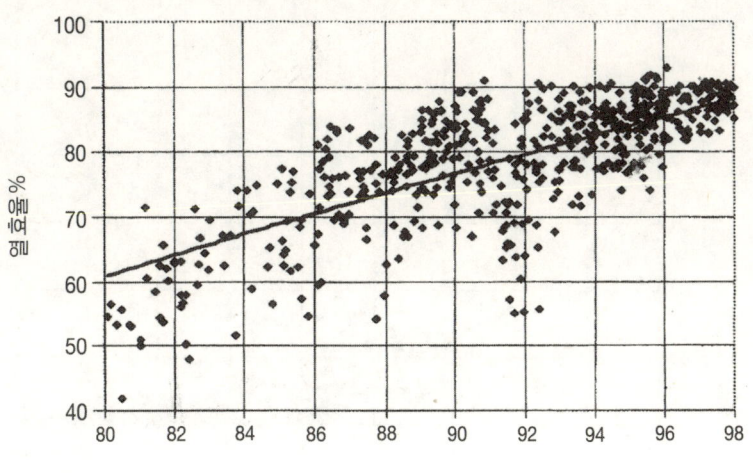

그림 1. 오스트리아의 가정용 목질 보일러의 열 효율 개선
(각 점은 시험에 사용된 신형 보일러의 수치를 가리킴)

출처: 독일 연방 농업 연구소

를 활용할 수 있고 완전연소와 무배출 시스템zero emission을 실현하는 것도 어렵지 않다. 하지만 가정용 연소 기구에는 복잡한 장치를 붙이기 어렵다는 게 문제였다.

그렇지만 현실적으로는 이 벽이 확실하게 무너지고 있다. 여기서는 이와 관련한 인상 깊은 사례로 오스트리아에서 해마다 판매되고 있는 신형 가정용 목질 보일러의 검사 결과를 제시하고자 한다. 우선 목질 연료가 가진 열량 중 어느 정도를 유효한 열로 바꾸고 있는가를 보면(그림 1), 최근에는 신형 보일러의 대부분이 85~90퍼센트의 열 효율을 달성하고 있다.

1980년대 전반에는 대부분이 50~70퍼센트였다는 점을 생각하면 대단한 진전이다. 또한 불완전연소와 배출의 척도인 일산화탄소(CO)의 배출량도 극적으로 낮아져 대부분 영零에 가까워지고 있다.(그림 2)

그렇다면 난방 비용은 어떻게 됐을까? 〈유럽연합〉의 바이오히트 BIOHEAT 프로

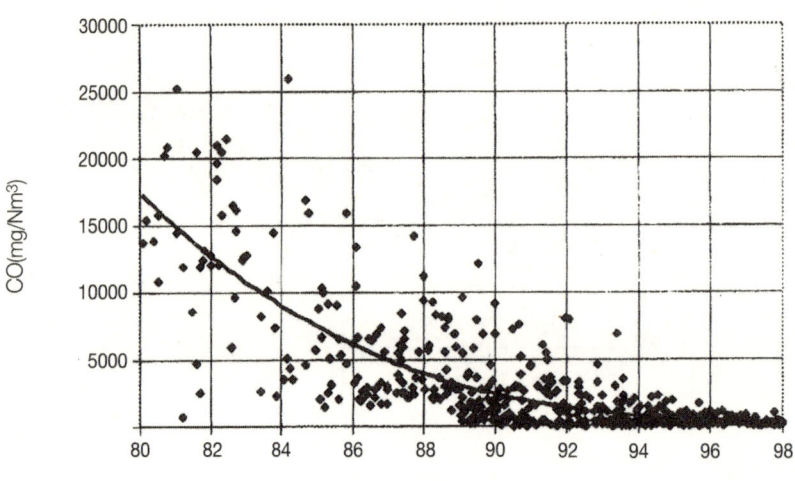

그림 2. 오스트리아의 가정용 목질 보일러의 일산화탄소(CO) 배출량의 개선
(각 점은 시험에 사용된 신형 보일러의 수치를 가리킴)

출처: 독일 연방 농업 연구소

젝트에서 실시한 조사에 따르면 나무 칩이나 펠렛의 가격은 열량당 석유나 천연가스보다 훨씬 싸다.(그림 3)

한편 목질 보일러의 본체 가격은 부속 장치를 포함하면 중유나 가스 보일러보다 훨씬 높아진다. 하지만 공공시설이나 집합 주택, 빌딩 등에 열을 공급하는 100킬로와트급 칩 보일러의 경우는 설치비를 포함한 총 난방 비용이 석유보다도 전반적으로 낮아지고 있다. 스웨덴이나 네덜란드, 덴마크 등의 나라에서는 절반 이하다.(그림 4) 펠렛 보일러의 경우에도 동일한 경향을 보이고 있다.

바이오매스의 대규모 연소를 이용한 발전이나 열병합발전은 태우는 연료의 종류, 발전 방식이나 규모에 따라 발전 비용이 크게 달라지기 때문에 일괄적으로 말하기는 어렵다. 독일에서 추계된 자료는(그림 5) 2만 킬로와트의 목질 바이오매스발전

## 그림 3. 〈유럽연합〉의 난방용 연료의 가격(2001년 6월)
## 100킬로와트 보일러(연 소비량 900GJ), 부가가치세 포함

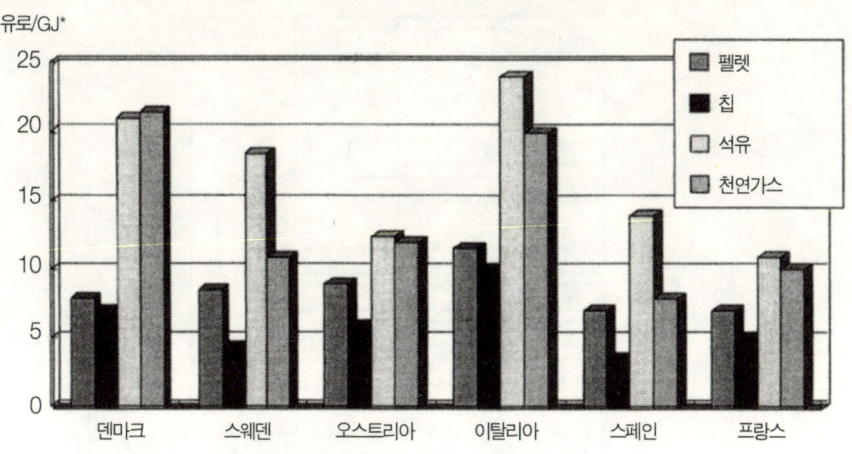

유로/GJ*

범례:
- 펠렛
- 칩
- 석유
- 천연가스

(덴마크, 스웨덴, 오스트리아, 이탈리아, 스페인, 프랑스)

* 에너지 측정 단위로 기가줄Giga Joule의 약자다. 옮긴이

출처: EU BIOHEAT Project, *Final Report* 2003

## 그림 4. 나무 칩을 이용한 난방과 석유 난방의 비용 비교
## 〈유럽연합〉 10개국 100킬로와트급 보일러의 경우

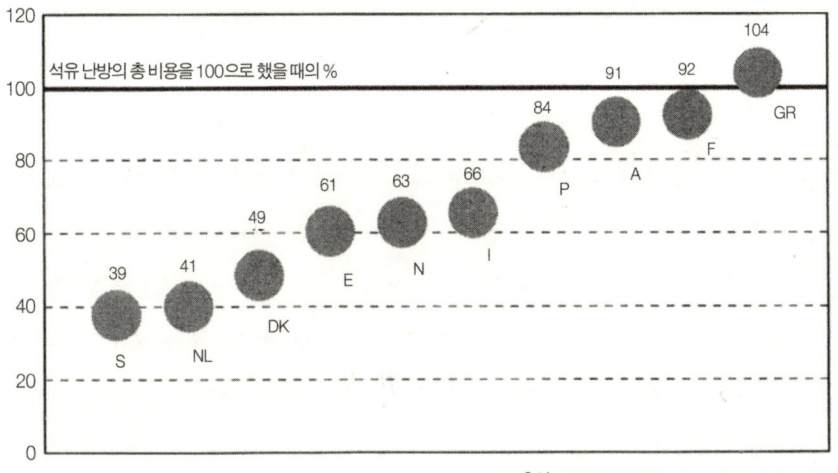

석유 난방의 총 비용을 100으로 했을 때의 %

39 S, 41 NL, 49 DK, 61 E, 63 N, 66 I, 84 P, 91 A, 92 F, 104 GR

출처: EU BIOHEAT Project, *Final Report* 2003

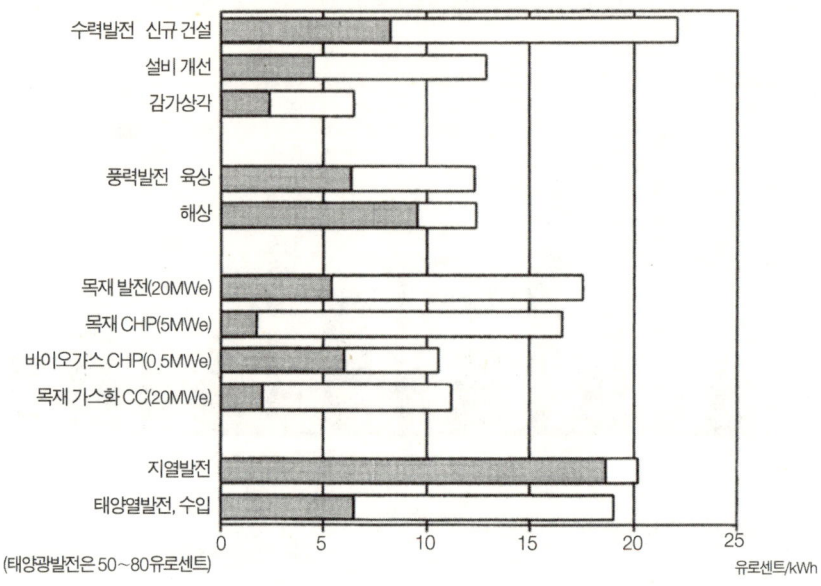

그림 5. 자연에너지를 이용한 발전 비용의 하한과 범위

|  |
|---|
| 수력발전 신규 건설 |
| 설비 개선 |
| 감가상각 |
| 풍력발전 육상 |
| 해상 |
| 목재 발전(20MWe) |
| 목재 CHP(5MWe) |
| 바이오가스 CHP(0.5MWe) |
| 목재 가스화 CC(20MWe) |
| 지열발전 |
| 태양열발전, 수입 |

(태양광발전은 50~80유로센트)

유로센트/kWh

출처: 독일 *BMU Report* 2004

에 드는 비용을 1킬로와트시당 6~17유로센트(일본 엔으로 8~23엔)로 정하고 있다.

목재의 가스화 복합 사이클 발전(combined cycle generation, 각 열 영역마다 다른 발전 장치를 이용해 효율적으로 동력을 회수하는 방식. 옮긴이) 기술은 아직 성숙했다고 보기 어렵다. 하지만 이것이 실용화되면 발전 비용이 꽤 낮아져 풍력발전 이하가 될 것으로 예측하고 있다.

다만 현실에서는 발전 분야에서 통상의 화력발전과 비교하는 것은 쉽지 않다. 공급원을 중시하면서 무리가 없는 범위에서 발전하는 방식이 주류가 되고 있다. 1990년대 초반에는 획기적인 발전 방식이 등장할 것으로 크게 기대했지만 그 꿈은 아직 이루어지기 어려울 듯하다.

## 3. 일본에서 목질 에너지의 현황과 과제

### 1) 현황의 개관

목질 바이오매스의 본격적인 에너지 전환은 임산업에서 시작됐다. 그 전형은 자사에서 발생한 폐기물을 연료로 이용하여 열이나 전기를 생산하고, 그것을 자사에서 소비하는 방식이다. 이렇게 하면 처리가 곤란한 잔재와 폐재를 연료로 활용할 수 있고 집하 비용도 거의 들지 않는다. 게다가 열이나 전기의 출구도 확보되어 있다. 바이오매스를 에너지로 이용한다는 측면에서는 이상적인 사례다.

일본에서는 펄프 산업이 그 선두를 달렸다. 이전에는 슬러지(sludge, 오니. 하수 처리 또는 정수 처리 과정에서 생긴 침전물. 옮긴이) 공해의 원흉으로 지목되어 취급이 어려웠던 펄프 폐액(흑액)을 철저하게 열과 전기로 전환함으로써 오늘날에는 공장에 필요한 에너지의 상당 부분을 확보하고 있다. 이와 유사한 에너지 전환은 펄프 산업 이외의 비교적 규모가 큰 합판 공장이나 집성재(두께 2.5~5센티미터의 판자를 길이 방향으로 접착하여 가열·압축한 목재. 옮긴이) 공장 등에서도 가능하다.

최근에는 목질의 산업 폐기물이나 일반 폐기물을 이용한 본격적인 발전소도 등장하고 있다. 전기 판매를 목적으로 한 새로운 유형의 에너지 전환이다. 그 계기가 된 것이 '폐소법'(廢掃法, 폐기물의 처리 및 청소에 관한 법률. 옮긴이)이다. 이 법이 시행되면서 폐기물 재활용이 의무화된 것이다. 즉 배출자가 경비를 부담하여 대량의 칩을 생산하게 됐고, 이렇게 만들어진 저렴한 칩이 바이오매스발전을 가능하게 만들었다. 기후 현의 사례를 보면 이전에는 톤당 4,000엔 전후였던 연료용 칩이 지금은 톤당 10엔에서 100엔 정도의 명목 가격으로 거래되고 있다. 이처럼 싼 연료를 확보한다면 바이오매스를 이용한 발전 사업은 충분히 경제성이 있다. 전국 각지에 대형 발전소의 설치가 계획되어 있고 일부에서는 이미 가동을 시작했다.

이상에서 보듯이 연료를 대량 집하할 수 있다면 대규모 연소 발전소도 현재의 시장 조건에서 일정한 경제성을 확보할 수 있다. 하지만 일본의 목재 가공 산업, 특히 제재업은 규모가 작기 때문에 독자적으로 톱밥 연소 보일러를 도입하기 어렵다. 공장에서 배출되는 잔재와 폐재는 톤당 수천 엔에서 1만 엔 이상의 처리비를 들여 처분하고, 자기 공장의 목재 건조기는 고가의 중유로 운전하는 식의 혼란한 상황이다.

이 경우에 기계로 가공한 제재 부산물까지 '산업 폐기물'로 취급하는 '폐소법'의 규정에도 문제가 있다. 제재 부산물은 분명하게 '시장 거래가 가능한' 청정한 바이오매스로서 '시장 거래가 불가능한' 오염된 바이오매스가 아니다. 북유럽에서는 제재 부산물이 '산림 연료'의 최종 단계에 자리 잡고 있다. 일본에서도 그렇게 개선하지 않으면 목질 바이오매스를 에너지로 이용하는 것을 부자연스럽게 여기거나 목질 바이오매스에 대한 왜곡된 인식이 생길 가능성이 있다.

중소 공장의 입장에서는 높은 처리비를 지불하면서 제재 공장에서 나오는 나무 부스러기나 나무껍질류를 처분하는 것은 큰 부담이다. 이를 타개하기 위한 방안으로 폐재와 잔재의 에너지 이용에 눈을 돌리게 됐다. 발전도 선택지의 하나로 각지에서 검토되고 있다. 하지만 계획되어 있는 발전소는 대부분 규모가 작고 발전 비용은 현저하게 높다. 얄궂게도 폐기물 처리비를 아주 비싸게 받지 않으면 채산을 맞출 수 없는 상황이다.

한편으로 제재의 잔재와 폐재를 목질 펠렛이나 칩으로 가공하여 소형 연료 장치에서 사용하도록 보급하려는 시도가 각지에서 시작됐다. 이런 상황이라면 비교적 작은 규모에서도 채산을 맞출 수 있다. 게다가 스웨덴이나 오스트리아 등에서는 목질 연료를 사용하는 보일러나 난로가 최근 수년 동안에 급속하게 보급됐다. 또한 석유 가격의 상승도 좋은 여건이 되고 있다. 조건이 갖춰지면 일본에서도 폭넓게 보급될 가능성이 있다.

## 2) 목질 에너지 시장의 확대 조건

앞에서 보았듯이 일본의 목질 에너지 시장은 이제 출발선에 섰다. 지금 단계에서 이후 전개될 상황을 전망하는 것은 아주 어렵지만 일단 시장 확대를 위한 일반적인 조건에 대해 정리해 보겠다.

우선 발전과 같이 대규모 연소의 경우는 합리적 비용으로 일정 정도 연료 수급이 가능하고, 또한 생산한 에너지의 출구를 확보했다면 민간 자본을 이용하여 발전 시설이나 열병합 발전소를 비교적 간단하게 건설할 수 있다. 이후 남겨진 과제는 발전소 주변의 주민이 이를 받아들일 것인가의 여부다. 폐기물 관련 연료가 많은 경우에는 쓰레기 소각 시설을 건설하는 경우와 동일한 문제에 마주치게 된다. 오염이나 건강, 소음, 경관에 미치는 영향, 지역 경제에 대한 기여 등을 둘러싸고 지역 주민과 대립하는 국면도 발생할 것이다.

대규모 연소 시설의 에너지 전환에서 결정적으로 중요한 것은 연료의 집하 문제다. 폐기물을 이용한 발전 시설이 증가하면서 연료를 둘러싼 경쟁이 심해질 것은 분명하다. 이미 일부에서는 가까운 장래의 연료 부족을 우려하는 목소리도 들린다. 북유럽 국가의 대규모 연소 발전소에서는 임지 잔재 등의 '임업 부산물'이 주요한 연료가 되고 있다. 일본에서도 산림 연료를 이용하는 방향으로 나아갈 수밖에 없다.

이 경우 연료 칩은 톤당 3,000~6,000엔 정도가 된다. 현재 전력회사 등이 제시한 전기 판매 가격으로는 도저히 채산이 맞지 않는다.

최근 독일에서는 '재생 가능 에너지원법'을 개정하여 청정한 바이오매스로 생산한 전기를 높은 가격으로 구매하는 제도를 도입했다.[5] 즉 전기 출력 5,000킬로와트 이하의 발전소는 1킬로와트시당 2.5유로센트가 할증됐고, 열병합발전이나 가스화 등 효율이 높은 전환 방식을 채용하면 1유로센트의 기술 할증이 붙는다. 이 두 가지를 더한 바이오매스발전의 구매 가격은 규모가 작을수록 높아져 1킬로와트시당

12.4~15.0유로센트(1유로를 135엔으로 환산하면 16.7~20.3엔)로 산림 바이오매스를 이용할 경우의 이점이 한층 많아졌다. 일본에서도 이 수준의 전기 판매 가격이 보증된다면 산림 바이오매스를 이용해 발전할 수 있는 가능성이 열린다.

독일의 최저 보증 가격이란 '주어진 지역 환경 내에서 최신의 기술을 이용하여 비용 효율적인 발전을 가능하게 하는 가격'을 말하며, '에너지원의 종류, 입지 조건, 설비 규모에 따라' 상세하게 규정하고 있다. 이로 인해 재생 가능 자원을 이용하는 발전 사업자가 특별한 편익을 얻기는 어렵다. 기존의 발전 사업자에 비해 불이익을 보상받는 성격이기 때문이다. 여러 기업이 참여한다면 기업 간의 경쟁으로 발전 비용도 낮아진다. 이에 비해 일본의 '신에너지 이용 특별 조치법(신에너지 RPS법)'에서는 신에너지 전력의 구입 가격을 처음부터 낮게 설정하는 경향이 있다. 하지만 이런 방식은 투자 의욕을 이끌어 낼 수 없고, 수년 후에 설정된 목표 발전량을 확보하기도 어렵다. 발상의 전환이 필요하다.

이어서 나무 칩이나 펠렛을 사용하는 소규모 연소에 대해 생각해 보자. 가정용 난로와 같이 일상적으로 사용하는 기기의 경우는 목질 연료에 대한 사람들의 이미지나 의식이 중요한 변수로 작용한다. 뿌리 깊은 부정적인 이미지를 불식하는 일에서 시작해야 한다. 새로운 연소 기술에 대한 정보를 정확하게 전달하고 첨단 기기를 이용한 연소 현장을 체험하는 기회를 가능한 늘려야 한다.

이와 함께 중요한 것은 연료의 생산에서 최종 소비에 이르는 '고리'를 완결하는 것이다. 목질 펠렛을 예로 들면 적어도 ① 펠렛의 품질에 적합한 성능이 좋은 연소 기기를 확보할 수 있고, ② 주문에 따라 품질이 확실한 펠렛을 배송하고, ③ 기기의 올바른 설치와 사후 관리를 보증하는 등의 조건을 갖추어야 본격적인 보급이 가능하다. 동시에 각 분야에서 전문 기술자의 양성이 요구된다는 점에서 이러한 '펠렛의 고리'는 하루아침에 완결되지 않는다. 그 차이가 〈유럽연합〉 국가 간에 목질 에너지의 '선진 지역'과 '후진 지역'을 만들어 내고 있다.

일본에서도 펠렛을 생산하는 공장이 조금씩 늘어나고 있지만 대부분 생산 규모가 작고 가격이 상당히 높다. 펠렛은 이미 국제적 상품이다. 캐나다나 남아프리카에서 생산된 펠렛이 대형 전용선을 통해 로테르담 항으로 옮겨져 유럽의 가정에서 태워지고 있다. 외국산과의 경쟁을 피할 수 없다면 국산품의 생산 비용을 낮추는 방안을 진지하게 검토해야 한다. 공장 규모를 확대하는 방법도 있지만 뒤에 서술하는 것처럼 목질 소재의 단계적인 이용이라는 흐름을 제대로 반영하는 것이 중요하다.

## 4. 산림자원의 단계적 이용—새로운 체계의 구축

### 1) 산림 바이오매스의 이용을 가로막는 목재 산업의 구조

일본에서 에너지로 이용하는 목질 바이오매스는 폐기물업계와 임산업에서 나오는 일부 나무 부스러기뿐이다. 임지 잔재나 사용하지 않은 간벌재 등 본래의 산림 바이오매스는 대부분 사용되지 않는다. 하지만 잠재력이 큰 것은 이 부분이다.

일본 국내의 산림으로 눈을 돌리면 최근 40년간 목재 생산량이 3분의 1 정도 늘어난 동시에 산림이 저장한 목재의 양(축적량)도 크게 늘어났다. 최근 〈임야청〉(우리나라의 〈산림청〉에 해당하는 기관. 옮긴이) 통계에 따르면 40억 세제곱미터를 넘었다고 한다. 하지만 숨아내기를 늦게 하는 등의 이유로 과도하게 밀집된 산림이 늘어났기 때문에 실제 축적량은 이보다도 훨씬 많을 것으로 추측된다. 산에서의 축적량이 늘어났다고 하더라도 과밀에 따른 증가는 이루어지지 않는다.

특히 최근 인공림의 평균 수령이 높아지면서 숨아내기를 하지 않아 생긴 폐해가 두드러졌다. 나무가 나이 들면서 높이는 높아지지만 줄기가 두꺼워지지 않아 휘청거리는 상태로 빽빽하게 심어져 있는 매우 불안정한 산림이 만들어진 것이다. 이렇게 되면 산림 내부는 어두워져 잡초나 관목이 자랄 수 없다. 하층 식생이 부실해지면 표층의 건강한 토양이 쉽게 유출될 수 있다. 이런 산림은 폭풍이나 호우를 만나면 큰 피해를 입는다.

이러한 과밀 인공림의 해소가 오늘날 산림 행정의 중심 과제가 되고 있다. 하지만 과밀한 숲을 정리해도 쓸 만한 목재는 적고, 연료로만 쓸 수 있는 바이오매스가 거의 대부분이다. 이것을 에너지로 이용할 수 있는지의 여부가 당면 최대의 관심사다.

일본의 전통적인 육림 임업은 집약적인 육림 방식과 목재를 거의 낭비하지 않는 방식으로 국제적인 주목을 받았다. 하지만 이제는 자국의 산림을 가장 이용할 줄 모르는 국가가 되어 가고 있다. 막대한 산림이 축적되어 있는데도 일본의 임업이 부진에 빠지면서 목재의 자급률은 18퍼센트로 떨어졌다. 산림 관리는 유명무실하고, 산에서 나오는 것은 줄기의 가장 굵은 부분뿐인데다 나머지는 전부 버리는 등 효율성이 아주 낮다.

최근 세계적 추세는 '산에서 벌채한 것은 전부 이용한다'는 것이다. 굵은 부분은 건축재, 얇은 부분은 펄프재, 아무데도 쓸 곳이 없는 가지 끝이나 나뭇가지는 에너지용으로 사용하는 등 버려지는 부분이 점점 줄어들고 있다. 그런데도 일본에서는 펄프용 칩을 대부분 외국에서 들여오고, 목질 연료도 화석연료에 밀려 거의 사용되지 않는다. 즉 질 낮은 재료의 출구가 막히면서 결국 '알맹이'만 챙기는 부실한 임업이 되어 버렸다. 하지만 이런 식으로는 산림의 효과적인 이용이 이루어지지 않는다.

솎아베기(간벌間伐)에는 나무가 어린 시기에 실시하는 '보육 간벌'과 장년기에 실시하는 '이용 간벌'이 있다. 일본에서는 30년생과 40년생 나무의 솎아베기가 늘어나고 있는데, 이것은 본래 목재의 수확을 목적으로 하는 '이용 간벌'이라 할 수 있으며, 숲에서 크게 자란 나무들의 밀도만 조절하는 것이므로 모든 산에서 베어 버리는 것은 낭비다.

산에서 베어낸 것을 전부 이용하여 수익을 올리고, 그 수익으로 산림을 관리하는 것이 합리적인 방식이다. 솎아베기에 대해 장기간 보조금을 지원하는 것은 현실적으로 불가능하다. 일본의 임업이 알맹이만 빼먹는 방식이 되어 버린 것은 임업 자체의 근대화가 늦어지면서 산림에서 얻은 목질 재료의 낭비를 줄일 수 있는 단계적 이용 체제가 구축되지 않았기 때문이다.

국내 생산 목재의 생산과 가공을 특징짓는 것은 영세성이다. 목재 유통 또한 거래 단위가 작고 유통 경로가 취약하여 뒤얽혀 있다. 예를 들면 국산 원목이나 제재목은 '시매市賣'라는 일본의 독특한 시장구조에 묶일 가능성이 높다. 이것은 목재 판매를 위탁한 판매업자가 일정한 시간과 장소에 모여 경매를 통해 판매하고 수수료를 받는 방식이다. 다시 말하면 다수의 영세한 소경재(小莖材, 가는 굵기의 원목. 옮긴이) 생산업자에게서 다양한 원목을 받아 일단 시장에 모아야 한다. 이 또한 다양한 재료를 조금씩 필요로 하는 소규모 제재업자의 요구를 반영할 수 있는 체계가 바람직하다. 하지만 일반 소경재와 조림재를 경매에 붙일 경우, 소경재는 이익은 적은 반면에 수수료가 가격의 20퍼센트 이상을 차지한다. 더 번거로운 것은 보조금으로 벌채한 질 낮은 간벌재가 이런 종류의 시장에 대량으로 흘러들면 유찰이나 낙찰 가격의 대폭적인 인하를 초래하기 쉽다는 점이다. 이는 기존의 소규모 제재 공장에서는 목질 자재를 단계적으로 이용할 수 없어 대량의 간벌재를 처리하기 어렵기 때문이다.

오늘날의 목재·목조품의 시장가격은 대개 수입되는 외국 자재를 기준으로 정해진다. 그리고 산림 소유자는 그 시장가격에서 기타 경비를 빼고 남은 금액을 손에 쥐게 된다. 국산 자재의 높은 생산·가공 비용과 높은 유통 비용, 여기에 질 낮은 자재의 좁은 판로가 삼나무 등의 선나무(立木) 가격을 믿기 어려울 정도의 낮은 수준으로 떨어뜨리고 있다. 산림 소유자의 대부분이 임업에 대한 의욕을 잃고 산림을 관리하지 않은 채 내버려 두는 것이 당연하다.

## 2) 변혁의 요점

산림 바이오매스를 에너지로 이용하는 비율을 높이기 위한 필수 조건은 국내의 산림에서 나오는 여러 종류의 다양한 목질 자재를 순차적으로 낭비 없이 사용하는 단계적 이용 체계를 확립하는 것이다. 그리고 그것이 산림 바이오매스를 경제적으로 에너지로 전환하는 지름길이기도 하다.

목질 재료의 단계적 이용을 현실화하기 위해서는 목재의 생산·가공·유통 체계의 변혁이 필요하다. 변혁의 요점은 다음 세 가지다.

① 건축 용재, 펄프재, 연료용 바이오매스 등의 목질 자재를 산에서 일괄로 수확·운반하는 체계를 확립해야 한다. 예를 들면 산에서 벌채한 나무를 가지가 붙은 채로 통째로 임도林道 끝까지 끌어내고 가지치기, 통나무 토막 내기, 목재의 절단까지를 기계(관리기나 수확기)로 처리하는 일괄 체계가 그것이다.

② 영세한 산림 소유자의 산림을 묶어 솎아베기를 하는 등 산지에서 하는 작업을 가능한 늘리고, 기계를 도입하여 효율을 높이는 방안을 도모해야 한다. 스스로 산림을 관리할 수 없는 소유자가 급증하고 있다는 점을 생각하면 여러 영세한 소유자의 산림을 일정한 지역 단위에서 취합하여 조직적으로 솎아베기 등을 실행할 필요가 있다.

③ 목재의 단계적 이용을 강화하기 위해 임산업의 통합과 집약화를 추진해야 한다. 예를 들면 우량 자재는 건축용으로 출하하고, 결함이 있는 것은 집성재 등으로 가공하여 부가가치를 높인다. 그 이후에 남는 폐잔재로 전기와 열을 생산하여 목재를 가공하거나 말리는 데 사용하는 방안을 고려한다. 이러한 일괄 체계는 임산업의 통합과 집약을 통해 이루어질 수 있다.

### 3) 벌채 방식의 변혁

목재 생산업으로서의 임업의 주목적은 제재 용재 등 곧고 굵은 통나무의 생산이다. 하지만 예를 들어 다 자란 삼나무를 한 그루 베면 제재용으로 쓰는 것은 줄기의 굵은 부분뿐이며, 그보다 가늘면 펄프용이나 판자용 칩 생산에 쓰고, 나무 끝 부분이나 가지들은 연료로만 쓸 수가 있다. 곧은 나무의 경우에는 이 구분이 대개 줄기의 지름으로 정해진다. 〈그림 6〉의 가로축은 줄기의 굵기를 나타내고, 왼쪽은 뿌리 부분이며 오른쪽으로 갈수록 가늘어진다고 하자. 세로축에는 제재 공장, 제지 공장, 열 공급 발전소가 1세제곱미터의 목재에 대해 실제로 지불할 수 있는 가격을 설정했다. 가지가 굵은 부분에서는 양질의 펄프 칩이나 가장 좋은 연료용 칩을 얻을 수 있다. 그럼에도 제재 공장만큼 높은 가격을 매길 수는 없다.

나무의 지름이 가늘어질수록 목재 1세제곱미터의 판매를 통해 얻을 수 있는 수입

그림 6. 굵기에 따라 달라지는 다 자란 나무의 사용처

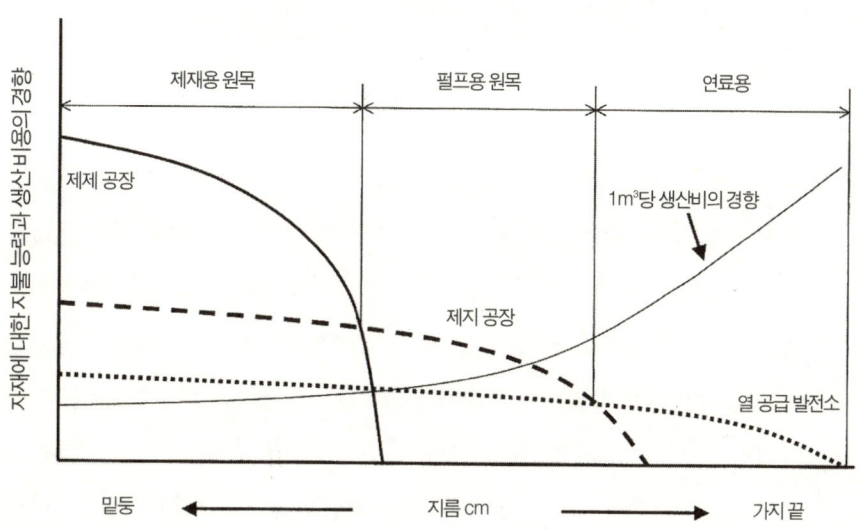

은 줄어든다. 하지만 목재 1세제곱미터의 생산에 필요한 경비는 반대로 상승할 가능성이 높다. 줄기의 굵은 부분에는 가지가 없기 때문에 가지치기가 필요하지 않고, 운반할 때도 굵은 원목은 용적 밀도가 높기 때문에 한 대의 트럭에 많은 물량을 실을 수 있다. 하지만 펄프 원목으로 쓸 가는 부분에는 가지가 아주 많이 붙어 있다. 이 가지를 전부 전기톱으로 쳐내는 것은 대단히 힘든 일이다. 나무가 가늘어지면 취급과 운송 효율도 떨어지게 된다. 극단적인 경우가 가지 끝부분 등의 임지 잔재다. 일본의 전통적인 벌채 방식으로 펄프재나 연료용 바이오매스를 생산하려면 상당한 비용이 들기 때문에 일단 수지가 맞지 않는다.

북유럽 국가 등에서는 수확기harvester라는 자주식自走式 기계가 나무 베기, 가지치기, 통나무 베기를 하나의 과정으로 처리하고 있다. 벌채 작업 직후에 산에 들어가면 제재 용재, 펄프 용재, 연료용 임지 잔재가 각각 작은 부피로 정리되어 있고 이것들을 포워드forward라 불리는 운반차로 실어 온다. 이 시스템의 핵심은 제재용 통나무의 생산이지만 비용을 조금 더 들여서 펄프재나 연료 바이오매스를 생산한다. 이 시스템이 확립되면서 제재 용재의 벌채 비용도 낮아졌다.

### 4) 지역적인 산림 관리

일본의 산림은 경사가 심하기 때문에 나무를 뿌리째 벌채하는 자주식 수확 기계는 사용할 수 없다. 이 때문에 전기톱으로 베어 낸 나무를 가지가 붙은 채로 줄로 묶고, 나무 모으는 기계를 이용하여 임도의 끝까지 끌어내어 관리기processor라 불리는 기계로 가지치기를 하고 통나무를 베는 경우가 늘어나고 있다. 아직까지 이런 기계가 많이 도입되지 않아 벌채한 나무를 마름질해 재목을 만드는 작업은 전기톱을 이용하여 사람 손으로 처리하고 있다. 벌목한 나뭇가지를 경사지에서 자르는 것은 위험한 중노동이므로 관리기와 같은 기계가 널리 보급되어야 한다. 이런 방식이 아니면 임지 잔재의 이용은 불가능하다. 경사지에 흩어진 가지나 부산물들을 효율적으로 모으는 수단이 없기 때문이다.

한편 나무를 모으거나 마름질해 재목을 만드는 과정에서 기계를 사용하려면 일정 정도의 작업 규모가 확보되어야 한다. 어떻게든 사람의 힘으로 처리했던 시대에는 규모에 따른 생산성의 차이가 적고 소규모 생산으로도 살아남을 여지가 충분했다. 하지만 기계화 시대에는 작업량을 늘리는 것이 가장 중요한 일이기 때문에 소유자가 다른 산림을 몇 개의 지역으로 묶어서 솎아베기하는 체계가 필요하다.

사실 그렇게 하지 않으면 일본의 산림은 곧 관리가 불가능한 단계에 이를 것이다. 산림 소유자는 극도의 임업 부진으로 목재 생산에 관심을 점점 잃어 가고 있다. 정부가 보조금으로 솎아베기를 권장해도 참여하는 사람은 극소수다. 이 상태가 지속된다면 목재 생산의 대열에서 멀어지는 산림이 점점 늘어날 것이고 그 결과 일본의 목재 생산은 점점 줄어들 것이다.

소유자가 스스로 산림을 관리할 수 없다면 그 대안으로 '소유권'과 '이용권'을 분리하여 지역에서 일괄적으로 이용하는 방안을 고려해야 한다. 즉 면面 단위로 구획하여 차례대로 솎아베기하는 방식이다. 이 경우에는 소유자가 관심이 있든 없든 상관없이 적어도 10년에 한 번씩은 솎아베기를 할 수 있다. 동시에 목재를 안정적으로 확보할 수 있어 공급도 원활해질 것이다. 이에 따라 목질 바이오매스의 공급도 원활해지는 체계를 만들면 된다.


### 5) 목재 산업의 통합

이와 같은 방식으로 산림에서 일관된 체계를 통해 배출되는 크고 작은 통나무나 부산물은 모두 각각의 수요처(가공장, 열 발전소)로 보내질 것이다. 하지만 단계적 이용 체계를 구축한다는 관점에서는 수요처도 통합되는 것이 바람직하다. 예를 들면

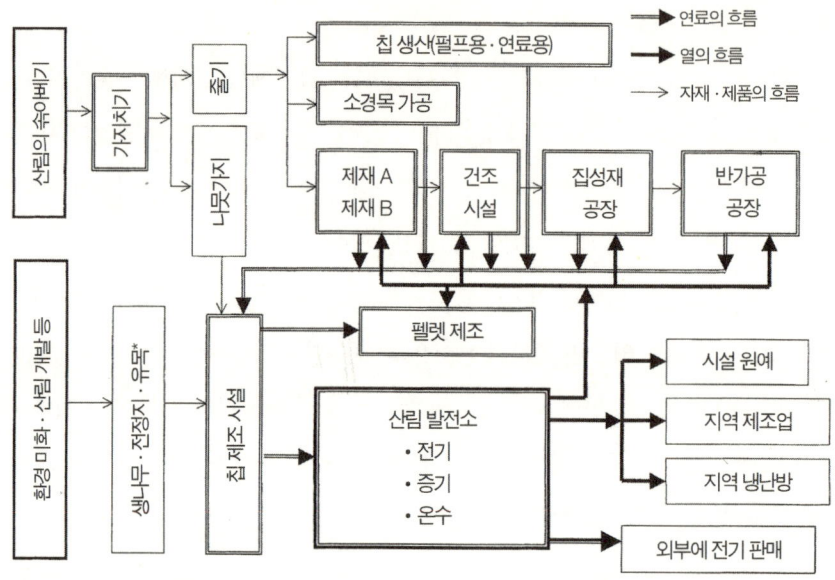

그림 7. 목질 자재의 단계적 이용

칩 생산(펄프용 · 연료용)

소경목 가공

제재 A
제재 B

건조
시설

집성재
공장

반가공
공장

줄기

가지치기

나뭇가지

산림의 솎아베기

연료의 흐름

열의 흐름

자재 · 제품의 흐름

펠렛 제조

산림 발전소
• 전기
• 증기
• 온수

시설 원예

지역 제조업

지역 냉난방

외부에 전기 판매

환경 미화 · 산림 개벌 등

생나무 · 전정지 · 유목*

칩 제조 시설

* 유목流木, 물 위에 떠서 흘러가는 나무. 옮긴이

〈그림 7〉과 같이 종합적인 목재 가공 단지에 여러 종류의 다양한 숲의 나무를 통째로 실어 와서 가지치기와 통나무 베기 등의 과정을 거친 다음 각 가공 시설이나 에너지 발전소로 보내는 방식을 생각할 수 있다. 여기에 관련된 모든 시설이 제품이나 잔재의 교환을 통해 밀접하게 연결되는 것은 당연하다. 일본에서는 이러한 연결 고리가 군데군데 단절되어 있어 단계적 이용의 실현을 가로막고 있다.

현실적인 대처 방식으로는 베어 낸 나무를 가지가 붙은 채로 산림에서 임도로 끌어내어 줄기 부분은 현지에서 제재하고, 나무갓(수관樹冠) 부분은 줄기와 분리한 상태에서 가공 단지로 보내는 방식이 있다.[6] 북유럽에서 이루어지고 있는 '원목의 부분별 해체tree section' 방식이 이에 가깝다.

가공 단지로 옮겨진 나무갓 부분 중 비교적 줄기가 굵은 것은 가지치기 기계로 작은 통나무를 만들고, 나머지 것으로 펄프용과 판자용 칩을 비롯한 소형 보일러에 쓰일 질 높은 연료 칩을 생산한다. 이와 관련하여 중요한 고려 사항은 최근 산지에서 펄프 칩의 수매 가격이 현저하게 떨어지고 있다는 사실이다. 가까운 시일 안에 연료용 칩이 펄프 칩을 대신하여 작은 통나무를 이용하는 방식의 주축이 될 수도 있다. 유럽의 일부 지역에서 이미 그런 경향이 나타나기 시작했다.

한편 가공 단지 내의 열병합 발전소인 '산림 발전소'에서 태우는 것은 균일하지 않고 함수율이 높은 싼 칩이다. 예를 들면 임지 잔재 칩, 가지가 붙은 상태의 나무갓 부분을 통째로 분쇄한 '널빤지 칩', 기타 잡다한 생生나무나 전정지(剪定枝, 과수 및 정원수를 자른 가지. 옮긴이)로 만든 칩 등이다. 어떤 경우든 인근에서 다양한 바이오매스를 모아 산림 발전소의 출력을 가능한 높이는 방식이 발전 효율의 상승과 채산성의 개선으로 이어진다.

이어서 가공 공장으로 들어오는 줄기 부분으로 눈을 돌려 보자. 통나무의 형질이 아주 다양하기 때문에 길이, 지름, 함수율, 강도 등을 기준으로 통나무를 구분하여 각 가공 공장으로 보낸다. 예를 들면 함수율이 낮은 3~4미터의 통나무 중 강도가 높은 것은 구조재로, 강도가 약하면 내장재로 사용된다. 또한 함수율이 높은 것이나 짧은 통나무 등의 질 낮은 재료는 집성재 라미나(lamina, 집성재를 구성하는 합판재. 옮긴이), 합판용 단판으로 가공하여 통나무의 이용 가치나 부가가치를 높일 수 있다.

이러한 목재 가공 과정에서 다양한 부산물이 배출되는데 유럽에서는 제재 공장의 톱밥이나 대팻밥으로 목질 펠렛을 만드는 경우가 많다. 펠렛 제조를 위해서는 원료의 전처리로 부수거나 말리는 과정이 필요한데 얇아진 톱밥이나 건조한 대팻밥의 경우에는 이러한 절차를 생략할 수 있고, 제재 공장 등에서 함께 만들면 인건비도 줄어든다. 그리고 마지막에 남은 질 낮은 나무 부스러기는 산림 발전소의 연료로 사용한다.

　이 발전소에서 생산한 전기의 일부는 단지 내의 공장들이 사용하고, 나머지는 외부에 판매한다. 발전과 동시에 발생하는 증기나 온수 형태의 열은 단지 내의 건조 시설이나 집성재 공장에서 소비하기 어려울 정도로 많다. 발전소에서 수킬로미터 범위 내에 열을 사용하는 시설 원예, 각종 제조업체, 사무소나 주택 단지의 냉난방 시설이 있다면 그곳에 이 열을 공급할 수 있다. 산림 바이오매스는 대량 집하가 어렵고, 발전소의 규모가 너무 크면 활용이 불가능하다. 당연히 발전 효율도 낮아진다. 열을 효과적으로 이용하면 이러한 단점을 보완할 수 있다.


## 6) 끝으로

　앞서 설명한 단계적 이용 시스템을 도입하는 데는 여러 장벽이 있다. 앞의 〈그림 7〉을 보면 공장 내에 일정한 넓이로 가지 끝과 나뭇가지의 퇴적장을 갖추고, 여기에 대형 가지치기와 칩 제조 시설을 설치하면 이동식의 칩 제조기를 이용하여 벌채 현장 부근에서 분쇄할 수 있다. 다만 설치식에 비해 다소 능률이 떨어지고, 일정 정도의 임도 폭이 없으면 기계를 들일 수 없다. 어떤 방식을 택하든 칩으로 보존하는 기간을 가능한 단축할 필요가 있다. 가지 끝과 나뭇가지 또는 절단한 나뭇갓 부분을 수개월에서 반년 정도 퇴적·건조하는 장소를 확보하고 사용하기 직전에 칩으로 만드는 것이 이상적이다. 이러한 저장 장소로는 산림 내, 임도의 끝자리, 중간 공장, 발전소 부근의 어느 곳이라도 좋고 연료 공급이 중단되지 않도록 적절하게 배치하는 것이 바람직하다.

　또한 목재 가공 단지를 한곳에 모을 필요도 없다. 질 좋은 연료용 칩은 벌채 사업이 이루어지는 산지 부근에서 생산할 수 있기 때문에 중산간 지역에 칩 연소 보일러가 보급되면 비교적 좁은 범위에서도 연료의 공급, 연소 장치의 유지 관리, 제재 처리 등의 과정을 포함한 '고리'가 완결될 수 있다. 펠렛 생산은 목재 가공의 거점에서 실시하는 것이 적절하고, 지역적으로는 칩의 경우보다 조금 늘어날 것이다. 그리고 바이오매스를 이용한 본격적인 열병합 발전소는 산림 면적 10만～20만 헥타르의 지역에 한 곳 정도로 예상할 수 있다. 적어도 이 정도의 기반을 갖춘다면 산림 바이오매스를 거의 낭비 없이 사용할 수 있을 것이다. 🌱

1) Report to the European Commission, 2004, *Improving the Public Perception of Bioenergy in the EU*.

2) Report to the European Commission, 2004, April, *Bio-energy's Role in the EU Energy Market-A view of developments until 2020*.

3) Anderson, G. et al., 2002, "Production of wood energy." In J. Richardson et al., eds., *Bioenergy from Sustainable Forestry*. Kluwer Academic Publishers.

4) S. Karekezi et al., *Traditional Biomass Enenrgy-Improving its Use and Moving to Modern Energy Use*. www.renewables2004.de.

5) 熊崎 実, 2004, 「森林バイオマスのエネルギー利用は廃棄物との差別化が次かせない―注目すべきドイツの取り組み」, 『季刊・木質エネルギー』第4号, 木質バイオマス利用研究会.

6) 多治見史憲・熊崎 実, 2004, 森林バイオマスの生産コストはどこまで引き下げられるか―岐阜県中濃地方での調査から, 『季刊・木質エネルギー』第3号, 木質バイオマス利用研究会.

# 4장 태양광발전 시장

도미타 다카시富田孝司

1950년 오사카大阪 부에서 태어났다. 1974년 교토京都 대학 공업학부 금속공학과를 졸업하고 〈샤프 주식회사〉 이사이면서 〈샤프 솔라 시스템〉 사업 본부장으로 있다.

우리가 누리는 쾌적하고 편리한 생활은 석유 등 화석 에너지를 대량 소비함으로써 이루어진다. 하지만 이러한 에너지의 대량 소비는 우리를 포함한 지구상 모든 생물에게 지구온난화나 산성비 등의 지구환경문제라는 엄청난 대가를 요구하고 있다. 나아가 인류에게 주요한 에너지원인 석유의 채굴 가능 기간이 약 40년[1]으로 얘기되면서 '에너지 자원의 고갈'이 심각한 현실 문제로 대두되어 환경문제나 에너지 문제에 큰 관심이 쏠리고 있다.

이런 상황에 기초하여 눈에 띄게 성장하고 있는 태양광발전 도입의 의의, 역사, 태양광발전의 개요, 기술과 미래 전망 등을 소개한다.


## 1. 지금이야말로 자연에너지의 희망인 태양광발전을!

2005년 2월, 러시아의 비준으로 교토의정서가 발효됐다. 이에 따라 온실가스의 삭감이 긴급한 과제로 우리에게 부과됐다.

지구온난화란 에너지 수지의 균형이 아주 조금 무너진 데서 비롯되었지만 그 영향은 정말 크다. 예를 들면 생태계를 변화시키고 생활에 꼭 필요한 농산물, 산림자원이나 사회생활에 심대한 영향을 초래하고, 사막화나 해수면의 상승으로 사회 활동이나 생활 기반의 변화를 가져온다. 즉 지구가 감기 초기 증상을 보이고 있는 것으로 효과적인 치료법이나 투약 그리고 무엇보다도 지구라는 존재에 대한 위로와 관리가 요구되고 있다.

우리가 일상적으로 이용하는 에너지는 석유를 비롯한 화석연료나 원자력 에너지다. 하지만 이러한 연료의 채굴 가능 기간은 석유의 경우 약 40년 정도로 한계에 가까워지고 있다. 또한 지구온난화에 대한 대응이나 에너지 안보 등 다양한 측면에서 자연에너지가 차세대 에너지원으로 등장할 것으로 기대를 모으고 있다.

자연에너지에 포함되는 다양한 자원이 실용화되고 있다. 하지만 각각의 자원은 장점과 단점이 있다. 그중에서 태양광발전 시스템은 지역에 따른 편중이 크지 않다는 점에서 많은 주목을 받고 있다.

지구에 쏟아지는 태양광은 그 에너지 밀도가 1제곱미터당 약 1킬로와트로 매우 희박한 에너지다. 하지만 이 태양 에너지를 직접 전기 에너지로 전환하는 태양광발전 시스템은 무한하게 쏟아지는 태양 에너지를 연료로 이용하며, 운전할 때는 소음이나 이산화탄소를 배출하지 않는다. 또한 태양광발전에 대한 각종 장려책이 이를 도입하는 데 가속도를 붙이고 있다.

## 2. 태양전지의 개발 현황

태양광발전 시스템의 핵심인 태양전지 셀의 종류는 실리콘 계열, 화합물 계열, 기타로 구분할 수 있다. 현재의 주류인 태양전지 셀은 결정 실리콘 계열이다. 단결정 실리콘 태양전지를 미국 벨 연구소의 제럴드 피어슨Gerald Pearson, 캘빈 풀러 Calvin Fuller, 대릴 채플린Daryl Chaplin 등이 개발(1945년)한 이후 반세기가 지났다. 태양전지의 기원은 1839년의 광기전력 효과(photovoltaic effect, 반도체나 전해질 용액에 빛을 비출 때 빛이 닿는 바깥 면에 전위차나 기전력이 생기는 현상. 옮긴이)의 발견(알렉상드르 에드몽 베크렐Alexandre Edmond Bequerel)까지 거슬러 올라갈 수 있다.

빛 에너지에서 어떻게 전기 에너지로 바뀌는가? 태양전지 셀은 P형과 N형 두 종류의 반도체로 구성되어 있다. 반도체에 빛이 닿으면 원자가 전자(마이너스)와 정공(플러스)의 쌍이 되고 전자는 N형, 정공은 P형의 반도체에 각각 모이게 되어 전기 에너지를 끌어낼 수 있다.

미국 「피브이뉴스PV NEWS」[2]에 따르면 태양전지 생산량은 〈그림 1〉과 같이 1996년 무렵을 기점으로 빠르게 확대됐고, 2003년에는 74만 킬로와트의 태양전지 셀이 생산됐다. 일본은 그중 약 49퍼센트에 해당하는 약 36만 킬로와트를 생산했다.

한편 〈국제에너지기구(IEA)〉가 집계한 세계의 태양광발전 설치량[3]은 2003년 말에 180만 킬로와트에 이르렀다.

태양광발전 시스템은 기존의 전원(배전망)을 사용할 수 없는 장소에서 이용하는 독립형 시스템, 배전망과 전기적으로 접속(계통 연계)하여 전기가 남거나 혹은 부족할 때 배전망과 전력을 주고받는 계통 연계형 시스템 두 가지로 구분할 수 있다.

태양광발전 시스템은 전원이 없는 장소나 지역에서의 발전 시스템, 예를 들면 등대나 산간 지역의 무선 중계소 등에서 이용할 수 있는 전원으로 출발했다. 그 후 전자계산기나 시계에 응용됐다. 이것이 태양광발전이 우리 생활에 이용된 최초의 사례였다.

현재 일본에서 태양광발전 시스템이라고 하면 일반적으로 계통 연계형 시스템을 가리키는 경우가 많다. 계통 연계형 시스템에서는 축전지를 부착하지 않는 대신에

## 그림 1. 태양전지의 생산량과 누적 설치량

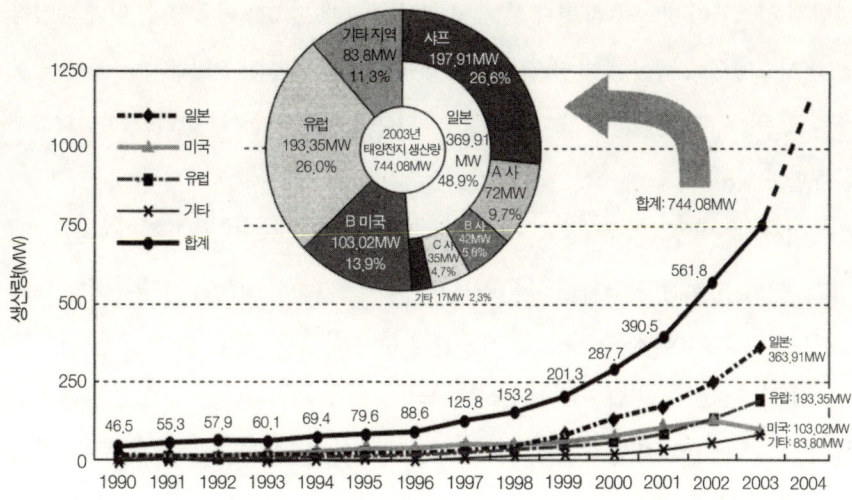

MW=메가와트(100만 와트)

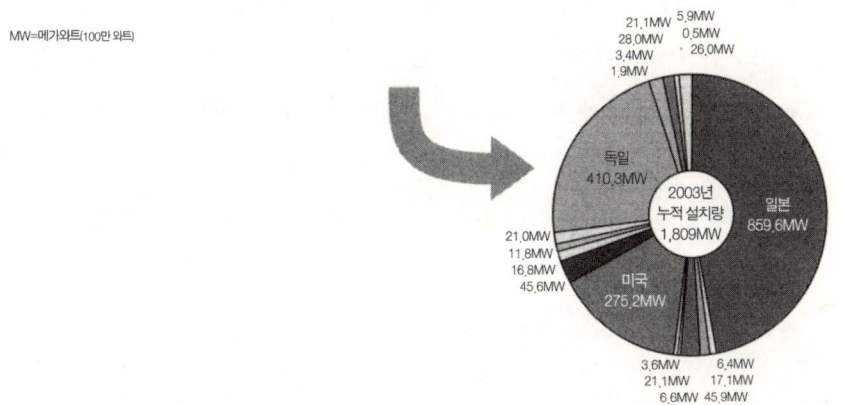

출처: IEA *PVPS*

배전망(전력 계통)을 완충기(buffer, 일시적인 에너지 보관 장소. 옮긴이)로 사용한다. 즉 태양광발전 시스템이 발전을 하면 우선 가정 내의 부하에 전력을 공급한다. 이때 태양광발전 시스템으로 생산한 발전 전력량이 부족한 경우에는 배전망에서 부족분을 보충하고, 반대로 남는 경우에는 전력회사와의 계약에 따라 잉여 전력을 전력회사에 판매할 수 있다.

이어서 태양광발전 시스템의 제조 방법을 간단히 살펴보자. 대표적인 다결정 실리콘 태양전지 셀은 반도체용 잉곳(ingot, 주괴鑄塊. 옮긴이)의 상부나 하부의 쓰이지 않는 부분(실리콘)을 다시 용접하고, 거푸집에 부어 다결정 실리콘의 잉곳을 만든다. 이것을 블록으로 잘라 약 300마이크론(1마이크론은 1,000분의 1밀리미터)으로 얇게 자른 웨이퍼(기판)에 반도체와 똑같이 PN 접합을 형성하여 태양전지 셀로 만든다. 태양전지 셀은 매우 취약하기 때문에 실제 사용에 견딜 수 있도록 유리와 투명수지, 필름 등이 포함된 묶음 형태로 태양전지 모듈을 만든다. 그리고 필요한 출력을 얻을 수 있도록 태양전지 모듈을 전기적으로 직병렬로 접속한다. 태양전지 모듈의 출력은 직류 전력이기 때문에 사용이 쉬운 교류 전력으로 전환하는 동시에 태양전지의 출력을 효율적으로 끌어내기 위해 배전망에 사고가 발생한 경우에는 그것을 감지하여 시스템을 정지시키는 등 각종 제어 기능을 갖춘 전원 공급 장치power conditioner와 함께 태양광발전 시스템을 구성한다.


## 3. 태양광발전의 과제

태양광발전 시스템을 보급하기 위해서는 '정책 지원', '기술 개발', '상품화', '신뢰성 향상', '시스템 가격의 저감' 그리고 '사회 공헌'이 상호 작용할 필요가 있다. 그 각각의 내용에 대해 살펴보자.

## 1) 정책 지원

태양광발전 시스템을 비롯한 신에너지 발전은 기존의 전력 시스템에 비해 새로운 전원이어서 발전 단가가 높다. 이 때문에 신에너지 발전을 도입하기 위해서는 정책적인 지원이 필요하다.(표 1)

일본에서 태양전지 셀이나 태양광발전 시스템은 1974년 〈통상 산업성〉(현재 〈경제 산업성〉)이 추진한 선샤인 계획(이후 뉴선샤인 계획)이 실시되면서 태양전지 셀, 모듈 그리고 시스템의 연구 개발이 진척됐다. 한편 1980년에 〈신에너지 종합 개발 기구〉(현재 〈신에너지·산업 기술 종합 개발 기구〉)와 〈신에너지 재단〉이 설립되면서 개발과 보급을 위한 조직이 정비됐다.

또한 전력회사가 태양광발전으로 생산한 잉여 전력을 판매 가격으로 구매하는 자율 프로그램을 실시하고(1992년), 역조류逆潮流가 발생하는 계통 연계 가이드라인을 책정하는(1993년) 등 태양광발전을 도입하기 위한 환경을 정비하기 시작했다. 이에 덧붙여 공공 산업용의 태양광발전 현장 시험 사업(현재 태양광발전 신기술 등 현장 시험 사업으로 계속 추진)이나 주택용 태양광발전 시스템 모니터링 사업(현재 주택용 태양광발전 도입 촉진 사업으로 계속 추진) 등과 더불어 도입 초기에 태양광발전 시스템 설비에 보조금을 지원하는 시책에 힘입어 본격적으로 보급되기 시작했다.

일본뿐만 아니라 해외에서도 태양광발전 시스템을 지원하는 시책이 실시되어 태양광발전을 보급하고 확대하는 데 기여하고 있다. 특히 독일에서는 2000년에 도입되어 2004년 1월에 잠정 시행된 '자연에너지 촉진법'(개정된 EEG법)이 정책적으로 태양광발전 시스템의 경제성을 보장해 주었기 때문에 급속하게 시장이 형성되고 있다. 그 결과 2004년 독일의 태양광발전 시장은 세계 최대 규모가 될 것으로 예상하고 있다.

표 1. 태양광발전 보급을 위한 시책

| 국가 | 도입 방침 | 보조 제도 | |
|---|---|---|---|
| | | 설치 시 인센티브 | 전력 매상 인센티브 |
| 일본 | • 신에너지 도입 정책 2020년도 누적 도입량 4,820MW | • 주택용: 4.5만 엔/kW<br>• 가정용: 1/2 이내 | • 전력 회사의 자율<br>• 판매와 동일 가격으로 구매 |
| 미국 캘리포니아 주 | • 주별로 프로그램 종류에 차이가 있음<br>• 보조 시책이 있는 주는 이미 절반이 넘음 | • 3.2$/W(이후 6개월 마다 0.2$/W씩 감액)<br>• 보조를 제한 잔액의 15%를 소득세에서 감액 (2004년 이후는 7.5%)<br>• 주택용 소비자에 대해 대출 금리 100% 보조 | • 0.15$/kWh (판매 가격과 동일) |
| 독일 | • 10만 지붕 프로그램 345MW(99~03년) | | • 신 EEG법(2004년 1월부터)<br>지붕 설치: 0.54유로/kWh(〉100kW)<br>　　　　　0.546유로/kWh(30~100kW)<br>　　　　　0.574유로/kWh(〈30kW)<br>외부 설치: 0.59유로/kWh(〉100kW)<br>　　　　　0.596유로/kWh(30~100kW)<br>　　　　　0.624유로/kWh(〈30kW)<br>미개척지 설치: 0.457유로/kWh |
| 영국 | • 발전 전력 중 재생 가능 에너지의 비율<br>　~2003년: 5%<br>　~2010년: 10%<br>　~2020년: 20% | • ~5kW:<br>　설치 용량의 50%<br>• 5~100kW:<br>　설치 용량의 65% | |
| 네덜란드 | • 발전 전력 중 재생 가능 에너지의 비율<br>　~2010년: 17% | • ~0.6kW:<br>　3.5유로/W | |
| 이탈리아 | • 1만 지붕 프로그램 | • 설치 비용의 75% | |
| 스페인 | • ~2010년: 135MW | | • 5kW 이하: 0.4유로/kWh<br>• 5kW 이상: 0.22유로/kWh |

※ 왜 태양광발전이 산업으로 성장하고 있는가? 그 이유의 하나로 일본을 비롯하여 세계 각국이 도입하고 있는 태양광발전에 대한 강력한 보급 시책을 들 수 있다.

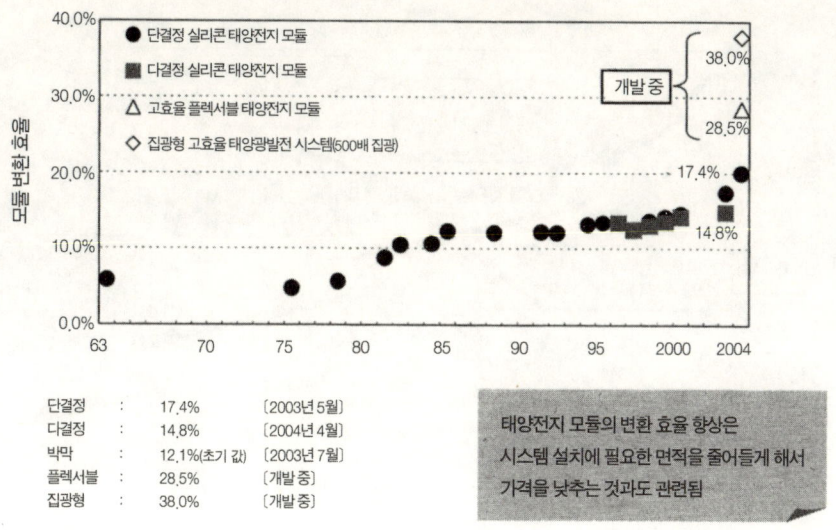

그림 2. 태양전지 모듈의 광전 전환 효율의 추이

| | | |
|---|---|---|
| 단결정 | : 17.4% | [2003년 5월] |
| 다결정 | : 14.8% | [2004년 4월] |
| 박막 | : 12.1%(초기 값) | [2003년 7월] |
| 플렉서블 | : 28.5% | [개발 중] |
| 집광형 | : 38.0% | [개발 중] |

태양전지 모듈의 변환 효율 향상은
시스템 설치에 필요한 면적을 줄어들게 해서
가격을 낮추는 것과도 관련됨

## 2) 기술 개발

기술 개발은 1974년부터 선샤인 계획 등을 통해 산·관·학이 연계하여 적극적으로 추진하고 있다. 그 성과의 하나로 〈그림 2〉의 태양전지 모듈의 광전光電 전환 효율 향상을 들 수 있다.

일본에서 태양전지를 양산하기 시작한 1963년 무렵 모듈 전환 효율은 약 6퍼센트(단결정 실리콘)였다. 하지만 현재는 단결정 실리콘 17.4퍼센트, 다결정 실리콘 14.8퍼센트, 박막 12.1퍼센트(단 초기 값)라는 성과를 올리고 있다. 또한 개발 단계에 있는 화합물이기는 하지만 아주 얇은 플렉서블 셀로 28.5퍼센트, 집광형으로 38.0퍼센트를 달성하고 있다.

한편 실리콘 계열 태양전지의 수요가 확대되면서 실리콘 원재료의 공급 부족에 대한 우려가 현실화되고 있다. 이에 대한 대응으로 실리콘 웨이퍼를 얇게 만들어 사

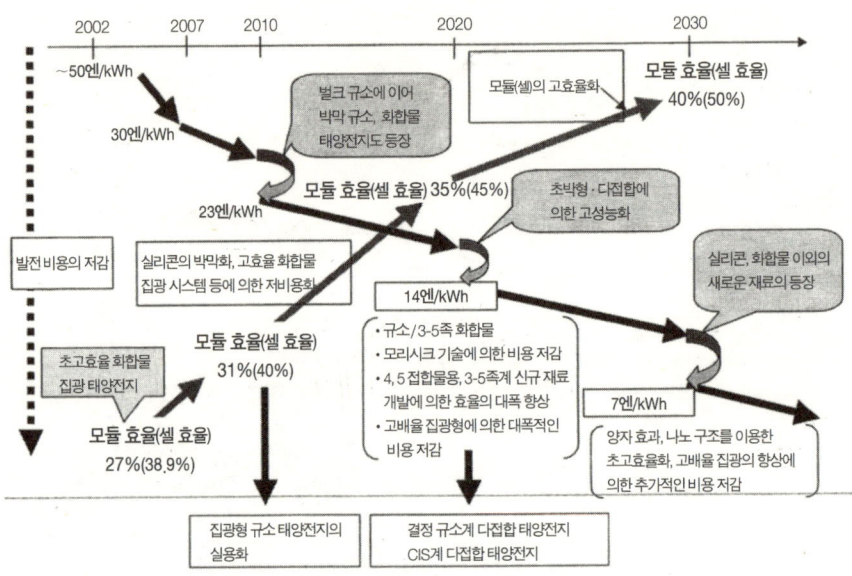

그림 3. 2030년을 향한 태양광발전의 목표상

2002    2007    2010            2020                    2030

~50엔/kWh

30엔/kWh

벌크 규소에 이어
박막 규소, 화합물
태양전지도 등장

모듈(셀)의 고효율화

모듈 효율(셀 효율)
40%(50%)

23엔/kWh

모듈 효율(셀 효율) 35%(45%)

초박형·다접합에
의한 고성능화

발전 비용의 저감

실리콘의 박막화, 고효율 화합물
집광 시스템 등에 의한 저비용화

실리콘, 화합물 이외의
새로운 재료의 등장

14엔/kWh

모듈 효율(셀 효율)
31%(40%)

초고효율 화합물
집광 태양전지

· 규소/3-5족 화합물
· 모리시크 기술에 의한 비용 저감
· 4, 5접합물용, 3-5족계 신규 재료
  개발에 의한 효율의 대폭 향상
· 고배율 집광형에 의한 대폭적인
  비용 저감

7엔/kWh

모듈 효율(셀 효율)
27%(38.9%)

양자 효과, 나노 구조를 이용한
초고효율화, 고배율 집광의 향상에
의한 추가적인 비용 저감

집광형 규소 태양전지의
실용화

결정 규소계 다접합 태양전지
CIS계 다접합 태양전지

출처: PV2030 등

용량을 줄이기 위한 개발이 추진되고 있다. 실리콘 웨이퍼의 두께는 1997년에는 380마이크론이었던 것이 현재는 약 200마이크론으로 절반가량 줄어든 것도 있다.

이 외에도 〈그림 3〉과 같이 〈신에너지·산업 기술 종합 개발 기구(New Energy and Industrial Technology Development Organization, NEDO)〉가 2030년을 목표로 한 태양광발전의 기술 개발 계획을 발표했다.[4]

## 3) 신뢰성의 향상

태양전지를 이용한 전원 시스템은 초기에 등대나 위성에 사용됐기 때문에 신뢰성이 필수 조건으로 요구됐다. 따라서 태양전지의 신뢰성은 매우 높을 수밖에 없다.

〈태양광발전 협회〉에서는 태양전지 모듈의 수명이 '표면이 유리로 보호되어 있는 모듈의 경우는 평균 20년 이상(단 설치 장소와 조건에 따라 다름)'이라고 밝히고 있다.[5]

하지만 태양광발전 시스템은 다른 발전 시스템과는 달리 발전을 할 때 회전하는 부분이 없기 때문에 수명은 거의 영구적일 것으로 기대할 수 있다.

샤프의 실험 자료와 그것을 분석한 수준에서이지만 태양전지의 출력만을 고려한 수명은 1세기 이상이라고 보고되고 있다. 어쨌든 태양광발전 시스템은 수명이 긴 발전 시스템이라고 할 수 있다. (단 태양광발전 시스템 구성 기기의 하나인 전원 공급 장치는 각종 반도체 회로로 구성되어 있고, 그 수명도 가전 기기와 비슷할 것이라 생각한다. 어쨌든 오랫동안 태양광발전을 사용하기 위해서는 여타의 시스템도 그렇듯이 일상적인 점검이 중요하다.)

## 4) 상품화의 동향

태양광발전 시스템은 기본적으로는 태양광이 있는 곳이면 어디서라도 전력을 공급할 수 있지만 날씨의 영향을 많이 받기 때문에 제어 기능이나 경우에 따라서는 축전지 등을 부착해 사용한다. 태양전지는 초기에는 등대처럼 배전망에서 떨어진 곳에서의 전력 공급이나 전자계산기 등 생활 기기용 전지의 대체품으로 출발했다. 지금은 육지(주택용, 공공 산업용 시스템, 발전소 등), 바다(등대, 해양 목장 등), 하늘(인공위성, 비행선 등)로 사용 범위가 넓어지고 있다. 특히 일본의 경우는 주택용 태양광발전이 시장의 대부분을 차지하고 있기 때문에 다양한 지붕 형태에 맞춘 태양전지 모듈과 이를 위한 전원 공급 장치가 개발되면서 관련 기업들이 다양한 태양광발전 시스템을 상품화하고 있다.

또한 햇빛만 있으면 발전할 수 있는 장점을 활용해 대규모 태양광발전 시스템이 국내외에 건설되고 있다. 공공·산업용 등에 사용되는 태양광발전 시스템은 공장이나 건물의 옥상과 벽면, 나아가 건물의 디자인 소재로 이용되기도 한다.

이외에 새로운 용도로서 태양전지나 발광다이오드(light emitting diode, LED) 램프를 조합한 태양광 가로등이나 투명see-through 태양전지와 LED를 조합하여 발전·채광·발광의 기능을 가진 새로운 태양전지 모듈 등도 상품화되고 있다.

### 5) 시스템 가격 낮추기

태양광발전 시스템의 가격을 낮추는 데는 기술 개발(효율 향상을 통한 출력 상승 등), 신뢰성(수명 연장을 통한 발전 단가 낮추기 등), 상품화(상품 다양화를 통한 시장 확대 등)가 서로 영향을 미친다.

태양전지 셀의 제조는 반도체 산업의 일부분으로 대량 생산을 하면 가격을 낮출 수 있다. 〈국제에너지기구〉가 2003년 시점으로 실시한 태양전지 셀과 모듈의 생산 능력 조사[6]에 따르면 태양전지 셀은 연 93만 킬로와트, 태양전지 모듈은 연 96만 킬로와트의 생산 능력이 있다. 일본의 태양전지 업체들은 적극적인 생산량 증가를 위해 투자를 늘리면서 조만간 태양광발전이 대량 도입될 시대를 대비하고 있다.

이러한 요인들이 상호작용하면서 태양광발전 시스템의 가격은 착실하게 낮아지고 있다. 〈그림 4〉는 일본의 주택용 태양광발전 시스템의 가격 추이를 보여 주고 있다. 주택용 태양광발전 시스템의 보급 시책(보조금)이 만들어진 1994년 당시의 설치 가격은 1킬로와트당 200만 엔이었지만 2003년에는 약 3분의 1인 킬로와트당 68만 엔으로 떨어졌다. 이후에도 기술 개발이나 양산 효과, 상품 개발 등을 통해 시스템 가격이 낮아졌다. 그에 따라 태양광발전 시스템의 발전 단가를 일반 가정 요금 수준을 넘어 발전소와 유사한 수준이 되는 것으로 목표로 잡고 있다.

### 6) 사회에 대한 공헌

태양광발전 시스템의 에너지 페이백 타임(payback time, 태양광발전 시스템이 에너지를

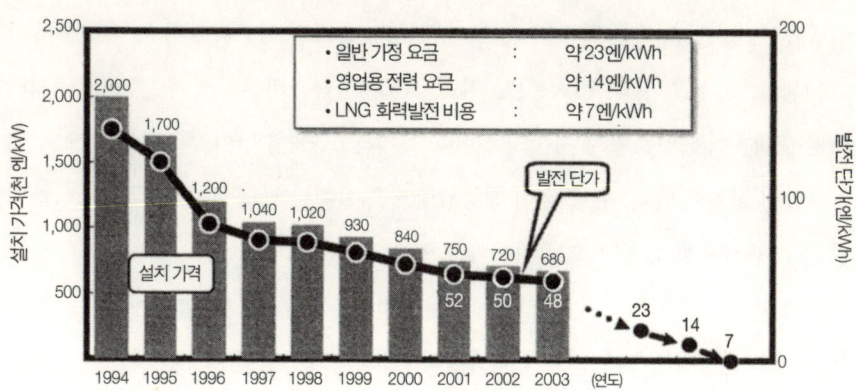

그림 4. 주택용 태양광발전 시스템의 가격 추이
주택용 태양광발전 시스템은 10년 전 가격의 약 3분의 1로 떨어지고 있다.

출처: 〈경제 산업성〉 통계에 기초한 〈샤프 주식회사〉의 추정

발전하는 데 따른 상각 기간. 옮긴이)은 다결정 실리콘 태양전지를 이용한 옥상 설치형 시스템을 기준으로 약 2.2년이 걸린다는 보고가 있다.[7] 태양광발전 시스템의 수명을 약 20년이라고 하면 약 17년간은 태양광으로 전력을 '창출'한다고 할 수 있다.

또한 환경에 공헌한다는 측면에서 보면 4킬로와트의 주택용 태양광발전 시스템을 통해 1년간 4,200킬로와트시의 전력을 생산하여 1,040킬로리터의 원유를 아끼는 효과가 있다. 이것을 이산화탄소($CO_2$) 삭감 효과로 계산하면 2,700킬로그램으로 환경에 긍정적으로 공헌하는 나선 효과를 발휘한다. 개별 태양광발전 시스템이 기후변화 억제나 한발 등의 방지에 공헌하는 정도는 낮다. 하지만 이것이 일본 전체, 나아가 지구 규모가 될 경우에는 절대적인 효과를 발휘할 것이다.

### 7) 태양광발전 시장의 현황과 전망

태양광발전 시스템은 유지 관리의 필요성이 적다는 점 때문에 기존의 전력망에

서 떨어진 지역과 장소에서 발전해 왔다. 1990년대 중반부터는 정책에 의한 개발과 보급 촉진의 흐름 속에서 기업의 상품 개발이 진행되었다. 그 결과 2004년 세계 태양광발전 시스템 시장은 약 90만 킬로와트이고, 용도별 시장의 비율은 주택용이 약 51퍼센트, 산업용이 약 46퍼센트, 전력회사용이 약 3퍼센트로 추정된다. 이처럼 현재 주택용이 태양광발전 시장의 절반을 차지하고 있는데, 이것은 주택 산업과 태양광발전 산업의 협력, 예를 들어 태양광발전을 설치한 모델 주택 보급이나 텔레비전 광고 등을 통한 계발과 홍보 활동에 힘입은 측면이 크다.

한편 약 16억 명에 이르는 전기가 없는 지역의 사람들[8]에게 전기 에너지를 공급하는 데 태양광발전을 활용하기 시작했다. 이러한 태양광발전의 도입을 확대하는 흐름은 안정적으로 지속될 것이다. 유럽의 업계 단체에서는 2040년에 태양광발전이 전 세계 전력 수요의 25퍼센트를 담당할 것으로 예측하고 있다.(그림 5)[9]

태양광발전에 의한 산업의 확대는 제조 공정에서도 나타난다. 태양전지 셀을 만들기 위한 다결정 실리콘 웨이퍼의 제조 과정에는 다결정 실리콘 잉곳을 만들기 위한 도가니, 잉곳을 얇게 자르기 위한 공정, 태양전지 셀과 모듈의 경우에는 전극 재

그림 5. 태양광발전을 이용한 전력 공급 예측(〈유럽 재생 에너지 협회〉 자료)

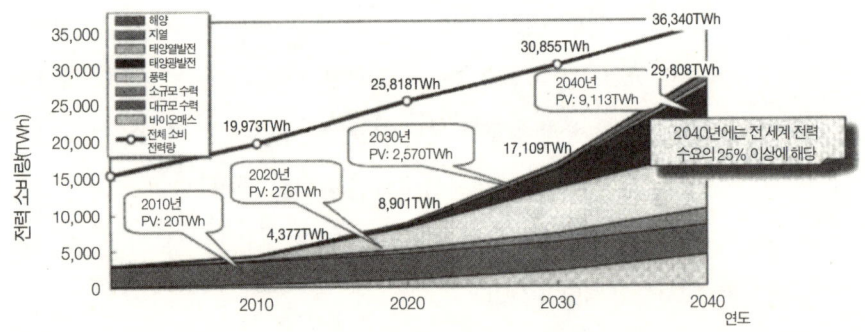

출처: Renewable Energy Scenario to 2040 European Renewable Energy Council 보고서

### 표 2. 태양광발전 산업의 전망

| | 일본 | 미국 | EU | 그린피스 EPIA | G8 |
|---|---|---|---|---|---|
| 작성 기관 | 태양광발전 협회 (JAPAI) | 국립 태양광발전 센터(NCPV) | EU 태양광발전 공업 협회(EPIA) | 그린피스 EPIA | G8 재생 가능 에너지 태스크포스 |
| 목표 시간 | 2030년 | 2020년(2030년) | 2010년 | 2020년(2040년) | 2030년 |
| 누적 설치 목표치 | 8,280만 kW | 3,600만 kW | 400만 kW (강화 목표) | 세계 2억 700만 kW | 세계 6억 5,850만 kW |
| 고용 창출 | 30만 명 | 15만 명(2025년) | 10만 명 | 230만 명 | - |
| 시장 규모 | 2조 2,500억 엔 (수출 비율 25%) 일본: 1,000만 kW | 150억 달러 미국 출하 720만 kW | 유럽: 128만 kW 이상 | 세계: 5,000만 kW | - |
| 시스템 가격 | 20만 엔/kW 이하 | 3~4달러/W (2010년) | - | 1달러/W 수준 | - |

료나 알루미늄 프레임 등의 각종 부자재 그리고 여기에 더해 각 제조 장치나 측정 장치의 제조업체 등이 태양광발전 산업에 참여하고 있다.

이처럼 산업으로서의 태양광발전에는 다양한 공정과 산업이 연관되어 있다. 〈국제에너지기구〉의 발표[10]에 따르면 2003년에 태양광발전에 의한 고용 인력 규모가 3만 명을 넘는다.

또한 현재 일본의 태양광발전 산업의 규모[11]는 2003년도에는 약 1,850억 엔, 2004년도에는 2,270억 엔으로 큰 폭의 신장세를 보여 주고 있다. 태양광발전의 수요는 각국의 도입 확대 시책과 기업의 기술 및 상품 개발 그리고 무엇보다 사용자의 환경 인식 향상에 비례하여 확대될 것이며, 이에 따라 고용 규모도 늘어날 것이다.

일본, 미국, 유럽의 태양광발전 업계가 태양광발전의 미래 전망을 작성했다.(표 2) 일본의 〈태양광발전 협회〉가 작성한 『태양광발전 산업의 자립을 위한 비전』[12]은 2030년에는 2조 2,500억 엔의 산업 규모와 30만 명의 고용을 창출하는 산업으로서 태양광발전이 일본의 미래를 담당하는 산업의 하나가 될 것이라고 마무리하고 있다. 이런 전망을 현실로 만들기 위해서는 인류 전체가 환경에 대한 인식을 높이기 위해 끊임없이 노력해야 한다.


## 8) 맺음말

지구상의 모든 존재의 근원은 태양이라고 말할 수 있다. 그리고 그 혜택의 일부를 현재와 미래의 인류를 위해 전기 에너지로 전환하는 태양광발전 시스템은 크게는 발전소에서 작게는 개인도 참여할 수 있는 손에 꼽히는 에너지 생산 시설이다.

태양광발전 기업은 태양광발전 시스템을 더 싸고, 더 사용하기 쉽도록 만드는 것을 사명으로 삼고 태양광발전 정책의 목표처럼 '일본의 모든 지붕을 태양광발전'으로 바꾸고, 나아가 '모든 인류에게 태양광발전'을 이라는 목표를 지향해야 한다. 🌱

1) 財団法人エネルギー総合工学研究所 homepage, エネルギー講座.

2) PV ENERGY SYSTEMS, Inc., 2004, *PV NEWS*.

3) IEA Photovoltaic Power Systems Programme, 2004, *Trends in photovoltaic applications in selected IEA countries between 1992 and 2003*.

4) NEDO, 2004, 『2030に向けた太陽光発電ロードマップ(PV2030)』.

5) 太陽光発電協会, 2002, 『平成13年度活動成果報告書』.

6) 太陽光発電協会, 2002, 『平成13年度活動成果報告書』.

7) 太陽光発電技術研究組合, 2000, NEDO秀託研究 『平成13年度太陽光発電評価研究成果報告書』.

8) IEA, 2003, *WORLD ENERGY OUTLOOK 2002*.

9) European Renewable Energy Council, 2004, *Renewable Energy Scenario to 2040*.

10) IEA Photovoltaic Power Systems Programme, 2004, *Trends in photovoltaic applications in selected IEA countries between 1992 and 2003*.

11) 財団法人光産業技術振興協会, 2004, 光産業の国内生産額.

12) 太陽光発電協会, 2004, 第21回太陽光発電システムシンポジウム.

# 5장 풍력발전과 프로젝트 금융

**무라카미 메구무村上 芽**

1975년 효고兵庫 현에서 태어났다. 1999년 교토京都 대학 법학부를 졸업하고 〈일본 흥업 은행〉, 〈미즈호코퍼레이트 은행〉 프로젝트 금융부를 거쳐 〈일본 종합 연구소〉에서 근무하고 있다. 전문 분야는 환경 에너지 정책, 환경과 금융, PPP 등이다.

자연에너지 시장이 성장한 배경으로 금융이 대형 투자에 참여한 것을 한 요인으로 꼽는다. 이 장에서는 풍력발전과 프로젝트 금융의 연관 관계를 중점적으로 살펴보고 금융기관의 입장에서 본 국내시장 형성의 배경과 개요 그리고 과제를 살펴본다.

## 1. 일본 국내시장 형성의 배경

일본 금융시장에 프로젝트 금융 기법이 본격적으로 도입된 것은 1990년대 후반이다. 같은 시기에 전력 자유화를 배경으로 한 민간 전력 공급 방식(Independent Power Producer, IPP)이 도입(1996년)됐고, 이어서 행·재정 개혁 등을 배경으로 민간 투자 사업 방식(Private Finance Initiative, PFI)이 도입(1999년)됐다. 그리고 이러한 흐름에 맞추어 당시까지 해외용 전문 상품으로 여겨졌던 프로젝트 금융이 일본 국내시장에서 육성되기 시작했다. 동시에 자금 수요 측에서 대차대조표나 위험관리를 의식하는 기업이 늘어난 것도 시장 형성의 요인이다.

1998년에는 풍력발전 시장에도 전력회사가 장기간(15~17년)에 걸쳐 고정 가격으로 전력을 구매하는 계약 프로그램이 등장했다. 이로 인해 풍력발전에도 대규모의 자금 조달이 필요해졌다는 점에서 뒤에 얘기할 프로젝트 금융의 기본적인 요건을 갖추기 쉬운 상황이 됐다. 즉 풍력발전 시장의 규모 확대, 프로젝트 금융의 필요성 강화와 금융기관의 체제 정비, 그리고 프로젝트 금융으로 융자해 줄 수 있는 전기 판매 계약이라는 세 가지 조건을 갖추게 된 것이다.

그럼에도 풍력이라는 자연에너지에 대한 이해 방식에서부터 풍황(風況, 풍속과 풍향 및 풍량 등의 상황. 옮긴이)에 대한 위험을 금융기관이 수용할지의 여부, 기술의 신뢰성 등 초기 단계에 넘어야 할 여러 가지 장벽이 남아 있었다. 더구나 프로젝트 금융이 일본 국내에서는 새로운 금융 기법이었기 때문에 수많은 관련 회의, 수많은 계약서와 관련 서류, 막대한 현금 흐름에 대한 계산 등이 없었다면 '풍력발전 프로젝트 금융'이라는 시장은 탄생할 수 없었을 것이다.


## 2. 풍력발전 프로젝트 금융의 참가자

일본의 풍력발전 사업에 프로젝트 금융을 조성해 제공하고 있는 민간 금융기관은 〈UFJ 은행〉, 〈미즈호코퍼레이트 은행〉, 〈스미토모 신탁은행〉, 〈미쓰이스미토모 은행〉 등이다. 정부 계열 금융기관으로는 〈일본 정책 투자 은행〉이 특히 초기 단계에서 많은 역할을 담당했다. 또한 지역 금융기관이 참여하는 경우도 있었고 리스 회사들도 동일한 방식으로 참여했다. 시장 규모는 200억 엔 정도이며, 한 건당 대략 15억 엔 정도의 소규모다. 최근에는 수십억 엔으로 규모가 커지는 경향도 있지만 여타 분야의 사례와 비교하면 상대적으로 작다. 국내에서 프로젝트 금융에 주력하는 금융기관 외에도 앞에서 살펴본 바와 같이 풍력에 적극적이거나 또는 기업의 사회적 책임(Corporate Social Responsibility, CSR)이나 지역에서의 역할을 중시하는 금융기관들이 참가하고 있다.

## 3. 풍력발전용 프로젝트 금융의 개요

풍력발전용 프로젝트 금융은 특정한 풍력발전 사업을 수행하는 특수 목적 회사(Special Purposed Company, SPC)가 풍력발전 설비의 건설 비용을 원칙적으로 미래의 사업 수입(현금 흐름)과 사업 자산만을 담보로 삼아 조달하는 것을 말한다. 따라서 하나의 프로젝트에 대해 한 개의 회사가 설립되고 그 회사가 사업을 추진한다.〔한 회사가 조건이 다른 복수의 프로젝트(입지, 전기 판매 등)를 추진할 경우, 실무적인 차원에서 위험 부담이나 현금 유동성을 조정하여 계약서에 반영하는 것이 매우 복잡해질 가능성이 높다.〕(그림 1)

프로젝트 금융에서는 사업 위험을 분해하여 그 위험을 가장 효율적으로 떠안을 수 있는 자가 부담하고 특수 목적 회사를 통해 나머지 위험을 줄이는 방식을 채택한다. 구체적으로는 특수 목적 회사와 프로젝트 관계자 사이의 계약을 통해 위험을 분담한다. 이 때문에 위험을 분석하는 과정을 일반적으로 적정 평가 절차(Due Diligence, 기업 매수 등을 할 때 기업의 재무 내용이나 기술력 등을 상세히 조사·평가하는 작업. 옮긴이)라 부르며, 금융기관을 중심으로 기술·보험·법률 등의 전문가가 참여해 추진한다. 사안에 따라 다르지만 실제로 융자가 이루어지기 반년에서 일 년 정도 전에 협의를 진행하는 것이 보통이다. 풍력발전 사업의 위험성 중 풍력발전에 특정한 용지·인프라, 발전소 완공, 풍황, 운전·유지 보수, 전기 판매, 지역사회·주민, 제도(변경) 등과 관련된 위험성과 함께 자주 언급되는 위험도를 줄이는 방법을 정리하면 다음과 같다. 이 외에도 자금 조달, 환경, 인허가, 불가항력의 위험성 등을 정밀하게 심사하는 데 힘을 쏟는다.

### 그림 1. 풍력발전 프로젝트 금융의 기본 구조

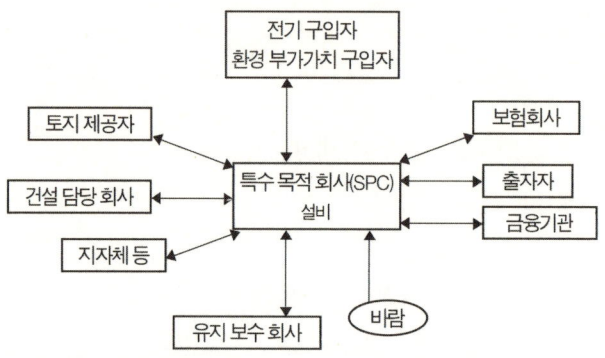

### 1) 용지 확보와 인프라에 관한 위험

풍력발전은 특성상 송전선 등을 포함하여 아주 넓은 용지를 필요로 한다. 용지 확보 기간이 사업 기간에 맞는가, 사업 자산으로서 담보 설정이 가능한가, 토지 소유자의 수가 많은 경우에 원만한 합의 형성이 가능한가 등이 요점이다. 중요한 인프라의 하나인 송전선의 거리가 길다는 것은 경제성을 악화시킬 뿐 아니라 차지하는 면적이 넓어진다는 것을 의미한다. 이는 시간이 흐르면 줄어드는 위험이 아니라 사업 성패의 근간에 해당하는 부분으로서 어떠한 경우에도 바람직한 조건을 계약에 명기해야 한다.

### 2) 발전소 완공에 관한 위험

일반적으로 '완공'이라고 하면 발전소 건설 공사가 종료되는 시점, 서류 등을 포함한 인도 조건이 마무리되는 시점, 발전소가 일정한 성능을 만족시켰다고 할 수 있는 시점 등 여러 시점을 생각할 수 있다. 프로젝트 금융에서는 발전소가 그 성능을 발휘할 수 있고 사전에 설정한 수준의 발전과 송전을 할 수 있는 시점을 최종적으로

'완공'이라고 부르는 경우가 많다. 이것은 프로젝트 금융이 변제 자원을 '해당 사업'의 수입에 의존하고 있어 충분한 수입을 창출할 설비를 갖추는 것이 아주 중요하기 때문이다.

일반적으로 프로젝트 금융에서는 상업적으로 충분한 실적이 있고 신뢰성이 높은 기술이 바람직하다고 생각한다. 하지만 현실에서는 신기술이 적용되는 경우가 많기 때문에 이런 상황에 금융기관이 어떻게 대응할지의 문제는 해상 풍력발전 등의 영역을 포함하여 늘 안고 있는 과제라고 할 수 있다. 이것은 앞서가는 유럽 시장에서도 마찬가지다. 금융기관은 원칙적으로 (신기술 등으로 판단이 어려운 때는 특히) 제3자의 기술평가에 기초하여 융자 여부를 판단한다.

발전소 완공에 관한 위험은 설계·조달·시공(Engineering, Procurement & Construction, EPC) 계약이라 불리는 일괄 발주·고정 가격·완료 시점 인도 방식의 계약(금융기관을 포함한 당사자가 합의한 내용의 보증 조건부)을 통해 풍력발전 설비를 조달함으로써 '해당 위험을 가장 효과적으로 관리할 수 있는 자가 부담한다'는 원칙에 따라 시공회사가 부담하는 방식을 선택한다.


### 3) 풍황에 관한 위험

풍황에 관한 위험은 풍력발전 사업의 근간이다. 여기서는 두 가지 관점에서 접근한다. 첫째, 말 그대로 풍력발전에 적합한 바람이 안정적으로 계속해서 불어 주는가의 여부다. 프로젝트 금융에서 금융기관은 보통 자신의 관점에서 풍황을 평가하는 제삼자의 전문가를 기용하기 바란다. 물론 금융기관이 일정한 경험을 갖고 있는 상황에서 특수 목적 회사(SPC)가 충분한 검토와 분석이 이루어졌다고 판단할 경우에는 투자할 경우도 있지만 원칙적으로는 금융기관 스스로 평가할 수 없는 분야(풍황과 기술)는 제삼자의 전문가를 통해 위험을 평가한다.

둘째, 금융기관이 풍황에 대한 위험을 수용할 것인가에 관한 '발단론'이다. 프로젝트 금융은 사업이 제대로 운영되지 않을 때는 그 차입금의 변제를, 예를 들면 모회사에 떠넘기지 않고 어떻게든 사업을 계속하여(이를 위해 새로운 프로젝트 수행자를 금융기관이 연결해 주는 것도 조건에 포함시킴) 그 사업이 창출하는 현금 흐름을 통해 변제를 실행한다. 하지만 풍력 발전소는 바람이 해당 장소에서 불지 않는다고 해서 연구를 통해 바람을 불게 만들 수는 없다. 자연에너지라는 인위적 통제가 불가능한 존재의 성질을 이해할 수 있는가 혹은 이해한 다음 그 위험을 받아들일 것인가의 여부도 금융기관의 풍력발전에 대한 기본 입장을 좌우하는 사항이다. 세계적인 조류와 일본 금융기관의 동향에 기초하여 장기적으로 전망해 보면 풍황에 대한 위험을 일정한 범위까지 받아들일 수 있다는 데 어느 정도의 합의가 형성됐다고 볼 수 있다. 하지만 초기에는 의견이 분명하게 갈리는 경우가 많았다. 풍력발전 프로젝트 금융에 대한 찬성파와 반대파의 입장은 다음과 같이 차이를 보인다. 찬성파는 장기적으로 보아 '바람이라는 원료'의 변동 가능성이라는 측면이 석탄이나 석유 등에 비해 안정적이라고 생각한다. 따라서 어느 정도의 실적 저하를 사업 계획에 반영한 상태에서 '예를 들어 발전량이 몇 퍼센트 떨어져도 사업에는 지장이 없다'는 판단이 선다면 괜찮다. 반면 반대파는 석탄이나 석유처럼 세계시장에서 대체품을 찾을 수 없고 바람이 원인이 되어 사업을 유지할 수 없을 때는 대응이 어렵다고 생각해 사업 그 자체에 변제 자금을 요구하는 프로젝트 금융의 발상과는 거리감이 생긴다.

세계적으로 볼 때 금융기관이 경험을 쌓으면서 풍황에 대한 위험에 점차 익숙해지고 있는 것이 대체적인 흐름이다. 그렇더라도 해당 현장에서 실제로 발전소를 돌려 보지 않으면 알 수 없다는 사실에는 변함이 없고, 현재의 이상기후로 극단적으로는 풍황이 과거 100년간과 다른 경향을 보이기 시작했다고 생각해야 한다. 앞의 발전소 완공에 대한 위험과 함께 실제로 풍력발전기가 완성될 때까지의 기간과 프로젝트 입지점의 풍황 자료를 축적하는 기간이 금융기관의 입장에서는 여러모로 위험 부담이 많은 기간이다. 이 때문에 실제로 건설하는 기간 중에는 기업 금융corporate finance을 통해 일정한 조건을 충족하면 프로젝트 금융으로 전환하는 2단계 방식을 선택하는 경우도 드물지 않으며, 사업자의 관점에서는 그것이 경제적이라고 판단하는 경우도 많다.

또한 위험 회피의 방법으로 보험이나 파생금융 상품(derivative financial instruments, 여기서는 일정한 보험료나 수수료를 지불하여 풍황 악화가 수입에 미치는 영향을 일정 범위로 묶어 두는 것을 의미하며, 원래는 채권·주식 등과 같은 기초 자산에서 파생된 금융 상품을 가리킴. 옮긴이) 도 생각할 수 있지만, 비용이 높다고 알려져 있어 이용률이 높지는 않다. 하지만 일반적인 기후 관련 파생 금융 상품 시장의 확대를 보면 향후 장기적으로 확대될 가능성이 있다.


### 4) 운전과 유지 보수에 관한 위험

운전과 유지 보수에 관한 위험은 발전소 완공에 대한 위험과 함께 기술에 대한 위험의 하나다. 발전소 완공 후의 과정에서 염두에 두어야 할 사항은 크게 두 가지다. 첫 번째는 장기에 걸친 사업 기간 중 당초 결정한 운전과 유지 보수회사를 통해 안정적·지속적으로 양질의 서비스를 받을 수 있는가의 여부다. 물론 장기 계약을 통해 가격 체계까지 결정(전기 판매량과 연동한 추가와 차감의 조건부 가격 등)하지만 한 회사에 15~17년간 안심하고 맡길 수 있을지를 판단하기 위해서는 다시 그 회사의 사업 역량을 확인해야 한다. 물론 만일의 경우, 그러한 조건을 충족하기 어려울 때도 대체할 수 있는 다른 회사가 있겠지만 아주 독특한 운용 체계는 바람직하지 않다.

두 번째는 바람이 부는데도 발전이 제대로 되지 않는 경우에 그 원인이 발전소 자체에 있는지, 혹은 운전과 유지 보수의 방식에 있는지를 둘러싼 책임 소재에 관한 것이다. 이것은 실제적인 규명이 어려운 부분이기 때문에 원칙적으로는 발전소의 보증 기간을 설정하게 된다. 따라서 운전과 유지 보수를 맡은 회사도 스스로 그 역할에 책임을 지지 않는다면 수탁하지 않을 것이므로 확실한 보증 조건이 있다는 것은 금융기관이나 사업자는 물론 운전과 유지 보수를 맡은 회사의 입장에서도 매우 중요하다. 물론 건설 청부회사와 운전·유지 보수회사가 같은 그룹의 기업인 경우도 가끔 있지만 이 '이음매'를 가볍게 생각하지 않아야 한다. 장기간에 걸쳐 부품을 공급하는 것도 매우 중요하지만 그것을 조달하는 것이 누구의 책임인가도 논점이 될 것이다.

운전과 유지 보수에 대한 위험은 위의 조건을 충족하는 사업자 사이의 운전 및 유지 보수 계약에 제반 조건을 설정하는 방식으로 회피할 수 있다. 또한 불의의 사태에 대비해 보험을 활용하면서 사업 수입에 미치는 영향을 최소한으로 묶어 둘 수 있다. 보험에는 대물 보험 이외에 사고 등으로 사업 수입이 줄어든 경우에 그 기간의 손실을 보전하는 방식의 보험도 있다. 보험에도 다양한 상품과 조건이 있기 때문에 전문가의 의견에 기초하여 사업에 적합한 보험을 설계하는 것이 바람직하다. 또한 보험으로 대비하더라도 대부분 실제로 상황이 벌어진 이후부터 보험금이 지불될 때까지 오랜 시간이 걸린다. 이를 위해 특수 목적 회사(SPC)의 내부에 적립금을 확보하는 것이 중요하다.

적립금에 관해 조금 더 얘기하자. 보통 운전과 유지 보수 작업은 대규모로 수년에 한 번 진행된다. 하지만 해당 발생 연도에 단번에 큰 금액을 지출하지 않고 계획에 따라 수선이 없는 해에도 대규모 수선 충당금을 적립하여 수지를 일정하게 유지하면 사업의 건전성으로 이어진다. 또한 운전과 유지 보수에 대한 위험에만 관련되는 사안은 아니지만 자금이 부족하여 원금 변제에 지장이 생기지 않도록 금융기관이 원금 변제 적립(준비)을 요구하는 것도 프로젝트 금융에서는 일반적이다. 이듬해의 반년(또는 1년분)의 원리금 변제를 위해 상당액을 적립해 두고, 나아가 그 돈에 손을 대지 말아야 한다. 원리금 변제는 현금 유동성을 통해 대응하더라도 여유가 있다고 평가할 수 있는 상태를 유지하는 것이 바람직하다.

### 5) 전기 판매에 관한 위험

전기 판매에 관한 위험이란 여기서는 전기 판매를 통한 수입에 대한 위험 중 풍황 이외의 요인으로 주로 단가와 기간을 가리킨다. 전기 판매 단가는 장기 계약을 통해 고정 가격으로 정해져 있고, 최저 공급 의무가 없다면 수입의 변동에 대한 위험은 거의 풍황 변동에 따른 위험으로 이해하기가 쉽다. (기술면에서의 신뢰는 전제된다.) 고정 가격이 지나치게 낮지 않다면 사업의 수입을 안정시킬 수 있는 이점은 매우 크다. 프로젝트 금융에서는 통상 이와 같은 수입의 근간을 이루는 계약 기간에 맞추어 융자 기간을 결정(계약 기간과 같거나 짧음)한다. 따라서 장기 계약을 체결하지 않는다면 기본적으로 프로젝트 금융에 익숙해지기는 어렵다.

다시 말하면 전기 판매 계약을 통해 수입 규모를 고정함으로써 프로젝트의 수입에 대한 위험이 전기 구매자(오프테이커off-taker 또는 엔드테이커end-taker라고 불림. 보통 어떤 프로젝트에서 생산되는 최종 생산물이나 서비스를 구매하는 자를 일컫는다. 옮긴이)의 위험(계약대로 장기간 구매할 것인가의 여부)이 된다는 것이다. 이런 의미에서 전기 구매자의 신용도가 높다는 것은 프로젝트에서 매우 중요하며, 이로 인해 자금 조달 비용이 변화하는 경우도 있다.

자연에너지 할당 기준(RPS)이나 녹색 전력 증서 등을 통해 환경과 관련한 부가가치 부분을 별도로 판매하는 경우도 있지만 특징에 있어서는 전기 판매에 관한 위험과 거의 같다고 생각해도 된다.

### 6) 지역·주민에 관한 위험

풍차가 생태계나 경관에 미치는 영향에 대한 관점 등의 차이로 지역이나 인근 주민에게 프로젝트 추진에 대한 동의를 얻지 못하는 경우도 있다. 이 때문에 프로젝트가 무산되는 경우도 있기 때문에 지역에 찬성파가 많고 주민들이 애착을 갖는 사업이라는 사실은 금융기관의 입장에서도 중요하다. 이 위험을 회피하는 방식으로는 프로젝트 개발 단계부터 사업자들이 설명이나 대화(자율적인 환경 영향 평가)는 물론, 예를 들면 '응원단을 늘리기' 위해 지역의 금융기관이 적극적으로 프로젝트를 평가하거나 또는 지역의 사업자가 참여하는 방식이나 주민이 직접 사업에 자금을 대는 방식(출자나 융자)도 가능할 것이다. 시민이 출자하는 풍력발전의 경우는 다루지 않지만 '풍력발전 프로젝트 금융'에서도 도시 은행이나 지역 금융기관의 융자만이 아니라 향후 시민 출자(융자)와의 협조 융자(joint financing, 여러 은행이 특정 기업에 필요한 자금을 분담하여 빌려 주는 일로 융자 규모의 확대 및 대출 경쟁을 피하고 위험을 분산할 목적으로 실시한다. 옮긴이)를 생각한다면 사업의 내용도 참신해지고 '응원단이 많다'는 사실이 사업 기반의 안정으로 이어질 수도 있다. 물론 장기간 추진하는 사업에서는 응원단이라 생각했던 사람이 도중에 마음을 바꾸는 일도 반드시 고려해야 하므로 정보 공개나 대화는 언제나 중요한 부분이다. 번거롭기는 하지만 이러한 부분을 적극적으로 평가하는 흐름은 기업의 사회적 책임(투자)에 대한 관심이 높아지고 있는 현실에서도 엿볼 수 있다.


### 7) 제도(변경)에 관한 위험

예를 들면 장기간의 구매 계약 제도가 바뀌더라도 제도 변경 전에 체결한 계약이 유효하다면 개별적으로는 문제가 없다. 하지만 시장 전체를 볼 때 제도 변경이 풍력발전에 불리하고 시장을 축소시킬 것이라고 전망한다면 금융기관의 입장에서는 사회적으로 인정된 '유망한' 시장이 될 수 없으며, 이런 점에서 장기 융자(자산)를 유지하는 것이 유리할 것이라 생각하게 된다. 또한 시장이 없는 곳에 융자하거나 조언을 할 수는 없기 때문에 그만큼 사업 기회가 줄어들고, 결과적으로 금융시장도 축소되어 버린다. 그것은 지금까지 축적한 성과를 날려 버리는 일이 될 수도 있다. 이는 특히 프로젝트 금융은 사업 자체를 깊이 이해한 담당자가 자신이 터득한 비결을 계속 활용할 필요성이 높다는 사실 때문에 더 중요하다. 조금 더 생각해 보면 현재 순조롭게 유지되고 있는 프로젝트 금융의 조건도 만의 하나 장래에 문제가 발생했는데도 능숙한 담당자가 없는 현실에 직면할 가능성도 예상할 수 있다. 이것은 금융기관의 예이지만 시장이 축소되면 동일한 서비스를 제공할 수 있는 회사도 줄어들기 때문에 시장 메커니즘이 작동하지 않는 상태도 생각할 수 있다.

## 4. 프로젝트 금융의 장점과 단점

이와 같은 특징을 가진 프로젝트 금융은 장점과 단점을 모두 가지고 있다.

장점은 사업을 추진하는 기업이 설비 투자 자금을 장기로 조달하는 동시에 스스로 모든 위험을 떠안지 않도록 위험의 분담과 관리가 가능하다는 것이다. 후원자의 이름이나 신용도가 영향을 미치기도 하지만 자신의 자산 규모에 비해 큰 규모의 자금을 조달할 수도 있다. 또한 복수의 후원자나 프로젝트 관계자가 있는 경우, 관계자 사이의 역할 분담이나 위험 분담도 동시에 이루어지기 때문에 합의를 형성하는 데 일조할 수도 있다.

단점은 상당한 품과 공을 들여 프로젝트 계약을 만들어 가야 하므로 많은 시간과 비용(수수료나 금리 상승폭, 변호사나 각종 전문가 비용)이 든다는 것이다. 비용을 흡수할 수 있는 규모가 아닌 사업일 경우에는 프로젝트 금융을 이용하지 않는 편이 경제적으로 합리적인 경우도 있다. 그것은 사업을 추진하는 주체의 판단에 달려 있기 때문에 동일한 사업 규모에서도 프로젝트 금융을 도입할 수도 있고 그렇지 않을 수도 있다.


## 5. 과제

끝으로 풍력발전 프로젝트 금융의 과제를 살펴보자.

우선 전기 판매 조건을 결정하는 제도가 업계 전체의 관심사인 동시에 과제다. 유럽에서도 전통적인 장기 고정 가격 계약이 아닌 단기·스폿 계약(전력 자유화나 특정 자연에너지 정책을 배경으로 함)이 늘어나는 경향을 보이고 있고, 나날이 정책이 복잡해지면서 금융 체계도 복잡해지고 있다. 프로젝트 금융이 풍력발전을 위한 유일한 금융 상품은 아니다. 하지만 사업성에 착안하여 평가하는 수법이자 시장 확대에 기여해 왔다는 점은 분명하기 때문에 정책을 설계하거나 금융 면에서의 접근 방식도 함께 고려하기 바란다.

또한 단기·스폿 계약으로 100퍼센트의 자금을 확보할 수 없을 때는 그와 같은 거래가 이루어지는 일정한 규모의 시장이 있고, 축적된 경험으로 미래를 예측할 수 있는 수준이 된다면 일정 정도의 기간이 지난 뒤에는 거래 단가를 예상할 수 있다. 실제로 그런 방법으로 원유 가격에 대한 위험을 분석·평가하고 있다. 하지만 시장 참여자가 적은 거래에 유동성까지 없다면 그와 같은 접근법은 곤란하다. 현실적으로는 적정 수준의 활발한 시장이 되기 위해서는, 예를 들면 특정 지역에서의 실험적 시도 등 단계적으로 경험을 축적하는 과정을 거쳐야 한다.

최근 유럽을 중심으로 프로젝트의 대형화가 진행되고 있다. 규모가 커지거나 프로젝트 수가 늘어나면 소수 금융기관만으로는 융자가 어려워진다. 금융기관은 단독으로 거액을 융자하는 것보다는 협조 융자를 통해 위험을 분산하려고 한다. 따라서 다수의 협조 융자나 기관투자가의 참여 또는 이차적인 금융시장이 필요해진다. 그와 같은 시장이 일본에서도 형성되기 시작했지만 자연에너지 분야에서도 꾸준히 확대될 필요가 있다.

끝으로 풍력발전 프로젝트 금융에 관해 큰 도움을 준 샤와 야나기(〈미즈호코퍼레이트 은행〉)를 비롯해 프로젝트 금융에 관한 논의의 기회를 제공해 준 〈미즈호코퍼레이트 은행〉의 프로젝트 금융부를 포함한 금융기관의 여러분들에게 깊이 감사드린다. 🌱

# 6장 RPS 시장의 등장

후나비키 히사시船曳 尚

1966년 효고兵庫 현에서 태어났다. 1988년 도지샤同志社 대학 경제학부를 졸업하고 단기 투자 회사, 외국계 은행 등에서 주로 자금의 현물이나 파생 상품 거래에 종사했다. 《나트소스 저팬 주식회사》 설립에 참여하여 2001년 회사 설립 후 현재 《도탄東炭 홀딩스 주식회사》에 근무하고 있다.

## 1. 일본의 신에너지 RPS 제도

2002년 '전기 사업자에 의한 신에너지 이용 등의 촉진에 관한 특별 조치법(신에너지 RPS법)'이 제정[1]됐고, 2003년 4월에 전면 실시됐다. 이 신에너지 RPS법에 기초해 일본에서도 '신재생 에너지 의무 할당 제도'(혹은 자연에너지 할당 기준 제도)[2]가 전면 실시됐다.

신에너지 RPS법은 '내외의 경제적·사회적 환경에 부합하는 에너지 안정 공급에 기여하기 위해 전기 사업자가 주도하는 신에너지 이용에 관한 조치를 강구하여 환경 보전에 기여하고, 또한 국민경제의 건전한 발전에 기여하는 것을 목적'으로 한다.(신에너지 RPS법 제1조) 일본의 신에너지 RPS 제도(그림 1)는 전력을 소매로 공급하는 전기 사업자(일반 전기 사업자, 특정 전기 사업자, 특정 규모 전기 사업자)를 '의무 대상자'로 규정하고 있다.

신에너지 RPS법 및 시행규칙의 요건을 갖춘 신에너지 RPS법의 대상 전원과 정부가 인정한 발전 설비를 이용하여 발전한 전력 중 발전 사업소 이외에 판매한(전력

## 그림 1. 일본의 신에너지 RPS 제도

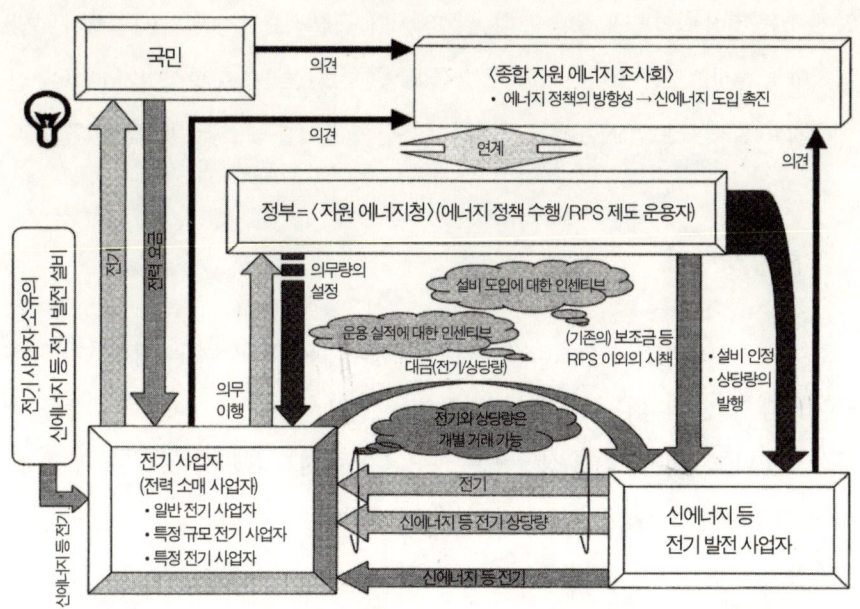

계통으로 보낸) 전기의 양을 '신에너지 등의 전기'로 규정하고 있다. 바이오매스발전에 대해서는 화석연료 혼합 소각장의 경우, 열량비에서 화석연료 분을 제하고 생물 자원을 이용한 바이오매스 부분만 '신에너지 등 전기'로 인정한다. '의무 대상자'는 해당 판매 전력량에 대해 시행규칙에서 정한 일정 비율의 전력량을 '신에너지 등 전기' 또는 그에 상당하는 것으로 마련해야 한다.

법안을 도입한 목적의 하나는 신에너지 도입 촉진의 부담을 명확하게 하고 평준화하는 것이다. 신에너지 RPS 제도를 도입하기 전에는 공익 기업인 전력회사(일반 전기 사업자)가 자발적으로 신에너지를 고가에 구매하는 계획안에 의존했다. 하지만 전력 자유화의 흐름을 타고 전력회사에도 경쟁을 요구하는 상황에서는 신에너지 도입 촉진의 부담을 투명하게 평준화할 필요가 있다. 편중된 전원 소재지에 위치한 전력회사가 부담하는 방식에서 의무 대상자에게 소매 전력량의 일정 비율을 부담하게 하는 것이 법안을 도입한 또 다른 목적이다. 근본적으로는 전기 사업자가 부담하지만 이론상으로는 소비자의 전기 요금에 얹는(또는 포함하는) 방식이기 때문에 신에너지 RPS 제도 도입으로 생기는 지역별 부담의 차이를 해소할 필요가 있다.

## 2. RPS 상당량

신에너지 RPS 제도는 신에너지가 가진 지역적·계절적 편재성을 해소하기 위해 증서 형태의 '신에너지 등의 전기 상당량(이하 신에너지 RPS 상당량)'이라는 개념을 사용하고 있다. 신에너지 RPS 상당량은 '신에너지 등 전기'의 가치에서 '전기만의 가치'를 뺀 만큼의 가치를 가지고 있다. 실제로는 '신에너지 등 전기'를 발전한 발전 사업자가 〈자원 에너지청〉에 분기마다 생산하여 계통으로 보낸 '신에너지 등 전기'의 양을 신청하고, 〈자원 에너지청〉이 이것을 확인하여 발전 사업자의 계좌에 기록한다. 계좌는 〈자원 에너지청〉이 관리하고 있다. 신에너지 RPS 제도에 참가하는 발전 사업자는 임의로 계좌를 개설할 수 있다.

신에너지 RPS 상당량이라는 증서 방식을 도입한 것은 신에너지 RPS법을 검토할 당시의 상황에서 제기된 여러 문제를 증서 방식으로 해결할 수 있으리라 기대를 모았기 때문이다.

첫째는 지역적 차이의 해소다. 지역적 차이는 이후에 신에너지 발전 설비의 신규 건설이 기대되는 지역, 즉 아직 이용하지 않는 풍력 자원이나 농업·축산·임산업 바이오매스 자원이 많은 지역(〈홋카이도 전력〉, 〈도호쿠 전력〉, 〈규슈 전력〉 등의 영업 지역)에서 의무 발전량이 부족할 것으로 예상되는 지역(〈도쿄 전력〉, 〈간사이 전력〉, 〈츄부 전력〉 등의 영업 지역)에 '전기'를 보내는 물리적인 추가 허용량이 RPS법이 요구하는 이동량

보다 훨씬 적다는 사실에서 비롯한다. 이러한 계통의 취약성을 보완하기 위한 사회적 비용을 '누가' '어떻게' 부담할 것인가의 방식은 전력 전반의 논의에서도 해결책을 찾기 어렵다. 이런 상황에서 '현물의 전기'를 이동시키지 않고 '신에너지 RPS의 가치'만을 이전하는 방법으로 증서 제도를 채용한 것이다.

둘째는 시간적 차이다. 특히 풍력발전의 경우에 시간적 차이는 문제가 된다. 즉 일본의 풍황을 고려할 때 풍력발전의 상당 부분이 겨울철에 이루어지고 그 이외의 계절(특히 여름철)은 상대적으로 적다. 보통 전력 수요가 많은 시기는 여름철의 낮 시간(〈홋카이도 전력〉만이 겨울철의 수요가 여름철과 비슷하거나 그 이상이다)이다. 따라서 풍력발전의 전기로서의 가치는 수급 면에서는 상당히 떨어진다. 신에너지 발전의 신규 도입을 지향하는 제도로서 신에너지 발전(특히 풍력발전)이 가진 계절적 특성이라는 열등한 조건을 해소하기 위해 제도 운용을 1년 단위로 설정할 필요가 있다. 이를 위해 발전 시간이라는 시간축상의 점이 아니라 해당 연도라는 시간축상의 선으로 평가할 수 있는 수단인 증서 형태를 채용하고 있다.

셋째는 안정성 문제다. 이는 시간적 차이와도 관련이 있는데 바람에 의존하는 풍력발전은 물론 바이오매스발전의 대부분을 차지하는 폐기물발전도 발전의 안정성이라는 측면에서는 통상의 화석연료 계열의 발전에 비해 뒤떨어지는 경우가 많다. 폐기물발전의 경우에 사업 주체는 폐기물 소각에 중점을 두기 때문에 소각로의 운용을 우선시하고 발전은 그보다 중요도가 낮아지는 사례가 가끔 발생한다. 안정성이 취약하기 때문에 발생하는 시간적 제약을 해소하기 위해 증서 형태를 활용하는 것이다.

나는 증서 형태를 도입한 목적이 신에너지 관련 산업의 자립을 촉진하기 위해 '신에너지 가치'를 보다 명확하게(가격을 표시할 수 있도록) 산정하는 데 있다고 본다. 정부는 기존의 신에너지 촉진 정책과 공익 사업자로서 일반 전력 사업자에게 경제적으

로 크게 의존하고 있는 신에너지 산업을 '보통의 사업'으로 성장할 수 있는 산업이
되도록 정책을 전환해야 한다고 생각한다. 이를 위해서는 채산성이나 사업 수익의
관리 등을 신에너지 사업자가 담당해야 한다. 전력 사업의 자유화 속에서 사업 계획
과 실행의 기초 인프라로서 신에너지의 가치를 명확하게 만들 필요가 있고 그 수단
으로 증서 형태를 이용하여 가격 메커니즘을 형성할 필요가 있다. 신에너지 사업이
보호와 육성의 시대에서 경쟁과 수익의 시대로 전환되는 국면을 맞이하고 있고 증
서 형태는 그 방법의 한 가지라고 생각한다.


## 3. 해외의 신에너지 RPS 제도와 고정 가격 구매 제도

일본은 신에너지 RPS 제도를 도입하는 과정에서 해외 사례를 참고했다. 해외 사
례는 이 책 뒤의 참고 자료에 상세하게 정리했다. RPS 또는 그에 준하는 제도를 도
입하고 있는 주요 국가 혹은 지자체로는 영국, 이탈리아, 벨기에, 스웨덴, 호주, 미
국(텍사스 주, 매사추세츠 주, 코네티컷 주 등) 등을 들 수 있다. 반대로 고정 가격 구매 제도
를 도입하고 있는 주요 국가로는 독일, 프랑스, 스페인, 덴마크 등을 들 수 있다.(표
1) 아시아에서는 한국이 전력 가격 지수 + 보조금의 발전 차액 지원 제도를 도입하
고 있으며 이외에 한국과 중국에서 신에너지 RPS 제도 도입에 관한 논의가 진행되
고 있다.

상기의 국가에 관해서 언급해야 할 것은 각국(또는 지자체)이 도입을 촉진하고자
하는 자연에너지의 범주가 독자적이라는 것이다. 이것은 자연에너지원이 해당 지
역의 자연환경이나 사회 환경에 적합해야 하며, 각각의 자연환경이나 사회 환경에
차이가 있는 이상, 자연에너지라는 개념이 포괄하는 범위도 차별적이라는 것이다.

이 두 가지 제도에 대해 다양한 의견이 있지만 어느 쪽이 효과적인지에 대한 판단

표 1. 해외의 자연에너지 도입 촉진 정책

| RPS 도입국 | 의무 대상자 | 목표 수치 |
|---|---|---|
| 영국 | 전력 공급 사업자 | 10.4%(2010년) |
| 이탈리아 | 발전 사업자, 전력 도입 사업자 | 3.05%(2006년) |
| 스웨덴 | 전력 수요자 | 10TWh(2010년)의 전력 증가량 |
| 호주 | 도매 전력 구입자 | 9,500GWh(2010년)의 전력 증가량 |
| 텍사스 주 | 전력 소매 사업자 | 2,000GWh(2010년)의 설비 용량 증가량 |
| 고정 가격 구매 제도 도입국 | 의무 대상자 | 목표 수치 |
| 독일 | 계통 운영자 | 12.5%(2010년), 20.0%(2020년) |
| 프랑스 | 배전 계통 운영자 | 2010년의 전원 종별 목표 설정 |
| 스페인 | 배전 계통 운영자 | 2011년의 전원 종별 목표 설정 |

은 기준에 따라 크게 달라질 것이다. 일본의 신에너지 RPS 제도에 대한 평가도 다
양하게 분석해 볼 필요가 있다.


## 4. 신에너지 RPS 의무량에 대하여

신에너지 RPS 제도는 의무량에 있어서 상당히 복잡한 요소가 있다. 즉 2010년도
기준으로 의무량은 법률상의 의무량(명목: 신에너지 등의 이용 목표량)과 운용상의 의무
량(실질: 조정 후의 기준 이용량) 두 가지 의미 모두를 가진다.

우선 2010년도의 의무량인 122억 킬로와트시가 어떤 의미를 갖는가? 〈신에너지
RPS 소위원회〉[3]의 논의의 출발점은 신규 에너지 발전 설비를 효율적으로 도입하는
방안이다. 이 사안의 더욱 근원적인 출발점은 2001년도의 장기 에너지 수급 전망[4]
을 작성할 때 추계한 교토의정서상의 목표[5](1990년도 대비 온실가스 배출량 6퍼센트 감축)
중 에너지 부문의 목표(1990년 대비 ±0퍼센트)를 달성하기 위해 추가로 2,000만 탄소
톤(Tones of Carbon, TC. 온실 기체의 용량 단위. 옮긴이)을 반드시 줄여야 하며, 그중 900만
탄소톤을 신에너지의 추가 도입을 통해 대응한다는 원칙이었다. 이 900만 탄소톤

에 상응하는 신규의 신에너지 도입 목표[6]가 1,910만 킬로리터(원유로 환산했을 때)다.

1,910만 킬로리터에 상응하는 판매용 전력량이 115억 킬로와트시고, 여기에 중소 규모 수력 등의 증가 상정분 7억 킬로와트시를 추가하면 122억 킬로와트시다. 단 〈신에너지 RPS 소위원회〉에서는 추가 도입에 논의의 주안점을 두고 있어 122억 킬로와트시라는 수치를 전제로 해서 논의되었다. 따라서 이 숫자의 의미를 이제 더 확실하게 설명할 필요가 있다. 또한 기초가 되는 에너지 장기 수급 전망이 2004년도에 개정됐지만 신에너지 RPS 제도에 대해서는 변경이 이루어지지 않았다.

이와 같이 신에너지 RPS 제도의 목표치인 의무량의 설정은 교토의정서, 지구온난화 문제와 밀접하게 연관되어 있다. 다만 신에너지가 지구온난화에 대응한다는 측면 이외의 요소(에너지 안보나 신규 산업 육성 등)도 포함되어 있고 RPS의 의무량(또는 상당량)이 가진 가치와 지구온난화에 대응한다는 측면의 가치(교토의정서상의 크레딧이나 일본에서는 제정되지 않았지만 국내 정책상의 의무와 권리 등)와의 관련성에 대해서는 정리가 필요하다.

다음으로 명목상의 의무량과 실질적인 의무량이다. 신에너지 RPS법에서는 〈종합 자원 에너지 조사회〉의 의견을 받아들여 명목 의무량을 시행규칙으로 정하도록 규정하고 있다. 제도가 시행되는 2003년도부터 2010년도까지의 (명목) 의무량은 2002년도에 고시됐다.(표 2) 향후 신에너지 RPS법에 기초하여 4년마다 해당 연도 이후 8년간의 (명목) 의무량이 결정될 것이다.

다만 제도 도입 초기의 경과 조치로 2003년도부터 2007년도까지는 의무량을 완화하는 방안이 강구되고 있다. 즉 2002년도 말까지 의무자의 요건을 갖춘 전기 사업자는 소정의 수식에 기초하여 의무량이 경감된다.(그림 2)

이를 통해 발전 사업자의 관점인 단년도의 수급 사정이 완화될 뿐만 아니라 대형 전기 사업의 관점인 8년간의 의무량 총계도 큰 폭으로 줄어들면서 중기적으로도 수

표 2. 명목 의무량(신에너지 등 이용 목표량)

| 연도 | 2003 | 2004 | 2005 | 2006 | 2007 | 2008 | 2009 | 2010 |
|------|------|------|------|------|------|------|------|------|
| 이용 목표량 | 73.2 | 76.6 | 80.0 | 83.4 | 86.7 | 92.7 | 103.3 | 122.0 |

단위: 억 kWh

그림 2. 상당량의 수량 정보

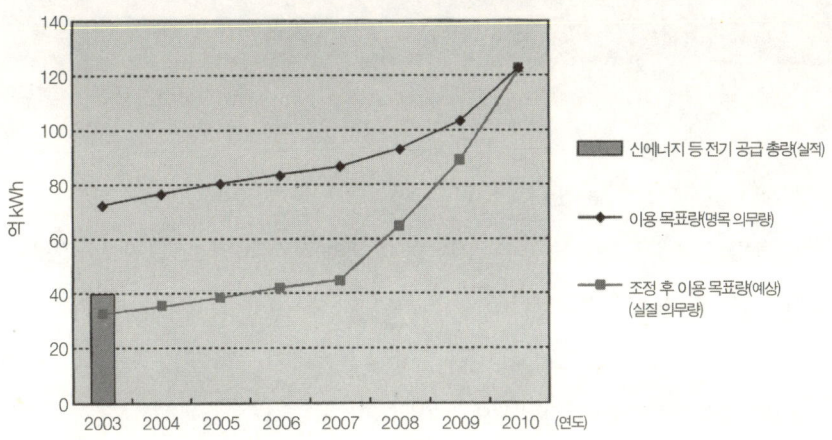

〈자원 에너지청〉 자료로 작성

급 사정이 완화됐다. 대형 전기 사업자가 의무량 총계를 척도로 삼는 것은 롤오버 roll over라는 개념에 기초하고 있는데 이에 대해서는 뒤에서 설명하겠다.

## 5. 2003년도의 결과 정리[7]

① 상당량의 공급 측면(표 3)

설비 인정: 2003년 3월 말일 현재 409만 9,234킬로와트(14만 1,935건)의 발전 설비가 RPS 대상 전원으로 설비 인정을 받았다. 이중 주택용 태양광 설비를 제외하면

표 3. 상당량의 공급 측면

| 발전 형태 | 설비 인정 건수(건) | 인정 설비 용량(kWh) | 신에너지 등 전기 공급 총량(kWh) | 구성 비율 (%) | 신에너지 등 전기 상당량 기록량(kWh) | 구성 비율 (%) | 상당량 기록 비율(%) |
|---|---|---|---|---|---|---|---|
| 풍력발전 | 206 | 673,219 | 989,896,957 | 24.65% | 695,904,000 | 37.68% | 70.30% |
| 태양광발전 | 141,154 | 527,838 | 147,193,870 | 3.67% | 255,000 | 0.01% | 0.17% |
| (중 주택용 제외) | 702 | 18,443 | | | | | |
| 바이오매스발전 | 223 | 2,733,779 | 2,038,831,057 | 50.78% | 880,429,000 | 47.67% | 43.18% |
| 중소 수력발전 | 339 | 161,973 | 838,159,873 | 20.88% | 269,810,000 | 14.61% | 32.19% |
| 복합형 | 13 | 2,425 | 1,028,594 | 0.03% | 343,000 | 0.02% | 33.35% |
| 합계(중 주택 | 141,935 | 4,099,234 | 4,015,110,351 | 100.00% | 1,846,741,000 | 100.00% | 45.99% |
| 태양광 제외) | 1,483 | 3,589,839 | | | | | |

〈자원 에너지청〉 자료로 작성

358만 9,839킬로와트(1,483건)다.

공급 총량: 2003년도에 신에너지 RPS법 대상의 전기 40억 1,511만 351킬로와트시가 전기 사업자에게 공급됐다.

신에너지 RPS 상당량으로서의 기록: 공급된 신에너지 등의 전기 중 18억 4,674만 1,000킬로와트시가 RPS 상당량으로 기록됐다.

기타: 2003년도는 제도를 운용한 첫해이고, 무엇보다 바이오매스 관련 설비 인정이 5~6월까지 지연됐기 때문에 신에너지 전기 등으로 인정된 공급 총량이 실제의 발전 실적보다 적었을 가능성이 있다. 제도를 설계할 때 2002년도 실적으로 약 30억 킬로와트시를 넘었던 상황을 돌이켜 보면 매우 급속하게 공급 능력이 증가된 것으로, 단순히 발전 설비를 운전하기 시작했다거나 늘어났다는 것만으로 설명하기 어렵다. 이런 점에서 2002년 실적에 대한 검증이 필요하다.


② 상당량의 수요 측면

조정 후의 기준 이용량: 2003년 6월에 공표된 전기 사업자에 대한 조정 후 기준 이용량(실질 의무량)은 합계 32억 7,676만 7,000킬로와트시였다.(표 4) 단년도의 수급

## 표 4. 조정 후 기준 이용량

### 2003년도

| | 전기 사업자명 | 조정 후 기준 이용량(kWh) | | 전기 사업자명 | 조정 후 기준 이용량(kWh) | | 전기 사업자명 | 조정 후 기준 이용량(kWh) |
|---|---|---|---|---|---|---|---|---|
| 일반 전기 사업자 | 홋카이도 전력 | 254,450,000 | 특정 전기 사업자 | 시리자키 유틸리티 서비스 | 15,000 | 특정 규모 전기 사업자 | 다이아몬드 파워 | 160,000 |
| | 도호쿠 전력 | 378,697,000 | | | | | 신니혼 제철 | 29,000 |
| | 도쿄 전력 | 986,656,000 | | 스와 에너지 서비스 | 1,000 | | 에네트 주식회사 | 5,189,000 |
| | 츄부 전력 | 344,538,000 | | | | | 이렉스 | 52,000 |
| | 호쿠리쿠 전력 | 84,436,000 | | 히가시니혼 여객철도 | 2,000 | | 다이오 제지 | 768,000 |
| | 간사이 전력 | 609,825,000 | | | | | 서미트 에너지 | 34,000 |
| | 츄고쿠 전력 | 156,372,000 | | 롯폰기 에너지 서비스 | 30,000 | | 사닉스 | 0 |
| | 시코쿠 전력 | 57,745,000 | | | | | 마루베니 | 1,000 |
| | 규슈 전력 | 390,841,000 | | 스미토모 공동전력 | 0 | | GTF 연구소 | 43,000 |
| | 오키나와 전력 | 6,883,000 | | | | | 신니혼 석유 | 0 |
| | | | | | | 합계 | | 3,276,767,000 |

〈자원 에너지청〉 자료로 작성

### 2004년도

| | 전기 사업자명 | 조정 후 기준 이용량(kWh) | | 전기 사업자명 | 조정 후 기준 이용량(kWh) | | 전기 사업자명 | 조정 후 기준 이용량(kWh) |
|---|---|---|---|---|---|---|---|---|
| 일반 전기 사업자 | 홋카이도 전력 | 268,706,000 | 특정 전기 사업자 | 시리자키 유틸리티 서비스 | 36,000 | 특정 규모 전기 사업자 | 다이아몬드 파워 | 669,000 |
| | 도호쿠 전력 | 410,008,000 | | | | | 신니혼 제철 | 281,000 |
| | 도쿄 전력 | 1,076,447,000 | | 스와 에너지 서비스 | 4,000 | | 에네트 주식회사 | 16,223,000 |
| | 츄부 전력 | 391,089,000 | | | | | 이렉스 | 153,000 |
| | 호쿠리쿠 전력 | 94,809,000 | | 히가시니혼 여객철도 | 6,000 | | 다이오 제지 | 655,000 |
| | 간사이 전력 | 659,155,000 | | | | | 서미트 에너지 | 114,000 |
| | 츄고쿠 전력 | 177,389,000 | | 롯폰기 에너지 서비스 | 79,000 | | 사닉스 | 0 |
| | 시코쿠 전력 | 68,310,000 | | | | | 마루베니 | 63,000 |
| | 규슈 전력 | 424,973,000 | | 스미토모 공동전력 | 0 | | GTF 연구소 | 159,000 |
| | 오키나와 전력 | 10,018,000 | | | | | 신니혼 석유 | 46,000 |
| | | | | JFE 스틸 | 0 | | 오사카 | 0 |
| | | | | | | | 에네자브 | 362,000 |
| | | | | | | | 퍼스트에스코 | 0 |
| | | | | | | | 태양광발전 설비 | 0 |
| | | | | | | | 광발전 · 녹색 전력 판매 기구 | 0 |
| | | | | | | 합계 | | 3,599,754,000 |

〈자원 에너지청〉 자료로 작성

으로서는 수요에 비해 22.5퍼센트의 공급 초과가 발생했다.(7억 3,834만 3,351킬로와트시의 공급 초과)

의무 이행과 차용 : 2003년도의 의무 이행 대상 25개사 모두가 의무 이행을 달성했다. 그중 한 개 회사만이 차용했다. 단, 그 수량은 아주 적다고 생각한다.


③ 적립

2003년도의 신에너지 RPS 상당량으로 7억 8,598만 킬로와트시를 적립했다. 내역은 전기 사업 17개 사가 7억 1,168만 1,000킬로와트시, 발전 사업자 8개 사가 7,429만 9,000킬로와트시다. 이것은 2004년도의 의무량과 비교하면 전체 적립량의 21.34퍼센트, 전기 사업자 적립량의 19.77퍼센트다. 이 점에서 2003년도 한 해의 수급은 '아주 원만했다'고 할 수 있다.

만일 전기 사업자의 적립량이 2004년도 의무 이행으로 롤오버[8]한다면 2004년도에 시장에 공급되어 적립된 2003년도의 상당량은 발전 사업자의 담당분인 약 7,430만 킬로와트시뿐이다. 이는 2004년도의 기준 이용량의 2.06퍼센트에 해당한다.[9]

또한 적립량이 공급 총량과 조정 후 기준 이용량의 차이와 다른 점은 이 제도의 '정당한 이유' 중 태양광발전의 설비 인정에 따른 것이다.

적립banking 제도와 롤오버에 관하여 : 신에너지 RPS 제도에서 발전 사업자와 전기 사업의 상당량에 대한 관점이 달라지는 원인의 하나로 적립 제도와 의무량의 관계를 들 수 있다.

신에너지 RPS 제도에서는 발전 사업자와 전기 사업자 쌍방이 상당량을 각자의 계좌에 적립함으로써 상당량을 다음 연도로 이월할 수 있다. 상당량에는 유효기간이 설정되어 있다. 즉 상당량 발행의 기준이 되는 발전이 이루어진 연도와 다음 연도 및 그 다음 연도 업무의 달성 기한인 그 다음 연도의 6월 1일까지다. 예를 들면 2003년 10월에 발전된 전기의 경우, 2004년 1월 중에 사업자가 발전 실적을 신청하면 2004년 2월에 발전 사업자의 계좌에 상당량이 적립된다. 이 상당량의 유효기간은 상당량 발행의 기일부터 2005년 6월 1일까지다. 그리고 이것은 2003년도와 2004년도의 전기 사업자에게 부과된 의무량의 달성에 효과적이다.

의무량이 부과되지 않은 발전 사업자의 경우는 해당 상당량을 유효기간까지 다른 사업자에게 매각하여 돈으로 바꾸지 않는 한, 유효기간 후에는 종이 쪼가리가 되어 버린다. 2년 한도의 '생물'로서 상당량의 조절은 자연스럽게 단기적인 가격 동향에 좌우된다.

이에 비해 의무량이 부과된 전기 사업자는 의무량의 달성과 적립량을 조합한 롤오버라는 방법을 이용하면 여분으로 보유하고 있는 상당량이 '실질적으로' 유효기간보다 더 오랜 기간 효력을 발휘하도록 할 수 있다.


④ 거래/이전

2003년도 의무 이행 신고일(2004년 6월 1일)까지 이루어진 거래/이전은 16건으로 총량은 1,963만 1,000킬로와트시였다. 신에너지 RPS 상당량의 발행량에 대한 회전률은 1.063퍼센트로 총 공급량의 0.49퍼센트였다. 이런 점에서 거래/이전은 '매우 저조'하다고 볼 수 있다. 또한 투기 성향의 움직임이 아니라 실수요에 기초한 시장이 형성되고 있다는 점도 아울러 얘기하고 싶다.


⑤ 신에너지 RPS 상당량의 가격

2003년도에 거래된 신에너지 RPS 상당량의 가격은 16건의 거래 중 〈자원 에너지청〉에서 임의로 회답한 15건의 결과를 보면 킬로와트시당 1.5엔~11.0엔이었다.

이를 단순 평균을 내면 킬로와트시당 6.0엔으로 약 47퍼센트(약 922만 킬로와트시 정도)를 차지하는데, 이를 일반 전력 가격에 더하면 특히 가중 평균은 크게 변동할 가능성이 있다.

또한 2004년 9월의 조사 회수 시점까지 10건의 거래가 있었고 그 가격은 킬로와트시당 4.0~7.0엔으로 보고됐다.

## 6. 신에너지 RPS 상당량 거래 시장의 형태

〈나트소스 저팬 주식회사〉가 취급하는 RPS 상당량의 시장에는 대략 세 가지 형태가 있다.(그림 3)

① 신에너지 RPS 상당량(킬로와트시)으로 표시하는 대략 100만 킬로와트시 이상의 거래.
② 신에너지 RPS 상당량(킬로와트시)으로 표시하는 수만~수십만 킬로와트시의 거래.
③ 설비 용량(킬로와트시)으로 표시하는 사전에 수량이 확정되지 않은 신에너지 RPS 상당량의 거래.

①②는 이미 발행되었거나 (현물) 발행이 예정된 (선물) 신에너지 RPS 상당량에 대해 수량을 확정하여 거래한다. 구매자를 이전할 수 없는 경우, 기한을 정하여 시장에서 조달하여 이전하거나 상한가를 넘는 가격[10]으로 금전적으로 보상해야 한다.

①은 보통 '신에너지 RPS 상당량의 가격'으로 인식되는 표준 시장이다. 100만 킬로와트시라는 수량은 발전 사업자가 확보한 연간 RPS 상당량의 수량이 백~수백

**그림 3. 시황 정보 견본**

**(〈나트소스 저팬 주식회사〉가 고객에게 무상으로 배포한 것)**

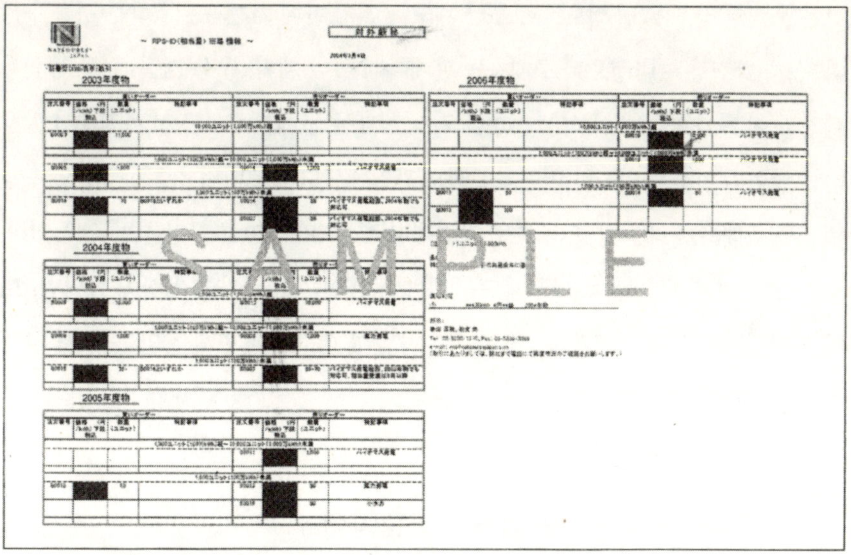

만 킬로와트시로 상당히 많다는 사실에서 기인한다. 2004년 현재 그중에는 1,000만 킬로와트시를 넘는 주문도 있으며, 판매 희망 가격과 구매 희망 가격이 제시되어 있다. 개정 실시 이전인 2006년도까지 가격이 형성되어 있다.

②는 의무량이 적은 특정 규모 전기 사업자나 특정 전기 사업자가 그 필요를 시장에 제시하여 가격이 형성되는 경우가 많다. 판매자가 보유한 신에너지 RPS 상당량의 일부를 나누어 파는 경우도 있어 ①보다도 약간 가격이 높아지는 경향이 있다. 구매자도 단기간에 RPS 상당량의 조달을 완료하고 본래의 영업 활동에 필요한 인적 자원을 확보했기 때문에 가격에 대해서는 담백한 면이 있다. 드물지만 소량의 매물이 나오기도 하는데 이 경우 가격은 반대로 ①보다도 약간 낮은 수준(역방향 주문,

이 경우 구매 주문을 의미)에서 거래가 이루어지는 경우도 있다.

③은 신규 발전 사업자가 판매 주문을 내면 이에 대해 구매 주문이 뒤따른다. 기간은 풍력의 경우 17년 정도로 보조금 제도나 전기 판매 기간과 일치하는 경우가 많다. 실제 발전량은 미정으로 구매자는 판매자의 설비 계획, 운용 계획, 운용 능력을 평가한 이후 가격을 제시한다. 이러한 거래 형태는 구매자에게 조업 과정에서 발생하는 위험의 일부를 이전하고 포트폴리오 관리에서도 신에너지 RPS 상당량의 수량 변동을 초래하기 때문에 ①의 표준 가격에 비해 그 위험 만큼 할인을 받을 수 있다. 다만 2004년 현재로는 보조금 제도 기간에 적용되는 17년짜리 시장이 아니며, 또한 조업에서의 위험을 정량적으로 파악하지 않았기 때문에 현재 ①의 가격보다 1~2엔 정도 할인된 가격을 설정한다.

## 7. 발전 사업자와 전기 사업자의 입장 차이

전기 사업자에게 신에너지 RPS 제도는 비용 부담이 명확하다. 또한 지리적으로 편재하는 신에너지 계통 설비의 지역 간 격차를 조정하는 기능도 있다. 종래에 비해 부담이 늘어나는 기업도 있지만 줄어드는 기업도 있다. 기업들은 비용과 관련되어 있기 때문에 매우 세밀하게 이 제도를 연구하고 있다. 즉 비용을 줄일 수 있는 방안을 검토하고 있다. 비용이 드는 기간은 기업마다 다르다. 하지만 전체적인 비용이 축적된 총괄 원가 체제에서 경쟁 체제로 변화했고, 이는 전기 판매 가격의 인하를 요구하는 전력 자유화의 흐름에 대한 대응이다.

이에 비해 신에너지 발전 사업자의 경우에는 사업자 사이에 RPS 제도에 대한 이해의 편차가 크다. 또한 자기 사업만을 고려한 결과, 제도의 전체적인 틀을 보지 않는 경우가 많다. 제도상 발전 사업자가 보유할 수 있는 상당량의 유효기간이 발전을 시작한 연도를 포함하여 2년에 불과하다는 것도 한 가지 이유다. 따라서 제도의 밑바닥에 있는 정책이나 제도 설계의 경위 등을 설명하여 사업자가 제도 속에서 어떤 입장에 있고, 무엇을 요구받고, 무엇을 얻을 수 있는가를 이해할 수 있는 계발 활동이 필요하다. 이를 위해서는 더욱 평이한 형태로 정보를 제공하고 주주나 시민이 사업자에게 압력을 가할 필요가 있다.

발전 사업자 중에도 기존의 발전 설비 사업자와 신규로 설비를 건설하는 (또는 검토하고 있는) 사업자는 이해관계에서 차이가 있다. 기존 사업자는 기득권 확보에 주안점을 둔다. 이 때문에 제도 수립 과정에서 대부분 '기존 계약을 존중'하는 태도를 보이고 사업 추진 과정에서 제도 변경을 적극적으로 이용하려는 사업자는 드물다.[9] 이런 태도가 현재 존재하는 RPS 상당량의 유동성 창출을 저해하고 적정한 가격 형성을 어렵게 만들고 있다. 이런 점에서 발전 사업자의 문제의식이 중요하다.

이에 비해 신규 사업자는 사업 계획과 제도의 연계 방안을 고민한다. 과제는 첫째, 신에너지 RPS 상당량의 가격이 불명확하다. 둘째, 보조금 제도는 전력이나 신에너지 RPS 상당량의 가격 변동에 대응할 수 없는 체계다. 셋째, 가격 변동 위험을 분산할 수단이 없어 스스로 위험을 끌어안아야 한다는 점이다. 이 문제는 닭과 달걀의 관계이지만 어떤 것이든 문제점을 돌파하지 않는 한 앞으로 나아갈 수 없다.

해결책으로는 신에너지 RPS 상당량을 제한 없이 거래할 수 있는(매각할 수 있는) 시장의 육성과 보조금 제도의 유연한 대응을 함께 추진하는 것이다.


## 8. 단년도의 수급과 2010년도까지의 수급

신에너지 RPS 상당량과 관련하여 2003년도의 경과를 정리해 보면 수급은 상당히 원활했다고 결론 내릴 수 있다. 그렇다면 이 제도의 체계에 입각하여 2010년까지의 기간을 설정하면 어떻게 될 것인가? 의무 수요는 법률 등으로 규정되어 있어 2010년도에는 122억 킬로와트시의 수요가 예상된다. 이에 비해 공급 능력에 대한 분석은 이 책 뒤의 참고 자료를 참고하기 바란다. 이 연구나 시장 관계자의 의견을 종합해 보면 2008년에 단년도 적립이 가능할 것으로 내다보고 있으며, 2009년과 2010년에는 과거의 적립량을 넘어설 것으로 보는 견해가 많다.

이에 대한 저해 요소는 수요 면에서는 의무 이외에 신에너지 RPS 상당량의 이용 가능성이 있다. 공급 면에서는 석탄 화력발전에 목질 바이오매스를 섞어서 소각하는 방식처럼 기존 설비의 변경으로 도움이 되는 측면과 풍력 등에서 드러나는 유지 관리의 취약성으로 생기는 예기치 못한 운전의 어려움 등 손해가 되는 측면이 있다.

또한 제도 개선에 의한 의무량의 변경이나 대상 설비의 변경(연료전지의 산입이나 열의 계산 등), 의무 대상자의 변경(자가발전과 자가 소비를 의무화하는 방안 등) 가능성이나 2011년 이후의 제도 운용에 따른 영향(적립 제도의 우위성에 의한 수요 변화) 등도 수급에 영향을 미칠 것이다.


## 9. 신에너지 RPS 제도의 미래

RPS 제도에 대한 평가는 나뉘어 있다. 하지만 신에너지 관련 산업을 독립시키는 데 유용한 기반이라는 사실은 분명하다. 향후의 신에너지 관련 산업이 기존의 전기 사업자나 정부의 보조금에 대한 의존 수준을 낮추면서 성장을 도모하고자 한다면 4년 단위의 개정을 통해 시장 참여자가 더욱 이용하기 쉽도록 환경을 정비할 필요가 있다. 신에너지 산업의 육성 전망, 신에너지 도입을 촉진하기 위한 사회적 비용에 대한 계산, 그리고 그 비용을 최종 수익자인 시민이 부담하는 데 대한 합의 형성이 신에너지 RPS 제도의 미래를 결정할 것이다. 🌱

1) 〈종합 자원 에너지 조사회 신에너지부회〉에 속해 있는 〈신시장 확대 조치 검토 소위원회〉(RPS 소위)〉에서 진행된 심의의 경위는 〈경제 산업성〉의 홈페이지(http://www.meti.go.jp/committee/gizi_0000008.html)를 참조하라.

2) 이 제도에 관한 공식 정보는 다음을 참조하라. 「신에너지 등 이용법 전자 관리 시스템新エネ等利用法電子管理システム」, 〈자원 에너지청〉(http://www.RPS.go.jp/).

3) 〈종합 자원 에너지 조사회 신에너지부회〉에 속해 있는 〈신시장 확대 조치 검토 소위원회〉(RPS 소위)〉에서 진행된 심의의 경위는 〈경제 산업성〉의 홈페이지(http://www.meti.go.jp/committee/gizi_0000008.html)를 참조하라.

4) 総合資源エネルギー調査会, 2001, 『総合部会/需給部会報告書〜今後のエネルギー政策について』(http://www.meti.go.jp/report/downloadfiles/g10713bj.pdf).

5) 정확하게는 프레온 등은 1995년의 수치를 사용한 '기준 연도'와 비교한 것이다.

6) 公正取引委員會, 2003, 『RPS制度開始に伴う一般発棄物発電の余剰電力取引について(http://www.2.jftc.go.jp/pressrelease/03.august/03081801.pdf).

7) 「신에너지 등 이용법 전자 관리 시스템新エネルギ等利用法電子管理システム」, 〈자원 에너지청〉(http://www.RPS.go.jp/). 이 자료에서 2004년 7월 23일자 '전기 사업자에 의한 신에너지 등의 이용에 관한 특별 조치법의 2003년도의 시행 상황' 및 '별첨'의 자료로 작성. 〈나트소스 저팬 주식회사〉의 홈페이지(http://www.natsourcejapan.com/) "What's News"에서 입수 가능하다.

8) 2004년도의 의무 이행에 2003년도에 발전하여 기록된 상당량을 사용하고, 2004년도에 발전하여 기록된 상당량을 적립함으로써 적립하는 상당량의 연도를 갱신하는 것이다.

9) 실제로는 전기 사업자 중 적립한 RPS 상당량에 대해 포트폴리오 관리를 위해 매각을 검토하는 사업자가 나타날 가능성이 있다. 따라서 그것을 더하면 2004년 단년도의 수급은 더욱 원만해질 가능성이 있다.

10) 〈나트소스 저팬 주식회사〉는 상한가액＋4엔/킬로와트시라는 조건을 표준으로 설정하고 있다.

11) 이 점은 공정거래위원회가 2003년 8월에 주의를 환기하고 있다. 西尾 健一郎・浅野 造志, 2003, 『RPS下における新エネルギー導入量と対策費用の分析』, 電力中央研究所研究報告Y02014.

# 3부 | 시장·지역·시민들의 새로운 도전

앞으로 자연에너지 시장을 폭넓게 확대하는 데 있어 지역사회나 시민들의 솔선은 필수적인 요소다.

이 장에서는 자연에너지와 관련하여 시장·지역·시민이 새롭게 주도하여 추진하는 녹색 전력 사업, 청정 개발 체제 등 교토의정서상의 유연적 조치의 활용, 〈유엔 환경계획〉에 의한 자연에너지 투자, 바이오매스로 일본을 선도하고 있는 이와테 현의 추진 현황, 홋카이도에서 시작된 시민 풍차, 그리고 지역에서 전개되고 있는 자연에너지 사업의 새로운 패러다임에 대해 살펴본다.

쇼다 다케시(일본 자연에너지 주식회사)는 〈경제 산업성〉이나 〈환경성〉에서도 녹색 전력 사업을 지원할 움직임을 보이고 있음을 지적하면서 일본의 녹색 전력 사업의 동향을 보고한다. 녹색 전력 사업은 일본에서도 2000년부터 성장을 시작했고, 일본은 국제적으로도 최고의 큰손으로 분류될 만큼 녹색 전력 판매자로 성장하고 있다. 이후 정책의 진전과 맞물리면서 녹색 전력 사업은 중요한 역할을 담당할 것이다.

요시타카 마리(미쓰비시 증권 주식회사)는 자연에너지에 대해 청정 개발 체제를 비롯한 교토 메커니즘의 유연적 조치의 이용 가능성과 전망에 대해 설명한다. 교토의정서가 드디어 발효됐고 일본도 본격적인 대응을 미룰 수 없게 된 상황에서 앞으로 기후변화 분야의 시장은 더욱 활성화될 것이다.

마루야마 아키(유엔 환경계획)는 자연에너지에 대한 투자 과제와 전망을 살펴본다. 자연에너지의 목표 수치가 정치적 과제로 등장한 요하네스버그 정상 회의 이후 154개국의 정부 대표단이 본에 모여 개최한 '자연에너지 2004 국제회의'에서도 자연에너지 관련 금융이 주요 관심사로 다루어졌다. 자연에너지에 대한 투자는 해마다 거의 20퍼센트씩 성장하고 있고, 〈국제에너지기구〉가 〈경제협력개발기구〉 가입국들에서 2030년까지 전원에 대한 총 투자액의 약 50퍼센트를 자연에너지가 차지할 것이라고 전망하고 있어 매우 중요한 분야다.

아베 켄(이와테 현)은 이와테 현의 바이오 에너지 추진 개요에 대해 설명한다. 이와테 현은 2004년에 다섯 개 현의 지사를 모아 일본에서 최초로 바이오매스 정상 회의를 주최하는 등 마스다 히로야 지사가 바이오매스 에너지의 이용을 제창하면서 현 전체를 대상으로 이를 추진하고 있다.

스즈키 도루(홋카이도 그린 펀드)는 일본에서 시민 풍차의 전개와 현황 그리고 전망을 보고한다. 오늘날의 풍력발전 보급의 기초를 마련한 것은 덴마크의 시민 풍차(풍력 협동조합)다. 일본에서도 시민 풍차의 추진이 2001년에 시작됐고 향후 점점 중요한 역할을 담당할 것이다.

야마구치 가쓰히로(자연에너지 닷컴 주식회사)는 이이다 시의 '환경과 경제의 선순환을 위한 모델 사업' 등의 실례를 통해 지역 에너지 사업의 새로운 패러다임을 소개하고 있다. 종래에는 보조 사업이라 부를 만한 '사업'조차 없었던 지역에서 에너지 사업에 새로운 모델을 적용하여 자율적으로 추진하고 있는 상황이 주목을 끌고 있다.

# 7장 녹색 전력 사업

**쇼다 다케시正田 剛**

1965년 도쿄東京 도에서 태어났다. 1988년 게이오慶應 대학 경제학부를 졸업한 뒤 〈도쿄 전력〉을 거쳐 2000년부터 〈일본 자연에너지 주식회사〉의 사장을 역임하고 있다. 지은 책으로 『풍력발전 매뉴얼 2003風力発電マニュアル2003』(공저), 논문으로 「일본에서 재생 가능 에너지 도입 전망과 제도적 과제わが国における再生可能エネルギーの導入見通しと制度的課題」 등이 있다.

## 1. 녹색 전력의 탄생

녹색 전력green power이란 일본에서는 아직 새로운 말로서 태양광, 풍력, 바이오매스, 지열, 수력발전과 같은 자연에너지를 실제로 전기를 사용하고 있는 소비자가 일정한 전원을 선택해서 사용할 수 있도록 하는 '방식'이나 '프로그램'을 가리킨다.

　　원래 자연에너지에는 '제한된 연료 자원을 소비하지 않는다', '지구온난화의 원인이 되는 이산화탄소를 배출하지 않는다', '지역 발전과 활성화에 기여할 수 있다'는 특징이 있기 때문에 향후 전력 공급에서 역할의 확대를 기대할 수 있다. 하지만 한편으로 '출력이 자연조건에 좌우되기 쉽다', '에너지 밀도가 기존의 발전에 비해 낮기 때문에 발전 비용이 높아지기 쉽다'는 과제도 있다. 특히 비용 문제가 걸림돌이 되기 때문에 기존의 시장 원리에 맡긴다고 해서 도입이 촉진될 상황은 아니다. 화력, 원자력과 같은 발전에 더해 자연에너지 발전의 도입을 추진하기 위해서는 별도의 체계가 필요하다.

이 때문에 자연에너지를 이용한 발전을 도입하기 위해 다양한 방안이 마련됐다. 대표적인 것은 건설비의 일부를 지원하는 보조금이나 전력회사에 일정량의 자연에너지를 구매하도록 의무를 부과하는 이른바 '신에너지 RPS법'과 같은 제도다.

하지만 이것들은 모두 전기 공급의 측면에서 일정한 의무나 인센티브를 부여하는 제도로서 소비자의 입장을 고려하지 않은 것이다. 원래 전기는 눈에 보이지 않고 송전선에 들어가 버리면 어떤 발전으로 생산한 전기인지를 구별할 수 없다. 그리고 소비자에게 전기란 '송전선을 통해 일률적으로 공급되는 것으로 그 발전 방식을 선택할 수 없는' 것이었다. 또한 전력 공급이 오랫동안 지역 독점 상황에 놓이게 되면서 전기 사업자의 입장에서는 안정적이고 저렴한 전력 공급이 첫 번째 사명이 됐다. 이런 이유로 더욱 소비자에게 전력을 차별화하여 제공할 필요성을 느끼지 않았다는 것도 배경으로 들 수 있다.

하지만 1980년대 중반 이후 상황에 변화가 생겼다. 한 가지 요인은 사회 구성원들의 환경 의식이 향상되면서 실제로 일부 소비자들 사이에 '환경 부하가 적은 전기를 사용하고 싶다'는 여론이 형성됐다. 또한 기후변화 문제 등이 세계적 주목을 받으면서 교토 메커니즘을 비롯한 다양한 시장 메커니즘을 활용한 온난화 방지 대책이 검토 및 전개되었고 이 과정에서 기업이나 행정 부문으로 논의가 확산되면서 자연에너지를 이용하려는 동기가 생겨났다. 그리고 당초에는 가정과 사업장 등에서 소규모의 태양광발전 등을 설치하던 움직임이 비용 대비 효과가 더 높고, 더 쉽게 참여할 수 있는 방식을 추구하게 되면서 '송전선 이외의 자연에너지를 선택하는' 프로그램의 필요성이 강화됐다.

그리고 또 한 가지는 1990년대에 들어 세계적으로 가속화된 전력 자유화의 흐름이다. 지금까지 지역 독점 상황에서 전력을 안정되게 공급하는 데 전념하던 전기 사업자가 경쟁에 노출되면서 적극적으로 고객을 확보할 필요가 생겼다. 본래 전기는 상품을 차별화하기 어렵기 때문에 경쟁의 초점은 주로 가격에 맞춰지지만 일부 사업자는 가격이 아니라 전원의 환경 특성을 새로운 부가가치로 삼아 추구하는 방식으로 고객 확보를 시도하게 됐다. 즉 '당사의 전기는 (주로 자연에너지를 사용하기 때문에) 환경을 배려하고 있다'는 점을 고객을 설득하는 판매 논리로 설정했다. 이와 같이 수급 쌍방의 환경 변화로 1993년에 미국 최초의 녹색 전력 프로그램이 탄생했고 이후 전 세계에 확산되기 시작했다.

## 2. 녹색 전력의 분류

다양한 녹색 전력 프로그램을 그 행태에 따라 나누면 〈그림 1〉과 같다. 넓은 의미로는 시민의 출자를 통해 공동으로 풍차를 만드는 추진 방식도 녹색 전력의 하나로 자리 잡고 있다. 이에 대해서는 다른 장에서 상세히 설명하고 있으므로 이 장에서는 간단하게 살펴보겠다.

우선 '기부형( 기금) 프로그램'이다. 이것은 전기 소비자가 기금 등에 기부를 하고 그 기금을 자연에너지 발전소 설치를 위한 자금으로 제공하는 방식이다. 2004년 12월 현재 일본에서 개인이 가장 부담 없이 참여할 수 있는 방식이 2000년부터 시작된 '녹색 전력 기금'이다. 참여 희망자가 각 전력회사에 신청을 하면 전기 요금에 월 500엔(지역에 따라서는 100엔)을 더해서 기부를 한다. 전력회사도 같은 금액을 기부하여 지역의 재단에 기금으로 적립한다. 그리고 이 기금에서 지역의 태양광과 풍력발전 등에 지원하는 방식이다. 기부 방식이기 때문에 어느 발전소에 자금이 지원되어 어느 정도로 발전이 됐는가는 해마다 보고서를 통해 확인할 수 있다. 비교적 참여가 쉽기 때문에 2004년 현재 전국에서 약 4만 3,000세대가 가입하여 지역의 자연에너지 보급에 도움을 주고 있다. 이러한 방식은 전기 사업자가 아니더라도 실행이 가능

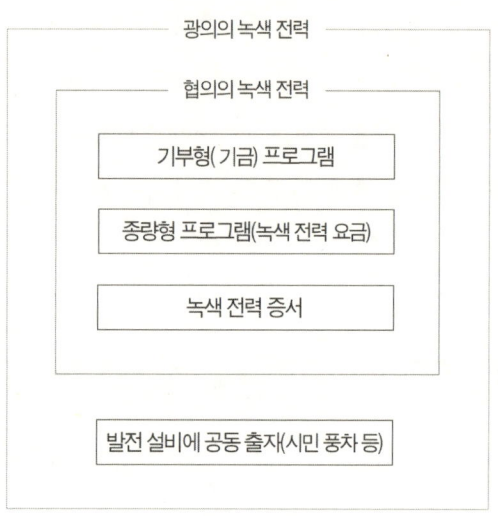

그림 1. 녹색 전력의 분류

하다. 일본의 경우 앞서 소개한 기금 이전에 1999년부터 환경 단체인 〈홋카이도 그린 펀드(Hokkaido Green Fund, HGF)〉가 기금형의 프로그램을 추진하여 '녹색 전력' 체계를 도입한 것이 최초의 사례다.

이와 같은 기부형 프로그램에 비해 사업적 특성이 강한 방식이 '종량형 프로그램(녹색 전기 요금)' 또는 '녹색 전력 증서'다. 이 방식들은 어떤 형태로든 자연에너지의 전력량을 보증한다는 데 특징이 있다. 기부와 달리 상품과 서비스로 제공할 때는 단순히 자금을 효과적으로 활용하는 것뿐만 아니라 정량적인 성과가 필요하다고 생각하기 때문이다.

이 가운데 '종량형 프로그램'은 전기 사업자가 가입 고객에게 판매한 전력 중 일정 비율과 양을 자연에너지로 공급하는 것을 약속하는 것이다. 현실적으로는 특정 고객에게 특정 전원을 송전하는 것이 불가능하기 때문에 고객에게 약속한 양 이상의 전력량을 자연에너지 전원에서 공급을 받아 조달하는 방식으로 고객들의 인정을 받는다.

'종량형 프로그램'은 유럽과 미국에서는 대중화 되어 이미 400개 이상의 프로그램이 개발되어 있으나 일본에서는 전기 사업자가 부분 자유화에 머물러 있는 등 아직 준비가 부족한 상태다. 2004년 현재 일본에서 유일하게 전력량을 보증하는 상품으로 사업화된 것이 곧이어 설명할 '녹색 전력 증서'다.

### 3. 일본의 녹색 전력 증서 체계

'녹색 전력 증서'란 한마디로 자연에너지로 발전한 전력량에 대한 증명서다. 발전한 전기는 지역의 계통에 송전을 하거나 자가 소비를 하게 된다. 그리고 종래의 발전이 자연에너지로 전환되면서 얻게 되는 화석연료 절약, 이산화탄소 배출 삭감과 같은 이른바 환경적 부가가치를 분리하여 증명서로 만들어 거래하는 것이다. 이 증서에는 자연에너지의 종류, 발전 전력량, 발전 기간 등의 정보가 기재되어 있어 증서를 구입한 고객은 자신이 사용한 전기 중 일정량을 자연에너지로 전환하고 환경 개선에 공헌한 것으로 간주할 수 있다. 물리적인 에너지와 환경적 부가가치를 분리하여 거래한다는 의미에서는 온난화 가스의 배출량 거래와 유사한 체계다. 그리고 이 증서를 판매하는 사업이 녹색 전력 증서 사업이다.

이 방식은 직감적으로 이해하기 쉬운 '전기 요금'이라는 형태가 아니라 새로운 개념인 '증서'를 도입했다는 점에서 일반인들이 이해하기 어려운 상품이라 할 수 있다. 하지만 다음과 같은 장점도 있다.

① 전기 요금을 변경할 필요가 없기 때문에 전력 자유화가 진척되어도 도입이 가

능하다.

② 물리적인 전기의 흐름과 무관하게 증서를 구입할 수 있기 때문에 지역에 상관
없이 전원을 선택할 수 있고 전원이나 가격 선택의 폭이 넓어진다.

③ 실제의 전기 사용량에 상관없이 필요한 양을 탄력적으로 구입할 수 있다. 기업
을 예로 들면 본사가 일괄적으로 구입하여 사업소에 나눠 주는 식의 배분도 용
이하다.


이와 같은 장점 덕분에 유럽과 미국에서도 기업과 단체를 중심으로 녹색 전기 요
금과 병행하여 이용이 확산되고 있다.

일본에서도 이러한 특성에 기초하여 〈소니 주식회사〉가 〈도쿄 전력〉에 환경 개
선 효과의 실현을 목적으로 '풍력발전 대행 서비스를 맡아 달라'고 의뢰한 것을 계
기로 2000년 2월에 일곱 개 전력회사 등이 출자해 〈일본 자연에너지 주식회사〉(이
후 JNE)를 설립했고, 주로 기업과 단체 고객을 대상으로 녹색 전력 증서의 소매 사업
을 시작했다. 2004년 현재 미국에서는 약 20개 사업자가 유사한 사업을 전개하고
있지만 당시로서는 증서를 고객에게 직접 소매로 판매했다는 점에서 세계 최초의
시도였다.

또한 유럽과 미국에서는 녹색 전력 증서가 이른바 유가증권의 가치를 가져서 시
장을 통해 2차 유통되는 사례도 있었는데, 일본은 아직 그 단계에는 도달하지 않았
다. 실제의 거래 형태는 대략 다음과 같다.(그림 2)


① 자연에너지 이용을 희망하는 고객은 JNE에 발전을 위탁한다.

② JNE는 적절한 발전 사업자를 선정하고 계약에 근거하여 발전을 재위탁한다.

③ 발전 사업자는 계약에 따라 발전하고 JNE에 실적을 보고한다.

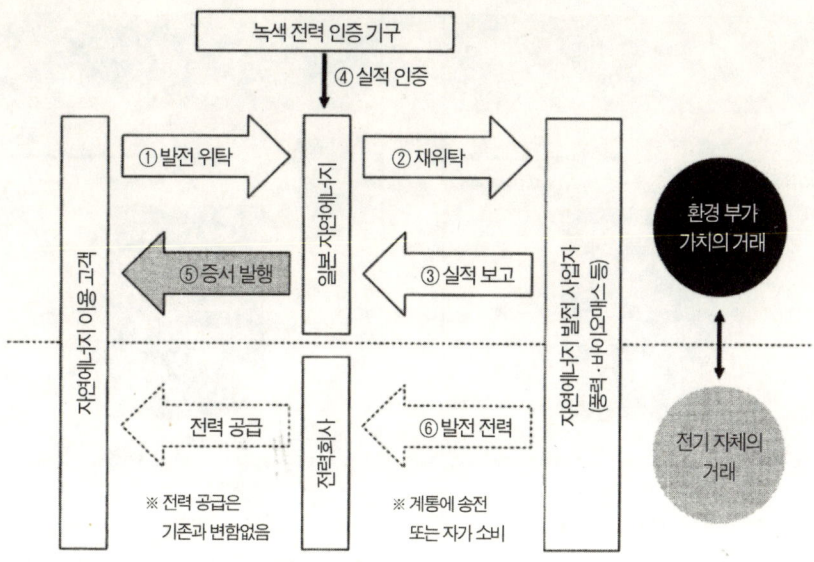

그림 2. 녹색 전력 증서의 거래

녹색 전력 인증 기구

④ 실적 인증

① 발전 위탁

주식회사 재팬에너지

② 재위탁

환경 부가 가치의 거래

⑤ 증서 발행

③ 실적 보고

자연에너지 이용 고객

자연에너지 발전 사업자 (에바라·JNE 등)

전력 공급

전력회사

⑥ 발전 전력

전기 자체의 거래

※ 전력 공급은 기존과 변함없음

※ 계통에 송전 또는 자가 소비

④ 제3자 기관인 〈녹색 전력 인증 기구〉가 발전 실적을 인증한다.

⑤ JNE는 발전 실적에 기초하여 녹색 전력 증서(그림 3)를 고객에게 발행해 주고 고객은 미리 정해진 단가에 발전량을 곱하여 위탁비를 JNE에 지불한다.

⑥ 발전한 전기는 지역 전력회사에 판매 혹은 자가 소비한다.

또한 증서의 발행 대상이 되는 전력량을 이른바 신에너지 RPS법의 의무 이행에 이용하는 것은 인정되지 않는다. 이 때문에 녹색 전력 증서의 발행량에 대해서는 신에너지 RPS법에서 정한 양에 얹어서 발전하는 이른바 양적인 추가성을 담보하는 방식으로 되어 있다.

그리고 녹색 전력 자체가 무형의 상품이기 때문에 사회적 신뢰도를 향상시켜 시

그림 3. 녹색 전력 증서

장 확대로 연결하기 위해서는 논의를 거쳐 녹색 전력의 명확한 정의와 기준을 설정해야 한다. 또한 발전 실적 등을 확인 및 공개하는 이른바 인증 체계의 역할이 중요하다. 이를 위해서는 사업자에게서 독립된 제삼자 기관이 그 역할을 담당하는 것이 바람직하다. 해외 여러 나라에서도 대체로 이 방식을 택하고 있다는 점을 고려하여 일본에서도 2001년 6월 〈녹색 전력 인증 기구〉가 발족되어 학자, 환경 단체 등으로 구성된 기구 내의 위원회가 기준을 정비하여 녹색 전력 증서에 대한 인증을 담당하고 있다.(앞의 ④번 설명) 〈녹색 전력 인증 기구〉는 JNE와는 독립적인 기관으로서 타 사업자의 인증 신청 또한 증서만이 아니라 종량형 프로그램 등의 인증 신청에도 순차적으로 적용하도록 예정되어 있다.

## 4. 녹색 전력 증서의 가입 상황과 계약 전원

2000년 11월에 시작된 녹색 전력 증서 사업은 같은 해 말까지 20개의 기업이 가입했고 이후 계속 늘어나 2004년 12월 현재 47개의 기업과 단체가 계약을 체결했다. 계약 발전량은 연간 약 4,500만 킬로와트시(약 1만 3,000가구의 소비 전력에 상당)로 연간 1만 7,000톤 정도의 이산화탄소 삭감 효과(자연에너지가 기존 전력회사의 화력·원자력·수력 등을 이용한 발전을 평균적으로 전환한 것으로 계산하는 이른바 모든 전원의 평균 원단위原單位로 계산)가 있을 것으로 예상된다. 증서의 가격은 계약 기간, 전원 등에 따라 다르지만 킬로와트시당 평균 4~5엔 정도이고, 연간 시장 규모는 약 2억 엔이다. 아직 작은 시장이지만 지금까지의 계약은 장기간이 중심이기 때문에 기간을 고려한 계약 총액은 약 25억 엔에 달한다. 이런 측면에서 개시 후 4년 동안 상당한 정도의 시장 규모를 실제 증명해 보였다고 볼 수도 있다.

또한 고객의 가입 동기는 대략 다음의 세 가지로 집약된다.


① 환경 규제에 대한 위험 회피

교토의정서의 비준에 따라 앞으로 일본에 도입될 가능성이 있는 환경세와 온실가스 배출 규제와 같은 이른바 환경 규제에 따르는 위험에 조기 대응함으로써 위험을 분산하거나 회피하기 위한 것이다.

② 기업의 이미지 향상, 환경 커뮤니케이션

풍력발전을 필두로 한 자연에너지의 이용은 환경에 대한 대응 방안 중 비교적 알기 쉬운 방식이다. 기업이나 단체 그리고 제품과 서비스의 이미지 향상이라는 측면에서 효과를 기대할 수 있다. 또한 환경 보고서에 기재하거나 사내 교육에 이용하는 식으로 고객·주주·종업원 등과 커뮤니케이션을 할 수 있는 수단으로도 이용된다.

③ 환경 경영, 사회적 책임 투자의 일환

①②는 모두 금전적(으로 환산할 수 있는) 효과에 착안한 것이지만 이른바 환경 경영, 사회적 책임 부담의 관점에서 '지속적인 사회 공헌'을 경영 목표의 하나로 설정하는 기업도 늘어나고 있고, 이러한 기업들이 자연에너지가 가진 다양한 사회 공헌의 장점을 평가하여 도입하는 경우도 있다.

처음에는 앞에 제시한 동기 중 ①③을 중심으로 에너지 다多소비형인 제조업의 가입이 두드러졌다. 하지만 점차 인지도가 확대되고 거래 단위도 조금씩 소규모로 변화하면서 비교적 에너지 소비가 적은 비제조업 등으로 가입이 확대됐다. 앞에서 얘기한 74개의 가입 기업과 단체를 업태별로 보면 제조업 15개, 비제조업 26개, 지자체와 학교 3개, 종교 법인 1개, 비영리 단체 2개로 나뉜다.

또한 계약이 늘어남에 따라 전원이 되는 자연에너지 발전소도 점차 늘어났다. 당초에는 풍력발전 증서뿐이었지만 2003년부터 바이오매스발전 증서의 판매도 시작됐다. 2004년 현재 지원을 받고 있는 발전소는 풍력발전이 3개 지점에 34기(출력 합계 2만 3,550킬로와트)가 있고, 바이오매스발전은 4개 지점(3,645킬로와트)이 있다.

## 5. 녹색 전력 증서의 2차 이용

녹색 전력의 주요 특징으로서 고객을 대상으로 기업 이미지를 높이는 효과 등에 착안하여 기업이 적극적으로 이를 활용하기 위해 2차로 이용(PR·마케팅)하는 경우를 들 수 있다. 미국과 유럽의 여러 국가에서 건설회사가 녹색 전력 구입을 통해 '풍력 빌딩'을 판매하거나 철도에서 '풍력 전차'를 운행하는 사례도 있다. 일본에서도 이후에 소개할 다양한 방식이 시도되고 있고, 특히 제품 마케팅 부문에서는 세계에서 가장 활발하게 추진되고 있다고 볼 수 있다.


① 환경 보고서를 통한 소개

기업이 발행하는 환경·사회 활동 보고서 등에 주로 증서의 구입 실적을 이산화탄소 배출 삭감 실적으로 환산하여 기재하는 것으로 2004년 현재 약 20개 기업의 보고서에 기술되어 있다.

② 사업소 등을 통한 선전 활동(PR)

구입한 녹색 전력 증서를 특정 사업소 등에 배정하여 방문자에게 자연에너지의 이용을 호소하는 것이다. 환경 보고서 등에 이어지는 활용 방법으로 순차적으로 전개되고 있고 다음과 같은 사례가 있다.


- 맥주 공장에서 전력 소비의 약 20퍼센트에 상당하는 증서를 구입하고 풍력 맥주 공장이라는 새로운 이미지를 형성(《아사히 맥주》).
- 외부 고객 대상의 연수 시설을 증서를 통해 100퍼센트 바이오매스 발전으로 전환(《일본 아이비엠》).
- 공연장의 전력을 증서를 통해 풍력발전으로 전환하고 자연에너지 연주회 등을 개최(《홀 네트워크》).


③ 구체적인 제품·서비스 등을 통한 마케팅

구입한 증서를 제품이나 서비스의 제공 과정에서 소비되는 전력에 배정하여 '자연에너지로 만든 제품'을 소비자에게 제공하는 시도다. 소비자에게 가장 밀접한 2차적 이용 방식으로 2003년 이후 다양한 제품과 서비스가 제공되고 있다.

그림 4. 국내외에서 인기를 얻은 '바람으로 짠 수건'

- 수건 공장의 전기를 녹색 전력으로 전환하여 '바람으로 짠 수건'을 발매.(〈이케우치 타월〉)(그림 4)
- 음악 스튜디오의 전기를 녹색 전력으로 전환하고 녹음된 CD 등에 녹색 전력 표시 부착.(〈소니 뮤직 커뮤니케이션스〉)
- 건설 주택을 대상으로 3년분의 전력 소비에 상당하는 증서를 일괄 구입하여 주택 구입자에게 나눠 주는 형태로 '녹색 전력 주택'을 제공.(〈도부 철도〉)

이와 같은 2차적 이용은 기업이 환경 보전에 공헌하고 있음을 보여 줄 뿐만 아니라 기업 활동의 결과 최종 소비자에게도 자연에너지에 대한 관심을 환기하는 측면도 있어 녹색 전력의 독특한 특성이 되고 있다.

## 6. 행정 혹은 정책과의 협조

일본에서의 녹색 전력 사업은 이상과 같이 주로 기업 등이 자발적으로 환경 공헌의 필요성에 대응하면서 조금씩 성장해 왔다. 하지만 본격적인 시장 확대를 위해서는 새로운 몇 가지 과제를 해결해야 한다. 우선 과제는 '기업의 입장에서 증서의 구입비가 세법상(원칙적으로) 기부금으로 취급되어 손금계상이 곤란(기업에는 일정액의 기부금 기준이 인정되어 있고 그 기준 이내일 경우 세법상의 손금산입이 인정된다. 또한 기업에 따라서는 광고·선전비로 처리되는 경우도 있지만 해당 기업이 증서 구입을 선전에 자주 이용하는 등의 개별 사례에 한정되어 있어 세법상의 일반적인 판단에 따라 손금산입이 인정되지는 않는다)'하다는 문제다. 이 때문에 기업에 따라서는 구입비에 법인세가 부과되면서 일반 환경 대책과 비교하여 비용 부담이 늘어난다. 또한 기부금이라는 특성 때문에 기업 내부에서 경영진의 의사 결정(사장이 결재하는 경우가 많음)이 필요해졌고 이것이 도입량을 크게 제약하는 요인이 되고 있다.

이는 녹색 전력 증서의 구입이 상품이나 일반 서비스의 구입과 달리 지불과 성과물의 연계성이 분명하지 않고(구입자가 손에 넣는 것은 형태상으로는 '증서'뿐임), 또한 현시점에서 구입은 어디까지나 임의의 행위이기 때문에 세무당국으로서는 증서 구입비와 일반 (담보가 없는) 기부를 구분하기 어렵기 때문이다.

해외 여러 나라에서 일부 실시하고 있듯이 녹색 전력(증서)을 구입한 기업에 대해 환경 규제의 해소나 법적인 제재의 회피, 나아가 세금 감면 조치와 같은 일정한 공적 평가와 장려책이 정비되어 구입 기업에 실질적인 이점을 제공할 수 있게 된다면 이 문제는 원칙적으로 해소될 수 있다. 그리고 이를 통해 녹색 전력 증서의 시장 규모는 크게 확대될 것이다.

일본에서도 2003년에 〈자원 에너지청〉이 실시한 위탁 조사 '국내외의 녹색 전력 제도(프로그램)에 관한 조사'에서 이러한 논점이 정리됐고, 또한 2004년 10월에는 도쿄 도가 처음으로 '전기의 녹색 구매'를 발표했다. 이는 구입하는 전기에 대해 5퍼센트 이상의 자연에너지 이용(녹색 전력 증서 이용 포함)을 고려 사항으로 요구하고 있어 지자체 차원에서는 최초로 공적 평가가 실현됐다. 또한 교토의정서의 1차 공약 기간인 2005년부터 정부의 지구온난화 대책 추진 정책이 이른바 제2단계에 들어섰다는 사실에 기초하여 정부 차원에서도 다양한 추가 시책이 논의됐다. 이러한 과정을 통해 녹색 전력의 이용에 대해서도 일정한 공적 평가가 이루어질 것으로 기대가 모아지고 있다.


## 7. 새로운 사업 전망

녹색 전력 시장을 확대하는 또 하나의 접근법은 고객이 더욱 구입하기 쉬운 형태의 상품을 개발하여 제공하는 것이다. 녹색 전력 증서에 대해서는 당초에는 풍력으로 한정했고 최저 계약은 연간 10만 킬로와트시로 15년간의 장기 계약뿐이었다. 하지만 시장 확대에 따라 서서히 소액 계약이 늘어나 2004년 현재 바이오매스발전 증서는 연간 5,000킬로와트시, 1년 계약으로 구입하는 것도 가능해졌다. 또한 지금까지 일본에서 증서를 판매해 온 것은 〈일본 자연에너지 주식회사(JNE)〉뿐이었지만 2004년에 들어 환경 단체를 모체로 한 두 회사가 태양광발전을 이용한 증서 판매 의사를 밝히면서 고객의 선택지가 확대될 것으로 기대하고 있다.

또한 지금까지 일본에서는 존재하지 않았던 '종량형 프로그램(녹색 전기 요금)'에서도 새로운 움직임이 나타나고 있다. 2004년 11월 〈자원 에너지청〉은 전년도의 위탁 조사에 기초하여 새롭게 〈녹색 PPS 검토회〉를 발족하여 종량형 프로그램의 개발과 보급에 필요한 검토를 시작했다. 종량형 프로그램은 증서와 비교하여 전원과 판매의 탄력성이라는 측면에서는 부족하지만 고객의 입장에서는 이해하기 쉽고 또한 어디까지나 '전기 요금'이기 때문에 기존의 법적 체계에서도 회계 및 경비 처리가 쉽다는 특징이 있다. 또한 전기 사업자가 직접 자연에너지의 전기를 공급받고 조달하는 형태에서 나아가 전기 사업자가 녹색 전력 증서를 구입하여 전기와 일체형으로 구성하여 이를 고객에게 '녹색 전력 요금'으로 판매하는 기법도 미국 등에서 활발하게 이루어지고 있다. 따라서 종량형 프로그램과 녹색 전력 증서가 각각의 개성을 활용하면서 함께 시장을 확대해 나갈 가능성도 있다.

## 8. 정리─녹색 전력 사업의 의의

일본에서 녹색 전력 사업은 아직 시작 단계에 있으며, 건설 보조금 등 공급자 측의 도입 촉진 정책과 비교하면 자연에너지 시장 전체의 양적 확대에 녹색 전력 사업이 기여한 역할은 미미하다. 하지만 수요자의 입장에서 녹색 전력 사업은 다음과 같은 고유한 의의가 있다.

- RPS 제도와 같은 '강제 할당' 제도에 더해 자연에너지 이용을 늘려 나간다.
- 전기 사용자에게 가격뿐만 아니라 '환경'과 '즐거움'이라는 새로운 선택지를 제공한다.
- 소비자의 녹색 전력 구입이나 구입 기업의 2차적 이용을 통해 자연에너지에 대한 사회적 이해와 관심을 높인다.

사회의 환경에 대한 인식의 향상은 시대적 추세이고 자연에너지를 이용하려는 수요자들의 의지는 앞으로도 계속 높아질 것이다. 녹색 전력 증서 사업의 시작 단계부터 참가한 나도 이와 같은 의의와 환경 변화에 기초하여 일본에서 녹색 전력 시장이 확대되고 사업으로서 성공하도록 계속해서 노력할 것이다.

# 8장 청정 개발 체제 등 유연적 조치의 활용

**요시타카 마리**吉高 まり

가나가와神奈川 현 출신이다. 1997년 미시
간 대학 자연 자원 및 환경학부를 졸업하고
석사를 마쳤다. 〈미쓰비시 증권 주식회사
클린 에너지 금융위원회〉주임 연구원이다.

## 1. 교토의정서 발효와 유연적 조치

드디어 교토의정서가 발효된다. 일본은 2008년부
터 2012년까지의 1차 의무 이행 기간에 1990년 대
비 6퍼센트의 온실가스를 삭감해야 할 의무가 있
다. 하지만 2003년도에 8퍼센트가 증가했기 때문에 총계로 13.6퍼센트를 삭감해야
한다. 2002년의 온실가스 총 배출량이 이산화탄소 환산으로 13억 3,100만 톤이므
로, 그 가운데 13.6퍼센트에 해당하는 약 1억 8,000만 톤의 이산화탄소를 국내 노력
만으로 줄인다면 국내 삭감에는 탄소 1톤당 약 1만 1,000엔이라는 막대한 비용이
필요하다.

온실가스 배출 삭감을 효과적으로 이루어 내기 위한 경제적 수단으로 교토 메커
니즘('청정 개발 체제', '공동 이행 제도' 배출량 거래')이라는 유연적 조치가 교토의정서에서
인정됐다.

세 가지의 교토 메커니즘을 총칭하여 '배출량 거래'라고 하는 경우도 있다. 좁은
의미에서 배출량 거래(Emission Trading, ET)란 삭감 목표를 가진 부속서 I 국가(선진국)

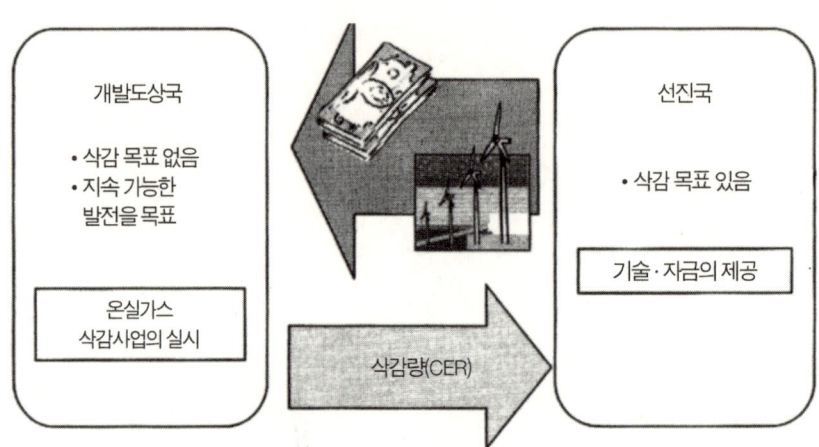

그림 1. 청정 개발 체제

개발도상국
• 삭감 목표 없음
• 지속 가능한
발전을 목표

온실가스
삭감사업의 실시

삭감량(CER)

선진국
• 삭감 목표 있음

기술·자금의 제공

사이에서 삭감 목표 이상으로 삭감하여 잉여 배출량이 있는 국가가 배출 기준에 미치지 못한 국가로 배출량을 이전하는 것이다.

한편 '청정 개발 체제(Clean Development Mechanism, CDM)'란 선진국(부속서 I 국가)이 개발도상국(비부속서 I 국가)에서 자연(재생 가능) 에너지 사업 등의 온실가스 삭감 사업을 실시하고 해당 사업이 실시되지 않은 경우(베이스라인 배출량)에 비해 추가적인 배출 삭감이 이루어졌을 때 확보하는 인증 배출 삭감량(Certified Emission Reduction, CER)을 부속서 I 국가의 삭감 목표 달성에 이용하는 것이다.(그림 1) 이 메커니즘을 통해 CER은 금전적인 가치(현재의 예측으로 이산화탄소 1톤당 5달러에서 15달러)를 갖게 되고 개발도상국에서 부속서 I 국가로 이전된다.

공동 이행 제도(Joint Implementation, JI)란 청정 개발 체제와 비슷한 메커니즘이다. 단 사업 실시 국가가 삭감 목표를 가진 부속서 I 국가이고, 러시아나 동유럽과 같이 경제가 침체됐기 때문에 삭감 목표의 기준 연도인 1990년 대비 삭감에 자발적 노력이 필요하지 않은 국가(경제 이행국)가 대상이 되는 경우가 많다. 사업 실시에 의한 삭감분은 투자국이 자국의 목표 달성에 이용할 수 있다. 공동 이행 제도를 통해 얻을 수 있는 배출 삭감량은 ERU(Emission Reduction Units)라고 한다.

## 2. 사업의 자금 조달에서 청정 개발 체제와 공동 이행 제도의 역할

청정 개발 체제의 목적 중 하나는 CER의 금전적 가치를 지렛대로 삼아 민간자금을 개발도상국의 온실가스 삭감 사업에 제공하는 데 있다. 개발도상국에서 자연에너지 등의 사업을 실시하기 위해서는 사업 자금이 필요하다. 사업자가 자금 조달을 고려할 경우 차관, 무상 원조, 정부 보조금, 은행 융자, 자기 자본 투자 등 방식은 매우 다양하다. 다만 자연에너지 사업은 '고위험 저수익'의 사업이기 때문에 일반적으로 투자자는 흥미를 갖지 않고 은행도 대출을 주저한다. 따라서 보조금에 의존할 수밖에 없는 것이 현실이다. 하지만 CER은 일반적으로 투자 대상으로서 매력이 적은 사업에 대한 투자 유치를 가능하게 해 준다.(그림 2)

CER은 달러, 유로 등의 통화(hard currency, 경화)로 거래하기 때문에 태환兌換 위험이 낮고, CER의 매각 이익은 추가 이익이 되어 사업의 주주 이익률을 높인다. 동시에 청정 개발 체제는 통상적인 경우보다 사업 위험이 높지만 배당 대신에 CER 확보를 목적으로 하는 투자자의 참여를 기대할 수 있다. 공동 이행 제도도 마찬가지다.

청정 개발 체제 사업이 효과를 거두기 위해서는 〈유엔〉에서 정한 승인 절차(뒤에서 설명)를 거쳐야 한다. 청정 개발 체제의 승인을 받은 사업은 세계적으로 알려지면서 사업의 신뢰성이 높아지는 이점도 있다. 한편으로 사업에 공적 개발 원조(Official Development Assistance, ODA) 자금을 이용하는 경우에는 주의할 필요가 있다. 왜냐하면 〈유엔〉의 마라케시 합의에서 공적 개발 원조가 유용되지 않아야 한다고 명시하고 있기 때문이다. 운용상의 정의에 대해서는 이후 〈청정 개발 체제 이사회〉〈유엔〉에

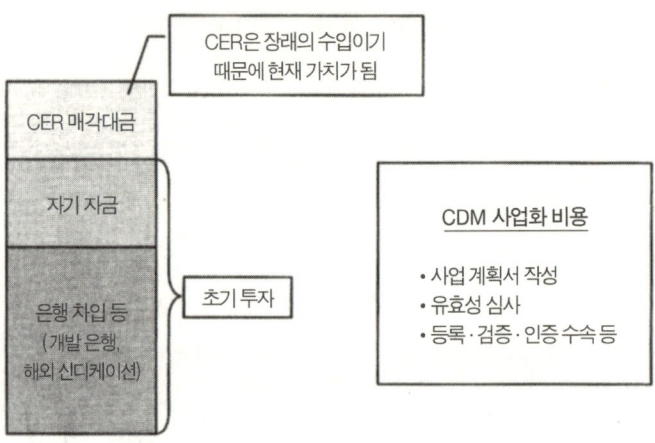

그림 2. 청정 개발 체제 사업의 자금 조달

CER은 장래의 수입이기
때문에 현재 가치가 됨

CER 매각대금

자기 자금

은행 차입 등
(개발 은행,
해외 신디케이션)

초기 투자

CDM 사업화 비용

• 사업 계획서 작성
• 유효성 심사
• 등록·검증·인증 수속 등

서 청정 개발 체제 사업을 실질적으로 관리·감독하는 기관. 위원은 열 명이며, 일본인이 한 명 있음)

와 관련된 부분에서 명확하게 정리할 것이다.

　청정 개발 체제 사업에서 발생하는 CER은 교토의정서의 1차 의무 이행 기간
(2008년에서 2012년)보다 이전인 2000년 이후에 실시하고 있는 사업을 통해 CER을
확보할 수 있고, 사업 시작 후 7년간 두 번의 갱신이나 또는 10년간 고정 방식 중의
하나를 선택하여 CER을 확보할 수 있다.

　CER의 가격은 다른 상품과 마찬가지로 수급에 의해 결정된다. 교토의정서의 발
표가 불확실했던 시점에서는 입도선매의 형태로 사전에 싼값에 계약하고 장래에
인수하는 방식의 거래(선지급 거래)가 많았다. 가격은 이산화탄소($CO_2$) 1톤당 5달러
정도로 알려져 있다. 하지만 실제로는 공급이 부족한 상황이라고 알려져 있어 교토
의정서의 발효로 그 가격이 상승할 것이라 예측된다. 또한 교토의정서의 1차 의무
이행 기간이 끝나는 2012년이 다가오면 교토의정서상의 부속서 I 국가는 배출권을

확보하기 위해 경쟁할 수도 있다. 반면 1990년 대비 배출량이 압도적으로 낮은 러시아 등에서 대량으로 남은 배출권이 시장에 흘러들거나 다량의 프레온가스(지구온난화 계수가 이산화탄소의 수백에서 수천 배) 파괴 사업이 청정 개발 체제 사업으로 실시되면서 가격이 폭락할 수도 있다.

## 3. 인증 배출 삭감량의 확보 절차

사업자가 개발도상국에서 실시하는 온실가스 삭감 사업을 통해 인증 배출 삭감량(CER)을 확보하기 위해서는 〈유엔〉에서 진행되는 다양한 절차를 거쳐야 한다. 상세한 절차는 〈환경성〉이 발행한 「도설: 교토 메커니즘」과 〈경제 산업성〉이 발행한 「CDM/JI 표준 교재」등을 참고하기 바란다. 여기서는 간단하게 각 절차(그림 3, 그림 4)에 대해 설명한다. 또한 청정 개발 체제(CDM)와 공동 이행 제도(JI)는 기본적으로 유사한 메커니즘으로서 응용이 가능하기 때문에 이곳에서는 절차가 더욱 복잡한 청정 개발 체제에 초점을 맞춘다.

①사업 계획서 작성

사업 계획서(Project Design Document, PDD)란 제안 사업이 〈유엔〉이 정한 청정 개발 체제의 요건을 갖추고 있는가를 확인하는 서류다. CER의 산정 방법, 배출 삭감량의 모니터링 방법 등이 담겨 있다. 사업 계획서는 사업자가 직접 작성하는 경우와 외부 전문가에게 작성을 의뢰하는 경우가 있다.

②신규 방법론의 승인

제안 사업이 실시되지 않는 경우에 배출될 것으로 추정되는 온실가스의 예측 배출량(베이스라인 배출량)에서 사업이 실시된 경우에 배출되는 배출량을 뺀 것이 CER

### 그림 3. 사업 실시 전에 필요한 절차

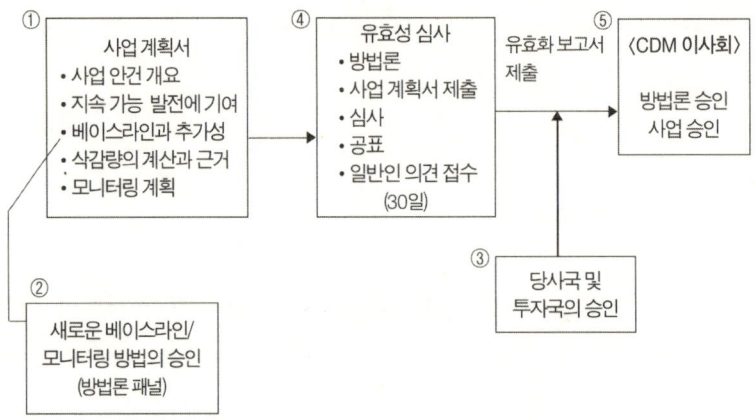

### 그림 4. 사업 실시 후에 필요한 절차

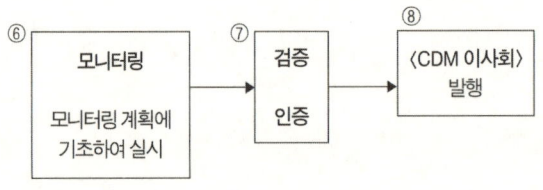

이다. CER의 계산 방법은 〈유엔〉이 승인한 방법론을 사용해야 한다. 또한 이 방법론에 기초하여 산정된 CER은 사업 실시 후에 배출이 줄었는지의 여부를 의무적으로 모니터링해야 한다. 이 모니터링 계획상의 방법도 사전에 승인을 받아야 한다. 이미 승인된 방법론을 이용하면 이 절차는 불필요하지만 〈청정 개발 체제 이사회〉에 새로운 방법론 제출하여 승인을 받는 경우에는 그 시간을 고려해야 한다.

③ 당사국, 투자국의 사업 승인

사업을 실시하는 당사국 정부와 CER을 확보하는 선진국 정부 양측에서 사업 승인을 받아야 한다. 교토의정서를 비준한 국가는 〈지정 국가기관(Designated National Authority, DNA)〉을 설치하여 사업을 승인한다. 선진(투자)국 측의 승인은 비교적 쉽게 받을 수 있지만 당사국 측은 사업이 정말로 자국의 지속 가능한 발전에 기여하는가를 점검해야 하기 때문에 이 절차에는 시간이 걸린다.

④ 청정 개발 체제 사업의 유효성 심사

유효성 심사validation란 〈유엔〉이 지정한 제3자 기관인 〈지정 운영 기관〉(Designated Operational Entity, DOE)이 제안 사업이 청정 개발 체제로서 유효한가를 심사하는 것이다. 사업 계획서에 기초해 현지 관계자 등을 대상으로 인터뷰를 통해 심사한다. 또한 사업 계획서를 〈유엔〉의 웹사이트에 30일간 공개하여 일반인의 의견을 수렴한 뒤 청정 개발 체제의 요건을 충족한다면 당사국 및 투자국의 인증서와 함께 〈지정 운영 기관〉이 〈청정 개발 체제 이사회〉에 추천장을 제출한다. 따라서 ③과 ④의 절차는 동시에 병행하는 것이 효율적이다.

⑤ 청정 개발 체제 사업의 등록

〈지정 국가기관〉의 추천을 받은 사업은 〈청정 개발 체제 이사회〉의 심사를 거쳐 〈유엔〉에 등록된다.

⑥ 청정 개발 체제 사업의 모니터링

프로젝트 시행자가 사업을 실시한 후 온실가스의 배출 삭감량을 모니터링해 기록한다.

⑦⑧ CER의 검증·인증·발행

〈지정 국가기관〉은 모니터링 결과 등을 검증하고 배출 삭감량을 확인하면 사업을 인증한다. 이에 기초해 〈청정 개발 체제 이사회〉가 CER(=탄소 배출권)을 발행한다.

## 4. 청정 개발 체제의 요건

청정 개발 체제 사업의 승인을 얻기 위해서는 다양한 요건이 있지만 중요한 공통 요건으로 다음의 두 가지를 들 수 있다.

### 1) 청정 개발 체제와 지속 가능한 발전에 기여

청정 개발 체제는 교토의정서 12조에 규정되어 있는 것처럼 "부속서 I에 기재된 협약 체결국 이외의 협약 체결국이 지속 가능한 발전을 달성하거나 궁극적인 목적에 공헌하는 것을 지원하는 사업"으로 정의할 수 있다. 즉 청정 개발 체제 사업은 당사국이 인정하는 지속 가능한 발전과 관련된 사업이어야 한다. 이미 몇 개의 당사국에서는 지속 가능한 개발 지표Sustainable Development Index를 설정하여 청정 개발 체제 사업 승인의 기준으로 삼고 있다. 이런 관점에서 청정 개발 체제 사업으로서 가장 받아들이기 쉬운 사업의 하나가 자연에너지 관련 사업이다. 개발도상국의 상당수는 수입 석유의 삭감, 전력의 필요성, 자연에너지의 중요성을 고려하여 다양한 자연에너지 보급 정책을 검토하고 있다. 특히 바이오매스발전 등은 폐기물의 처리 문제 해결과 관련된다는 점에서 높은 평가를 받는다. 또한 사업을 통한 지역의 고용 확대, 열과 전력의 무상 제공 등의 지역 환원은 지속 가능한 발전에 기여한다는 점에서 환영받는다.

### 2) 추가성

'추가성'이란 대상 사업이 실시되지 않는 경우에 발생하는 배출 삭감에 대하여 추가적인 배출 삭감의 존재 여부를 의미한다. 따라서 청정 개발 체제가 아니라면 제안 사업의 실시가 불가능했다는 점을 증명해야 한다. 예를 들면 지금까지 이용되지 않은 농업 폐기물로 바이오매스발전 사업을 추진하는 경우, 해당 국가에서 처음으로 도입하는 기술이므로 위험이 크고 일반적으로는 자금 조달이 곤란하여 사업이 실행되지 않아야 한다. 이 사업이 청정 개발 체제를 통해 실시됨으로써 CER의 매각 이익이 발생하고 이를 통해 사업을 실시할 수 있게 된다는 것을 입증하는 것이다.

만일 청정 개발 체제를 인지하기 전에 자금 조달 등이 끝나고 발전소를 건설했다면 청정 개발 체제가 없다고 해도 사업을 실시했을 것이라고 간주하여 청정 개발 체제를 이용하기가 어려워지는 경우가 있다.

## 5. 청정 개발 체제 사업의 실시와 자금 조달

### 1) 청정 개발 체제 사업의 잠재력

자연에너지 사업은 청정 개발 체제 사업의 하나로 중시된다. 〈유엔〉에서 베이스라인 방법론의 심사를 거쳐 승인된 사업(표 1), 향후 승인 심사를 받게 될 사업(표 2), 이미 승인된 방법론을 이용하여 외부 평가를 받고 있는 사업(표 3)에는 자연에너지 사업이 매우 높은 비율을 차지한다. 특히 아시아에서는 바이오매스, 바이오가스 관련 사업이 많다.

### 2) 청정 개발 체제 사업의 실시

청정 개발 체제의 승인 체제가 일정 수준 정비되어 있는 당사국이 자연에너지 사업을 실시할 계획이 있다면 우선 청정 개발 체제를 검토한다. 가능성이 있다고 판단되면, 사업 계획서를 작성하여 승인 절차를 시작하고 건설 등에 착수하기 전에 청정 개발 체제 사업으로 실시할 의사가 있음을 공식적 기록으로 남겨 주지시키는 것이 중요하다.(그림 5) 이것은 앞에서 얘기한 추가성의 입증에 해당한다.

## 표 1. 〈청정 개발 체제 이사회〉에서 베이스라인 방법론이 승인된 안건

| 방법론 번호 | 국명 | 프로젝트 유형 | 사업 계획서 작성자 |
|---|---|---|---|
| AM0001 | 한국 | 수소불화탄소(HFC) 분해 | INEOS Fluor Japan |
| AM0002 | 브라질 | 매립지 메탄 회수·연소* | ICF Consulting |
| AM0003 | 브라질 | 매립지 메탄 회수·발전* | EcoSecurities |
| AM0004 | 태국 | 바이오매스발전 | 미쓰비시 증권 주식회사 |
| AM0005 | 멕시코 | 수력발전 | Prototype Carbon Fund |
| AM0006 | 칠레 | 분뇨 처리 시설 메탄 회수 | Agrosuper |
| AM0007 | 인도 | 바이오매스발전·계통 전원 대체 | Prototype Carbon Fund |
| AM0008 | 칠레 | 에너지 대체 | MGM International |
| AM0009 | 베트남 | 유전 가스 회수·이용 | 일본 베트남 석유 |
| AM0010 | 남아프리카 | 매립지 메탄 회수·발전* | Prototype Carbon Fund |
| AM0011 | 브라질 | 매립지 메탄 회수·연소* | ONYX |
| AM0012 | 인도 | 폐기물 처리장 메탄발전 | Prototype Carbon Fund |
| AM0013 | 말레이시아 | 바이오매스발전 | 미쓰비시 증권 주식회사 |
| AM0014 | 칠레 | 열병합발전 | MGM International |
| AM0015 | 브라질 | 바이오매스발전·계통 전원 대체 | Econergy Brasil |
| AM0016 | 브라질 | 가축 분뇨 처리를 통한 온실가스(GHG) 회수 | AgCert Canada |
| ACM0001 | | 매립지 메탄 처리 | 통합 방법론 |
| ACM0002 | | 재생 가능 에너지 계통 전원 | 통합 방법론 |

(2004년 11월 현재)

*방법론 승인의 초기 단계에서는 사업별로 방법론을 승인했으나, 현재는 ACM0001의 통합 방법론으로 집약되어 있다.

## 표 2. 새로운 방법론을 신청 중인 청정 개발 체제 사업

| 사업 유형 | 사업 건수 | 국명 | 사업 내용 | 사업 건수 |
|---|---|---|---|---|
| 풍력발전 | 2 | 이집트 | 풍력발전 | 1 |
| | | 콜롬비아 | 수력발전으로 계통 전원 대체 | 1 |
| 수력발전 | 2 | 브라질 | 소규모 수력발전 | 1 |
| | | 에콰도르 | 수력발전 | 1 |
| 지열발전 | 2 | 파푸아뉴기니 | 지열발전 | 1 |
| | | 인도네시아 | 지열발전 | 1 |
| 바이오매스 | 3 | 브라질 | 바이오매스발전으로 계통 전원 대체 | 1 |
| | | 말레이시아 | 시멘트 공장에서의 야자수 껍질 재이용 | 1 |
| | | 방글라데시 | 폐기물 퇴비 시설 건설 | 1 |
| 바이오가스 | 4 | 몰디브 | 배수 처리 시설에서의 메탄 회수·발전 | 1 |
| | | 태국 | 배수 중의 유기물 회수, 바이오가스로 이용 | 1 |
| | | 태국 | 바이오 에너지를 이용한 열병합발전 | 1 |
| | | 브라질 | 바이오매스를 이용한 연료 대체 | 1 |
| 합계 | 13 | | | |

(2004년 11월 현재)

표 3. 여론 수렴 과정에 있는 청정 개발 체제 사업

| 사업 유형 | 사업 건수 | 국명 | 사업 건수 |
|---|---|---|---|
| 풍력발전 | 3 | 인도(S) | 1 |
| | | 중국(R) | 1 |
| | | 모로코(R) | 1 |
| 수력발전 | 13 | 브라질(S) | 1 |
| | | 온두라스(S) | 7 |
| | | 부탄(S) | 1 |
| | | 멕시코(S) | 4 |
| 지열발전 | 1 | 인도(R) | 1 |
| 바이오매스 | 4 | 인도(S) | 2 |
| | | 인도(R) | 1 |
| | | 이란(S) | 1 |
| 바이오가스 | 9 | 브라질(R) | 4 |
| | | 아르헨티나(R) | 1 |
| | | 아르헨티나(S) | 1 |
| | | 몰도바(R) | 1 |
| | | 볼리비아(R) | 1 |
| | | 중국(R) | 1 |
| 합계 | 30 | | |

(S: 소규모 청정 개발 체제 사업, R: 통상의 청정 개발 체제 사업)

### 3) 청정 개발 체제 사업 등의 자금 조달

청정 개발 체제 사업 등의 계획을 추진하는 과정에서 가장 중요한 것은 사업 자금의 조달이며, CER과 ERU를 둘러싸고 다양한 유형의 관계자가 연관성을 갖게 된다. 〈그림 6〉은 각 관계자가 청정 개발 체제에 부여하는 목적과 자금의 흐름을 보여준다.

교토의정서가 발효되면 CER과 ERU는 구매자에게 필수적이다. 하지만 배출권 거래 수입만으로는 사업을 추진할 수 없다. 〈국제 협력 은행(Japan Bank for International Cooperation, JBIC)〉과 〈일본 정책 투자 은행〉이 민간 기업의 자금을 모아 설립한 '일본 온실가스 삭감 기금'은 사업의 형태가 배출권을 구입하는 기금이지만 사업 그 자체

## 그림 5. 청정 개발 체제의 절차와 사업 일정

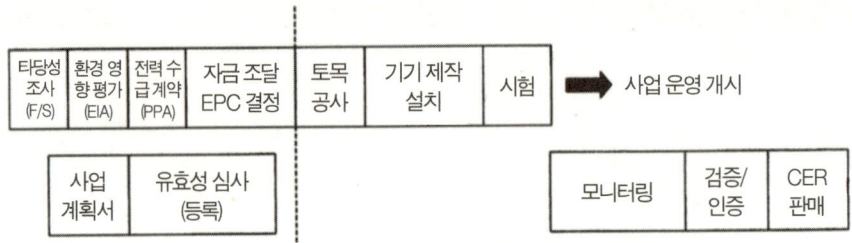

| 타당성 조사 (F/S) | 환경 영향평가 (EIA) | 전력 수급계약 (PPA) | 자금 조달 EPC 결정 | 토목 공사 | 기기 제작 설치 | 시험 |
|---|---|---|---|---|---|---|

➡ 사업 운영 개시

| 사업 계획서 | 유효성 심사 (등록) |
|---|---|

| 모니터링 | 검증/인증 | CER 판매 |
|---|---|---|

## 그림 6. 청정 개발 체제 사업의 자금 조달 관련도

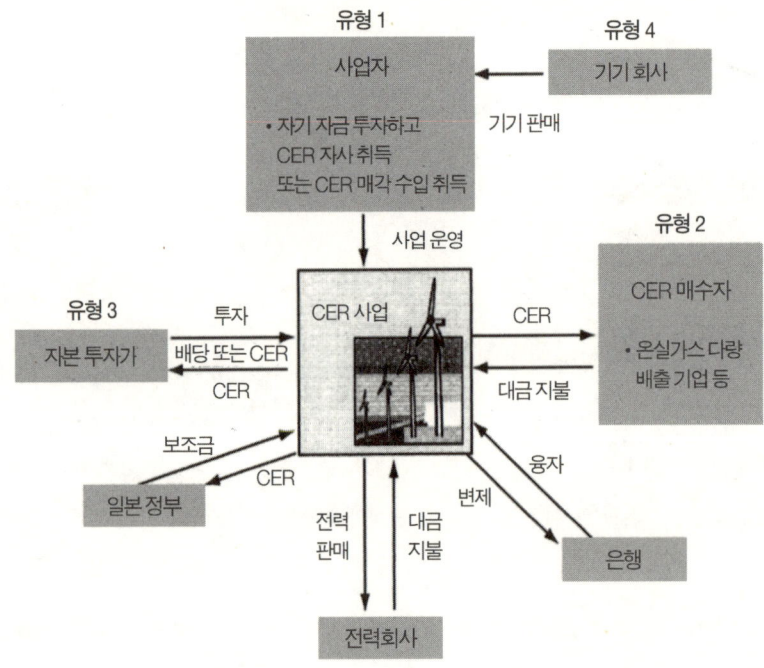

에는 투자하지 않는다. 가장 중요한 것은 사업 자금 자체의 조달이다. 그리고 사업에 있어서 CER 등의 가치에 대해 투자자 또는 금융기관이 충분히 이해하지 않는다면 자금 조달은 어렵다. 이런 측면에서 정부는 배출권 확보를 위한 청정 개발 체제 사업을 촉진하기 위해 사업 자금의 일부에 대한 보조금 제도를 도입했다. 또한 공동 이행 제도의 경우에는 '녹색 투자 방식(Green Investment Scheme, GIS)'이라는 방식을 적용한다. 이것은 상대국의 정부나 기업이 실시하는 온실가스 삭감 사업에 일본이 투자를 하고, 투자 결과 확보한 삭감분을 일본의 배출권으로 취득하는 방식이다.

사업에 필요한 자금을 조달할 때 이런 제도를 이용하는 동시에 배출권을 지렛대로 삼아 자기 자본 비율을 높임으로써 은행 융자에 유리한 조건을 만드는 것도 하나의 수단이다.


## 6. 청정 개발 체제의 활용과 사례 연구

실제로 청정 개발 체제를 실시할 경우 어느 정도의 CER이 도움이 되는가를 생각해 보자.


### 1) 자연에너지(풍력, 소규모 수력, 바이오매스, 태양광 등)

자연에너지는 기본적으로 이산화탄소를 배출하지 않는다. 화석연료로 발전하는 계통 전원에 자연에너지를 판매하면 계통에서 배출되는 판매 전력량만큼의 탄소 배출이 줄어들게 된다.

예를 들면 연간 1.4억 킬로와트시(2만 킬로와트)의 발전 능력이 있는 자연에너지 발전소를 건설하고 계통 전원에 전력을 판매하는 사업에서 초기 투자액을 약 3,000만 달러로 가정한다. 그중 70퍼센트(약 2,000만 달러)는 은행에서 융자를 받고 나머지 30

퍼센트(약 1,000만 달러)를 자체적으로 또는 주주 자본으로 조달한다. 해당 사업을 실시하는 대상국에서 계통 전원의 탄소 배출 계수를 킬로와트시당 이산화탄소($CO_2$) 0.56킬로그램이라고 하면 연간 약 7만 5,000톤(0.56킬로그램 $CO_2$/킬로와트시×14만 메가와트시)의 온실가스를 삭감하게 된다. 이산화탄소를 1톤당 5달러로 판매한다면 CER에 따른 추가 수입을 통해 수익이 3.75퍼센트(37.5만 달러÷1,000만 달러) 상승하게 된다. 또한 바이오매스발전 사업의 경우에는 지금까지 쌓아 두기만 했던 바이오매스를 활용함으로써 부패한 바이오매스가 방출하는 메탄가스를 억제하게 된다. 메탄가스는 온난화계수가 이산화탄소의 21배에 이르기 때문에 메탄가스 억제량을 가산할 수 있다면 주주 이익률은 더욱 증가한다.

## 2) 바이오가스 회수 사업

자연에너지 사업의 경우, CER을 통한 수익률 향상은 3~4퍼센트 정도다. 한편 바이오가스 회수 및 이용 사업의 경우는 발전소 투자 규모에 비해 대량의 CER을 확보할 수 있다. 예를 들면 아시아의 농산물 가공 공장 등에서는 폐수를 저류지에서 혐기 처리하는 경우가 많다. 이런 폐수 처리 저수지에 소화조(박테리아 등으로 혐기 처리를 촉진하는 탱크)를 설치한 뒤 바이오매스를 발생시켜 연간 4,000톤의 메탄가스를 회수하는 사업에는 400만 달러의 초기 투자가 필요하다. 베이스라인 배출량이란 해당 사업이 없다고 가정했을 경우에 발생했을 배출량이다. 따라서 이 경우에는 소화조에서 회수되는 가스량은 대상이 되지 않는다. 사업이 실시되지 않았다면 처리 저류지에서 배출됐을 메탄가스의 양이 베이스라인 배출량이 되고, 이것은 소화조에서 회수하는 바이오가스 양의 약 60퍼센트로 알려져 있다. 단순하게 연간 메탄가스 삭감량을 이산화탄소로 환산해 보자. 메탄가스 4,000톤에 60퍼센트를 곱한 뒤 온난화계수 21배를 다시 곱한다. 그러면 연간 약 5만 톤의 CER이 발생한다. 연간 약 5만

그림 7. 필리핀의 매립지

그림 7. 필리핀의 매립지

톤의 CER을 5달러에 판매하면 연간 약 25만 달러(약 2,700만 엔)의 미래 수입이 된다. 앞에서 설명한 자연에너지 사업에 비해 초기 투자 자본이 적은 만큼 CER은 주주 이익률을 향상시키는 폭이 넓고 투자 회수에 많은 기여를 한다. 또한 쓰레기 매립지 에서 매립 가스(메탄가스)를 회수하는 사업의 경우(그림 7), 회수한 양의 60퍼센트로 환산할 필요없이 그대로 베이스라인 배출량이 된다. 단 사업을 통해 회수한 메탄가 스를 연소하는 경우에는 이산화탄소를 배출하기 때문에 CER의 산출에서는 그 양 을 빼야 한다.

## 7. 청정 개발 체제와 새로운 기술 시장의 형성

지금까지 바이오매스, 풍력 등 자연에너지 관련 기술은 유럽의 기업들이 주도해 왔고 아시아에서도 유럽의 기술을 많이 도입하고 있다. 이것은 〈유럽연합〉의 기술 이전 지원 프로그램 등이 효과를 거둔 결과라고 할 수 있다. 나아가 풍력과 축산 분뇨의 이용이 활발한 독일은 자국 기업들에게 청정 개발 체제가 새로운 시장 형성의 기회가 된다는 사실을 홍보하고 있다. 유럽 각국도 청정 개발 체제를 새로운 기술 보급의 수단으로 간주하여 적극적으로 지원하고 있다.

아시아에서 자연에너지 기술 시장은 아직 성숙되지 않았다. 하지만 아시아도 국가 에너지 정책에서 자연에너지를 중시하고 있고 말레이시아나 태국에서는 자연에너지를 활용하는 독립 전력 사업자를 대상으로 요금을 우대해 주는 전력 구매 제도가 있다. 또한 말레이시아, 필리핀 등은 자연에너지 사업을 촉진하기 위해 청정 개발의 실시 체제를 정비하기 시작했다. 이러한 토양이 있다는 점에서 삭감량을 세계에서 가장 많이 사는 국가의 하나인 일본이 앞으로 아시아에서 형성될 온실가스 배출 삭감 기술이라는 새로운 시장에 참여하는 것이 충분히 가능하다.

모든 과정이 순조롭게 진행되고 있다. 단, 지금까지의 기기 수출과는 다른 시점에서 시장을 개척해야 한다. 유럽의 기업은 현지 생산, 저비용, 장기적인 유지 관리 체제의 구축에 기초하여 자연에너지 기술을 제공하고 있다. 따라서 일본은 우수한 기술을 활용하여 유지 관리가 쉬운 높은 품질 수준을 갖추어야 한다. 물론 개발도상국의 입장에서 보면 수준 차이가 부담스럽다. 이와 관련하여 고려해야 할 것은 청정 개발 체제 사업은 10년 또는 21년이 걸리는 장기 사업이고, 기기가 멈추면 CER이 발생하지 않는다는 점이다. 실제로 지금까지 일본이 지원하여 실시하고 있는 아시아에서의 태양광 사업 중에서는 일정 기간 사업이 지연된 상태로 유지 관리가 이루어지다가 조업이 중단된 사례도 있다. 이런 경우에는 CER을 목적으로 한 민간투자는 기대할 수 없다. 따라서 현지에 뿌리내린 장기적인 유지 관리 체제가 필요하다. 일본의 엄격한 환경 규제에 대응하여 최첨단 기술을 갖춘 기기를 개발도상국에 수출하는 데 다양한 장애물이 있다는 것은 분명하다. 하지만 현지의 필요에 맞추어 현지의 환경 규제를 해소하는 기기를 현지에서 생산하고, 유지 관리를 담당할 인력을 현지에서 육성하는 등 각국의 실정에 맞는 방안을 개발해야 한다.

또한 일본 정부는 마이너스 6퍼센트라는 삭감 목표를 달성하는 것이 교토 메커니즘의 이용만으로는 어렵다고 판단하고 CER 확보를 위해 다양한 지원 체제를 갖추어 가고 있다. 따라서 정부에 CER 확보에 기초한 새로운 시장의 개척을 위한 정책을 제안하는 것도 가능하다.

교토 메커니즘은 단순하게 선진국의 온실가스 삭감을 경제적이고 효율적으로 실시하는 방안에 그치지 않고 개발도상국의 자연에너지 기술 시장의 활성화와 함께 기술 대국 일본에도 큰 사업 기회를 제공하고 있다. 🌱

# 9장 자연에너지에 대한 투융자

**마루야마 아키丸山亞紀**

1996년 옥스퍼드 대학 대학원을 졸업(환경관리 석사 학위 취득)하고 〈독일 은행〉, 〈재단 법인 지구환경 전략 연구 기관〉 기후 정책 프로젝트 연구원, 〈세계 은행〉 자문역을 거쳐 2002년 5월부터 〈유엔 환경계획〉 에너지 부에 근무하고 있다. 기후변화와 에너지 금융 관련 프로젝트에 참여하고 있다.

## 1. 서론

### 1) 점점 빨라지는 자연에너지에 관한 정치적 합의

1992년 브라질의 리우에서 개최된 지구 정상 회의 이후 환경과 지속 가능한 발전이라는 세계적 문제에 대응하는 한 가지 수단으로 자연에너지 이용이 각광을 받고 있다. 각국 정부가 추진하고 있는 자연에너지의 확대와 에너지 절약 촉진은 2000년 9월 뉴욕에서 개최된 〈유엔〉 밀레니엄 정상 회의에서 제시된 밀레니엄 선언과 밀레니엄 개발 목표, 그리고 2002년 8월의 지속 가능한 개발에 관한 세계 정상 회의(요하네스버그 정상 회의)에서도 논의의 핵심이었다. 2004년에는 요하네스버그 정상 회의에 이어 독일 정부가 주최한 '자연에너지 2004 국제회의'가 개최되어 세계 154개국의 대표가 깨끗하고 더 평등하게 에너지를 사용할 수 있도록 지속 가능한 에너지 이용을 향한 전망을 공유하고 정치적 목표에 합의하는 동시에 그 실현을 위한 197개의 행동 계획이 제출됐다. (이 행동 계획은 2015년까지 해마다 12억 톤의 이산화탄소를 삭감하여 10억 명에게 새로운 에너지 사용의 기회를 제공할 수 있으리라 전망하고 있다.)

이와 같은 지구적 차원에서의 합의와 함께 최근에 특히 유럽에서는 〈유럽연합〉 통합이라는 정치적 흐름과 맞물려 〈유럽연합〉 차원의 자연에너지 목표치를 설정했으며 각국은 발전 차액 지원 제도, 세제 우대 조치, 자연에너지 할당 기준(RPS), 자연에너지 의무화 제도(RO) 등을 통해 도입 할당량 설정이나 녹색 증서 등 다양한 정책 조치를 도입했다. 발효가 확실해진 기후변화 협약의 교토의정서와 교토 메커니즘〔배출량 거래, 공동 이행 제도(JI), 청정 개발 체제(CDM)〕은 〈유럽연합〉 차원의 배출량 거래 제도(United Europe-Emissions Trading System, EU-ETS)나 각국 정부가 추진하고 있는 기후변화 대책의 국내 조치와 연계하면서 자연에너지 도입에 대한 새로운 장려책을 제공하는 좋은 조건을 만들고 있다.

### 2) 이 글의 목적

이와 같은 자연에너지의 잠재력 활성화와 정책 목표의 실현을 위해서는 기술만이 아니라 그에 필요한 투융자를 가능하게 하는 정책과 체계가 필요하다. 자연에너지 촉진을 위한 각종 정책 조치는 어느 정도 성공을 거두어 왔다. 하지만 자연에너지에 대한 투융자가 종래의 화석연료를 이용한 발전과 같이 대규모의 투자 자본을 조달하기 위해서는 많은 난제를 풀어야 한다. 이 장에서는 자연에너지 관련 금융(투융자)의 측면에 초점을 맞춰 그 과제와 투융자 촉진을 위해 필요한 조치를 살펴본다.

## 2. 자연에너지의 가능성

### 1) 지속 가능한 발전에 대한 공헌

앞에서 얘기한 자연에너지 도입에 관한 정치 공약의 배경에는 여러 가지 이유가 있다. 가장 두드러지는 것은 기후변화 억제와 개발도상국의 지속 가능한 발전에 대한 공헌이다. 소비 전력이 많은 선진국에서 자연에너지의 확대는 기술 혁신과 이전을 촉진할 뿐 아니라 국내의 기후변화 억제 정책과 온실가스 삭감의 목표치 달성에 크게 기여한다. 한편 개발도상국에서는 모든 경제 활동의 기초가 되는 에너지를 이용할 수 없는 16억 명에 이르는 사람들(대부분은 배전선이 들어가지 않는 벽지에 거주)의 에너지 수요를 청정하고 비용 효과적인 방식으로 충족하는 데 자연에너지가 중요한 역할을 담당할 수 있다. 지역 차원의 보건 수준이나 교육 환경의 개선, 생물다양성과 산림자원의 보호 등과 같은 문제에도 간접적으로 효과를 창출한다는 점에서 자연에너지는 개발도상국의 지속 가능한 발전에 크게 기여할 수 있다.

자연에너지에 대한 투자는 또 다른 관점에서도 정당화될 수 있다. 일본을 포함하여 석유나 석탄, 천연가스 등의 자원을 수입에 의존하는 국가들은 지속적으로 가격이 상승하는 이런 수입 자원에 대한 의존을 줄이고 에너지원을 다양화할 수 있다는 점에서 에너지 안보에 필요한 투자다. 또한 장기적으로 볼 때 탈脫탄소 사회로 나아가고 있는 조류와 그것이 실현될 시기에는 상당한 시간 차이가 있다. 따라서 장기적으로는 머지않아 고갈될 화석연료에 기초한 사회 체계를 전환할 필요가 있다는 것을 생각하면 자연에너지에 대한 투자는 전략적으로도 매우 중요하다. 이러한 투자는 단기적·중기적으로도 새로운 산업 영역과 이에 관련한 고용을 창출하고 기술 수출을 포함한 경제 효과를 창출하고 있다. 세계 태양광발전 시장을 선도하고 있는 일본은 1994년부터 2001년까지 지출한 약 10억 파운드(약 2,000억 엔)의 보조금에 힘입어 지금은 연간 24억 파운드(약 4,800억 엔)의 매상을 올리는 선두 주자로 성장했고 제품의 70퍼센트를 수출하고 있다.(Carbon trust, 2003) 마찬가지로 덴마크의 풍력발전도 다양한 보조금과 법 규제의 뒷받침 덕분에 세계 풍력발전기 시장에서 50퍼센트 이상의 점유율을 확보하면서 연간 27억 파운드(약 5,400억 엔)의 규모로 성장했고 대규모의 수출 산업을 창출하고 있다.(Carbon trust, 2003) 〈유럽연합〉의 위탁 연구에 따르면 자연에너지 이용의 확대로 2020년까지 유럽 지역에서 90만 명 이상의 새로운 고용이 창출된다는 전망도 있다. 결론적으로 자연에너지에 대한 투자는 사회적으로 잃을 것이 없는 유익한 투자다.

### 2) 시장 규모 예측

자연에너지 시장은 수십억 달러(수천억 엔) 규모의 산업으로서 에너지 시장에서도 가장 역동적으로 성장하고 있는 영역이다. 향후 10년간 자연에너지의 설비 용량은 2003년의 1억 3,000만 킬로와트에서 2013년에는 3억 킬로와트로 2배 이상 성장할 것으로 예상하고 있다.(IEA, 2003) 특히 풍력발전은 북유럽 국가들의 경험과 기술 혁신 그리고 다양한 정책 우대 조치에 힘입어 금융 부문의 위험에 대한 인식과 가격 경쟁의 벽을 넘어서면서 유럽, 미국을 중심으로 현재 무서운 기세로 확대되고 있다. 마찬가지로 독일이나 일본의 경우처럼 정책의 뒷받침으로 큰 폭의 비용 삭감과 생산 확대를 실현한 태양광발전 시장도 최근 연간 약 20퍼센트 가까이 성장하고 있다. 이러한 동향의 영향을 받아 과거 이 부분을 투자 대상에서 제외했던 유럽과 미국의 투자 은행들, 예를 들면 〈메릴린치〉나 〈뱅크사라신〉, SAM 등이 자연에너지 전문 투자 펀드를 조성하고 있고, 더 많은 은행이 자연에너지 시장이나 관련 기업에 대한 조사 보고서를 출간하고 있다. 그 대부분이 중장기적인 자연에너지 시장을 두드러진 성장을 이룰 분야로 전망하고 있다.(Credit Lyonne, 2004/Augusta Finance, 2003/BTM Consult, 2003/Credit Suisse First Boston, 2003/Gross·Leach and Bauen, 2002)

이와 같은 시장 예측과 움직임은 아주 바람직하다. 하지만 현재 시점에서 자연에너지 부문은 전체 에너지 부문의 매우 작은 일부분에 불과하다. 〈국제에너지기구〉

의 『세계 에너지 투자 전망』(2003)은 현재의 세계적 수요 경향이 지속된다면 기존 설비의 유지 및 개선과 새로운 하부구조의 확대를 위해 향후 10년 이내에 에너지 부문 중 전력 분야에서 16조 달러(약 1,600조 엔)의 투자가 이루어질 것으로 본다. 자연에너지 관련 기업이나 프로젝트에 대한 투융자가 다수의 금융기관에게는 비교적 새로운 분야이고 통상의 에너지 프로젝트에 비해 사업 위험이 여전히 높다는 점을 고려해야 한다. 따라서 거액의 에너지 관련 자금 중에서 일부라도 자연에너지 부문에 투자하도록 만들기 위해서는 제조 비용을 낮추기 위한 새로운 노력과 기술 혁신만이 아니라 투자를 가격 경쟁의 체계로 끌어들여야 한다. 또한 장려책을 실시할 수 있는 안정된 정책 체계와 자연에너지에 관련한 위험과 장벽을 해소하는 데 필요한 효과적인 개입 정책과 금융 수단이 꼭 필요하다.

## 3. 자연에너지 투융자의 과제

자연에너지의 투융자를 활성화하기 위한 과제는 무엇인가? 자연에너지 촉진을 위한 정책의 성패는 해당 국가의 일반적인 미시경제 상황이나 법 규제, 금융시장의 성숙도와 에너지 부문의 구조(전력 기업의 구조, 에너지 관련 법률, 에너지믹스energy mix의 구조 등을 포함)에 크게 좌우된다. 금융은 이처럼 많은 요소 중의 하나이지만 신규 기업과 자연에너지 부문의 성장을 뒷받침하는 가장 중요한 열쇠를 쥐고 있다. 이제부터 주로 신규 자연에너지 전력 사업과 금융의 관계를 염두에 두고 이와 관련된 투자의 과제를 대략적으로 살펴본다.

### 1) 자연에너지 사업의 전형적 위험과 금융업계의 위험 인식
금융기관이 투자나 융자를 실행할 때는 당연히 사업의 위험risk과 투자 회수 가능성을 고려한다. 융자는 사업자(혹은 프로젝트)의 변제 능력에, 자본금equity에 대한 투자는 위험 조정 후의 투자 수익 예상에 각각 초점을 맞추어 실행의 적절성을 판단하게 된다. 금융기관은 일반적으로 위험을 최대한 피하려는 경향이 있다. 이 때문에 통상의 전력 기업에 대한 투융자와 달리 새로운 분야인 자연에너지 사업에 대한 투자는 그 자체가 사업의 채산성을 따지기 이전에 위험으로 인식되어 진척되지 않는 경우가 많다. 자연에너지 기업에 대한 투융자는 시장의 규모와 수요, 기술의 장기적인 성적, 연료 공급 등에 대한 분석 자료가 다르고 관련 정보가 적어 위험 분석이 더 복잡하기 때문이다.

자연에너지 프로젝트에 대한 투융자의 전형적인 위험으로는 비교적 소규모의 투자, 높은 초기 투자와 장기적인 투자 회수pay back, 높은 거래 비용과 낮은 투자 수익, 기업의 낮은 신용도, 연료원과 공급에서의 위험 등을 들 수 있다.

자연에너지 사업은 대개 초기 투자 비용이 높고 운전 비용이 낮다. 이 때문에 금융의 필요성도 높고 장기의 변제 기간을 필요로 한다. 장기의 변제 기간은 금융기관에게는 사업의 상업적 위험뿐만 아니라 기술적인 성능이나 정부의 정책 변경에 관련된 위험 등에 노출되는 기간이 길어진다는 것을 의미한다.

또한 일반적으로 자연에너지 사업은 작은 규모(1,500만 달러 정도 이하)의 투융자가 많다. 하지만 금융기관이 투융자를 결정하는 데 필요한 위험 분석과 법률, 엔지니어, 컨설턴트, 사업 허가 등에 관련된 사전 투자 비용을 포함한 거래 비용은 사업 규모와 무관하게 소규모의 자연에너지 사업에서는 사업의 채산성에 큰 영향을 미치게 된다. 이 때문에 정부의 장기적인 가격 지원 조치나 세제 우대 조치 등이 없는 상태에서는 일반적으로 경제성이 낮은 사업이 되어 버린다. 그렇기 때문에 다수의 금융기관은 자연에너지 사업을 수요가 불확실하고 비용이 높은 '경제적으로 실적이 증명되지 않은' 분야로 간주하는 경우가 많다. 금융기관이 자연에너지 사업에 대해 갖고 있는 위험 인식은 자연에너지 사업의 성장과 기술 비용의 저감에 필요한 자금 조달의 비용을 높이면서 새로운 악순환을 초래한다.

### 2) 자연에너지의 가격

자연에너지에 대한 투융자의 가장 기본적인 장벽은 화석연료로 발전한 전력보다도 높은 에너지 가격이다. 에너지 가격은 당연히 사업 전체의 현금 흐름과 채산성에 큰 영향을 미친다. 화석연료로 발전한 전력 가격에는 이산화탄소 배출이나 그 외의 환경·사회적인 외부성이 포함되지 않는다. 따라서 기존의 시장가격 모델을 이용한 분석에서 자연에너지는 경제적인 채산성이 떨어진다. 이 때문에 자연에너지 사업에 대해 중장기적으로 안정된 전망을 제공할 수 있는 정책 중에서도 특히 가격 지원 체계가 가장 중요하다. 경쟁력이 있는 적정한 가격 설정은 자금 조달을 할 때 위험 비용risk premium을 낮추어 더 많은 투자를 가능하게 만들고, 나아가 전력의 소비자 가격을 떨어뜨려 새로운 촉진 요인과 연결된다.

실제로 태양광발전 시스템처럼 소비자들이 직접 발전하고 소비하는 에너지는 발전 비용이 아니라 소매 전력 가격과 경쟁하는 것이다. 따라서 화력발전의 송배전이나 세금 등 전력회사가 소비자에게 전가하는 비용을 고려하면 반드시 높다고만 할 수 없다.(Credit Lyonnes, 2004) 또한 최신의 금융 분석 기법을 이용한 연구에 따르면 모든 위험 요소(특히 화석연료의 채굴 가능한 매장량의 변동)를 고려한다면 환경의 외부성을 고려하지 않더라도 자연에너지가 더 비용 효과적(Simons, 2000)이라는 분석도 있다.

교토의정서상의 배출량 거래나 공동 이행 제도, 청정 개발 체제와 같은 탄소 금융 메커니즘은 온실가스 삭감에 제공되는 크레딧에 가격을 매김으로써 화석연료로 발전한 전력 가격의 외부성을 내부화해 가격의 적정화에 일조할 것으로 기대하고 있다. 이런 메커니즘을 적극적으로 활용하는 동시에 자연에너지 투융자에 대한 인센티브를 높여서 환경적·사회적 외부성을 포함한 적절한 가격을 설정해야 한다.

### 3) 자연에너지 기업에 대한 위험 인식과 금융에 미치는 영향

자연에너지 분야 전체의 성장을 뒷받침하는 것은 대기업이 추진하는 자연에너지 사업뿐만 아니라 신규 사업자를 포함한 새로운 중소기업의 발전이다.

새롭게 자연에너지 기업을 창업한 중소업체들이 호소하는 가장 큰 부담 요인은 프로젝트 준비에 드는 비용이다. 사업자는 연료(에너지)원의 분석, 배전선 사용, 전력 구입 계약과 가격 결정 등 기본적인 사업 계획이 마무리된 시점에서 구체적인 기술 설계, 사업 허가, 환경 분석 등 실현 가능성에 대한 조사에 착수한다. 이 과정은 비용 면에서 시간적·경제적으로도 사업에 큰 부담이 되며, 신규 사업 자체가 작은 만큼 비용은 상대적으로 높아져 투자 사업의 재무상에 더 큰 부담 요인이 된다.

또한 대다수 중소 사업자는 자본 기반이 취약하고, 사업 실적이 없는 경우가 많다. 이 때문에 금융기관은 이들 기업에 대한 융자를 위험이 높은 것으로 간주하여 자금을 조달할 때 실시하는 이른바 적정 평가 절차도 더욱 신중하게 행한다. 이에 소요되는 비용은 통상 사업자가 부담하기 때문에 이 또한 부담이 된다.

실제로 융자를 받을 때 금융기관은 사업 개발자와 지원 기업에게 사업에 필요한 자본의 25~50퍼센트를 자본금의 형태로 제공하도록 요구한다. 이 비율은 사업 위험이 커질수록 높아진다. 주식 비용이 융자 비용보다 높다는 점을 고려하면 이것은 사업자의 자기 자본을 압박할 뿐 아니라 자금 조달 비용이 높아진다는 것을 뜻한다.

또한 다수의 자연에너지 사업과 같은 소규모 사업에 대한 융자는 프로젝트의 현금 흐름에 의존하는 프로젝트 금융보다도 기업 금융corporate finnace이 선호된다. 사업의 실시 주체인 기업의 재무 사정을 반영하여 이루어지는 융자라면 자금 조달 비용도 싸고 다수의 사업 위험을 개별 기업이 담당하기 때문에 융자와 관련한 기술적·재무적인 절차도 쉽고 융자도 조기에 이루어지기 때문이다. 하지만 기업 금융은 재무 기반과 자기 자본, 내부 현금 흐름이 있는 기업의 경우에는 가능하겠지만 자기 자본이 부족한 중소 사업체에게는 어려운 경우가 많다.

이와 같은 상황에서 중소 규모의 자연에너지 사업은 자기 자본 또는 주식 시장에서의 조달이 불가능한 경우에 벤처 금융이나 사모 펀드(Private Equity Fund, PEF), 위험 자본 또는 전략적 제휴 상대(자연에너지 기기의 공급자 등)의 자금에 의존하게 된다. 하지만 이러한 재원은 한도가 분명하다.

자연에너지 부문의 활성화에 필요한 신규 중소기업의 사업을 촉진하기 위해서는 각종 거래 비용의 부담을 줄이고 사업자의 자본 기반을 확충하는 위험 자본과 같은 자금이나 융자와 주식의 비용 차이를 메우는 유연한 자금이 필요하다.

### 4) 프로젝트 금융

프로젝트의 수익에 변제를 의존하는 비소구 대출(non-recourse loans, 구상권을 행사할 수 없는 대출. 옮긴이)과 같은 프로젝트 금융은 위험을 프로젝트에 한정하고 민관 협력형으로 각 주체가 위험을 나눌 수 있다는 점에서 효율성이 높은 금융 기법으로서 기존의 전력 사업이나 인프라 사업에서 많이 이용되고 있다. 하지만 자연에너지 프로젝트의 경우에는 비교적 규모가 큰 풍력발전 등 일부 프로젝트에만 적용된다.

여기에는 여러 가지 배경이 있다. 가장 큰 문제는 앞에 언급한 에너지 가격과 작은 프로젝트 규모, 그리고 그에 걸맞지 않는 막대한 거래 비용이 현금 흐름에 큰 영향을 주기 때문이다.

프로젝트 금융의 실행에는 일반적으로 장기의 연료 공급과 전력 구입 계약에 실적이 있는 사업자가 건설을 담당해야 하며, 또한 기술적으로 검증된 업체가 관련 기기를 공급하고 경험이 풍부한 사업 주체가 프로젝트를 운영하는 것이 바람직하다. 하지만 공적 자금이나 개입 조치가 없다면 재정 기반이 취약한 중소 규모의 신규 업체가 프로젝트 금융을 활용하는 경우는 거의 없다.

또한 만약 프로젝트 금융이 가능하더라도 기기의 성능이나 연료원 등 특유의 위험에 대한 금융기관의 인식이 부정적이어서 자금 조달 비용도 높게 책정된다. 보통 사업에 관한 위험은 각종 보증이나 보험 또는 재보험 계약을 포함한 기타 금융 수단을 이용하여 위험을 가장 효과적으로 통제할 수 있는 주체로 이전함으로써 금융기관에 부과되는 위험을 줄인다. 하지만 인프라 구축이나 전력 사업에 이용하는 위험관리 수단도 자연에너지 프로젝트에서는 이용이 제한되어 있다. 설령 이용한다고 해도 사례별로 차이가 있기 때문에 위험 비용이 매우 높다.(UNEP, 2004) 연료의 이용가능성(태양광, 풍력, 수력, 지역 발전 등)이나 공급(바이오매스 등)에 대한 위험, 지역 발전의 굴착에 대한 위험 등 자연에너지 특유의 위험은 보험이나 그 파생 상품으로 대응할 가능성이 있지만 그와 같은 구조나 방안은 아직 개발되지 않았다. 관련 자료가 적다는 점, 새로운 종류의 위험이라는 점, 그리고 상품 개발에 관한 비용이 높다는 점 등을 고려하면 민간의 위험 관리 주체만으로는 필요한 금융 상품을 개발하기 어렵다. 사업의 위험을 줄이고 금융의 역할을 더욱 촉진하기 위해 민관이 함께 자연에너지 사업에 적합한 위험 관리 구조나 수단을 개발하는 것도 과제의 하나다.


### 5) 개발도상국의 자연에너지 투융자

똑같은 자연에너지 금융이라고 해도 시장구조와 투융자 위험에서 큰 차이가 있는 선진국과 개발도상국은 당연히 해결 과제도 다르다. 일반적으로 개발도상국에서의 자연에너지 투융자는 선진국의 경우보다 위험이 더욱 높다고 인식된다. 앞에서 살펴본 자연에너지 프로젝트의 전형적 위험(소규모의 투자 규모와 높은 거래 비용, 비교적 낮은 투자 수익, 기업의 취약한 자본 기반과 신용도, 연료 자원과 공급에 관한 위험)에 더하여 개발도상국 프로젝트에는 국가 위험도[country risk, 정치적 위험과 경제적 안정성(인플레이션, 환율, 금리에 대한 위험을 포함)]가 더해지기 때문이다. 또한 개발도상국에는 화석연료원에 대한 보조금이나 에너지 투융자에 관한 명확한 법규나 정보가 없기 때문에 이에 따른 시장의 왜곡과 고객의 신용도도 문제가 된다. 다수의 개발도상국이 전력 부문의 규제 완화 정책을 추진하는 과정에서 전력의 장기 구입 계약에 대한 정부 보증이 줄어들고 있다. 이러한 다수의 요인과 금융기관이나 정책 담당자의 자연에너지에 대한 지식의 결여가 맞물리면서 대부분의 개발도상국에서는 자연에너지에 대한 투자가 더욱 불리해지고 있다.

이 때문에 대부분의 자금원을 국제기관, 각국 원조 기관의 자금이나 정부 보조금 또는 조달 프로그램 등에 의존하는 것이 현실이다.

이러한 일반적인 장벽과 함께 개발도상국에서는 상업적으로 투융자가 가능한 사업이 한정되어 있다는 점도 심각한 문제다. 따라서 지역에서 자연에너지 기업을 육성하고, 그러한 기업의 육성을 뒷받침하는 자금을 확보하는 것도 시급한 과제다.


## 4. 자연에너지 투융자의 도전과 전망

### 1) 필요한 조치는 무엇인가?

앞서 정리한 다양한 장벽을 넘기 위해서는 각각의 문제에 초점을 맞춘 대안이 필요하다. 〈G8 자연에너지 전담 기구〉가 밝혔듯이 '현재의 자연에너지 금융에 대한 접근 방식은 환경 편익을 창출하고 확대되는 에너지 수요를 충족할 관련 기술의 잠재력을 실현하기에는 부적절'(UNDP, 2001)하다. 따라서 자연에너지 보급을 가속하기 위해서는 정부, 다국적 개발 은행 등을 포함한 국제기관이 주도하여 연구 개발,

상용화, 금융의 각 단계에 적절한 메커니즘을 구축하는 것이 무엇보다 먼저 해야 할 일이다. 동시에 이런 과제에 신속하게 대응하여 시장에서의 혁신적인 해결책을 제시하는 금융기관의 적극적인 대응도 필요하다.

### 2) '공정한 시장 경쟁 환경'을 위한 정책 정비와 구체적 지원 조치의 도입

금융은 정책 조치와 법 규제의 영향을 받는 시장의 신호에 호응한다. 금융기관이나 투자가는 명확한 시장의 신호와 자연에너지에 대한 안정된 지원 조치가 있다면 기업의 성장과 비용 삭감에 필요한 자금을 투융자한다. 이런 점에서 정부가 정책 이행을 주도한다는 것은 정부가 금융의 장벽을 제거하는 가장 중요한 열쇠를 쥐고 있음을 의미한다.

자연에너지를 지원하기 위한 다양한 정부의 정책(발전 차액 지원 제도, 각종 세제 우대 조치, 소비자에 대한 보조금, 도입 목표의 설정, 연구 개발 보조금, 관련 법률 정비 등)과 시장 메커니즘(탄소 금융이나 녹색 증서 등)의 도입은 시장을 창출하고 투자자에게는 수익을 약속한다. 이러한 정책은 정책 변경에 따른 위험을 줄이기 위해서도 중장기적으로 안정되게 이루어져야 한다.

자연에너지에 대한 투융자를 더욱 경쟁적으로 만들기 위해서는 화석연료 등에 대한 보조금을 폐지하거나 시장가격의 왜곡을 시정해야 한다. 이를 위해서는 환경적·사회적 비용을 내부화한 가격 설정 등을 통해 자연에너지가 화석연료로 생산한 전력과 공평하게 경쟁할 수 있도록 만들어 주는 '공정한 시장 경쟁 환경'의 정비가 꼭 필요하다. 이러한 조치는 규제가 완화된 시장에 자연에너지의 참여 비율을 높이고 시장의 기능을 최대한 살리는 일에도 중요한 의미를 가진다.

동시에 정부는 민간의 금융기관이나 수출입 신용기관 등과 함께 기업의 부담을 줄이고 금융기관의 위험 인식을 개선하는 유연한 자금 조달 체계를 적극적으로 도입해야 한다. 이 분야에서는 개발도상국 지원에 일정한 역할을 담당하는 국제기관, 국제 금융기관이나 각국의 원조 기관이 다양한 프로그램이나 프로젝트를 실시하고 있고 관련 정보나 경험도 해마다 축적해 나가고 있다. 이후 열거하는 지원 조치는 지금까지 개관한 각각의 장벽에 대응한 것으로 선진국에서도 정부가 주도적으로 도입하는 것이 바람직하다.

- 민간 부문과 협력 관계를 맺음으로써 자연에너지에 대한 모험 자본risk capital 조성〔〈유럽공동체(European Community, EC)〉의 〈요하네스버그 자연에너지 연합(JREC)〉이 조성한 투자 펀드 등〕

- 자본금과 은행 융자 비용의 차이를 메우는 역할을 담당하는 중기형 메자닌 펀드(Mezzanine Fund, 채권과 주식의 중간 위험 단계에 있는 상품에 투자하는 펀드. 옮긴이) 조성〔〈중미 경제 통합 은행(CABEI)〉이 조성한 AERC 펀드, 프랑스 정부기관 ADEM(신재생 에너지 개발 기관)이 조성한 민관 펀드 FIDEM 등〕

- 프로젝트 개발 비용의 부담을 줄이기 위해 프로젝트 준비나 거래 비용에 대한 보조금, 소프트론(soft loan, 연성차관이라고도 하며, 대부 조건이 까다롭지 않은 차관을 의미. 옮긴이) 등을 활용한 신용 역량 보완〔인도 정부기관 IREDA(신재생 에너지 개발 기관)나 〈유엔 환경계획〉이 조성한 소프트론〕

- 위험을 분담하기 위한 위험 보증과 신용 보증〔〈지구환경 기금(GEF)〉/〈국제 금융 공사(IFC)〉 프로젝트 등〕

- 위험 관리 수단의 개발〔〈지구환경 기금(GEF)〉/〈세계 은행(WB)〉 Geo 펀드 등〕

- 중소기업을 육성하고 자금을 지원하는 펀드〔〈유엔 환경계획〉 REED 프로그램, 〈지구환경 기금(GEF)〉/〈국제 금융 공사(IFC)〉의 태양광 시장 전환 정책(The Photovoltaic Market Transformation Initiative, PVMTI)이나 〈스위스 개발협력기구(SDC)〉와의 협력 사업 등〕.

### 3) 민간 금융기관의 대응

민간자금을 자연에너지 투융자에 사용하기 위해서는 금융기관이 정부 정책의 변화에 따른 시장의 신호에 부응해 혁신적인 상품을 개발해야 한다.

그리고 아직까지는 낯선 분야인 자연에너지 사업의 특성을 이해하기 위해 이와 관련한 지식을 보급해야 한다. 정부나 공공 기관이 연계하여 전문적 대출이나 펀드 조성, 위험 관리나 분석 수단 개발 등을 추진하는 것도 투융자를 촉진하는 데 유익하다.

한편 금융기관은 교토 메커니즘과 관련한 시장을 정비하고 프로젝트 방식의 청정 개발 체제나 공동 이행 제도의 탄소 인도carbon delivery 보증, 보험 등의 상품 개발에도 큰 역할을 담당한다. 이러한 메커니즘은 국내 온실가스 삭감 목표의 실현뿐만 아니라 에너지 가격의 적정화에 크게 기여할 것이다.

### 4) 개발도상국 지원

최근 위험도가 높은 개발도상국에서 자연에너지 프로젝트를 촉진하기 위해 각국의 지원자나 국제 금융기관, 국제기관 등이 지금까지 서술한 시도를 포함하여 시행착오를 되풀이하고 있다. 개발도상국에서 지역의 기업을 투자 가능한 수준으로 육성하기 위해서는 보조금에 가까운 자금이나 계통 독립형의 자연에너지 설비를 위한 소비자 금융 제도(마이크로 크레딧, 공급자 크레딧, 리스 모델 등)와 같이 선진국과는 다른 유형의 조치도 실행할 필요가 있다. 인도, 필리핀, 태국, 코스타리카 등의 정부가 실행하고 있듯이 개발도상국의 정부도 적극적으로 자연에너지 촉진을 위한 정책을 실시하여 교토 메커니즘상의 청정 개발 체제를 효과적으로 활용할 수 있는 투자 환경 정비에 더욱 노력해야 한다.

## 5) 혁신적인 추진 방식을 향하여

자연에너지 투융자를 가로막는 다양한 장벽에 대응하기 위해 각국의 원조 기관이나 국제기관, 일부 유럽과 미국의 금융기관에서는 주로 개발도상국을 대상으로 다양한 시도를 하고 있다. 〈유엔 환경계획〉은 이와 같이 분야별로 진행하는 각 프로그램의 경험과 교훈을 각국 정부, 금융기관이나 프로젝트 개발자들과 폭넓게 공유하고 그 지식을 다음 단계의 지원에서 활용하기 위해 2003년 10월에 〈유엔〉 재단에서 자금을 지원받아 〈자연에너지 금융 활성화를 위한 새로운 기구(Sustainable Energy Finance Initiative, SEFI)〉를 창설했다. SEFI는 〈유엔 환경계획〉의 에너지 프로그램(http://www.uneptie.org/energy)과 275개의 금융기관이 참여하는 〈유엔 환경계획〉의 금융 이니셔티브(UNEP FI: http://unepfi.net/), 여기에 〈유엔 환경계획〉의 협력 기관인 BASE(Basel Agency for Susutainable Energy. 비영리 재단으로 선진국과 개발도상국에서 지속 가능한 에너지를 활성화하는 데 필요한 금융 부문의 확대에 기여하기 위해 설립되었다) 등 3자가 공동으로 주도하여 에너지 절약과 자연에너지 등 녹색 에너지 분야에 대한 투자 촉진을 목표로 혁신적인 접근법의 도입과 함께 금융기관과 국제기관 등의 전략적 제휴 관계의 촉진을 시도하고 있다.

SEFI는 활동의 일환으로 앞서 소개한 독일 본에서의 자연에너지 회의 기간 중에 이틀간 37개국에서 260명이 참가하는 행사를 개최했다. 이 행사는 자연에너지 금융에 관련된 9개의 행사(벤처캐피탈, 중소기업 금융, 인프라 금융, 탄소 금융, 금융 위험 관리, 수출입 신용기관, 소비자 금융과 마이크로 금융, 공공 부문과 민간 부문의 제휴 협력, 지자체)를 동시에 진행했고 행사 과정에서 이루어진 토의의 요점을 정리하여 발표한 공동선언(관련 자료는 http://www.sefi.org에서 내려받기 가능)은 '자연에너지 2004 국제회의'의 본회의에 기본 자료로 제출됐다. 관련 사업을 추진하고 있는 금융기관이나 국제기관 등의 전문가 발표와 논의에 기초하여 제출된 각 부문의 구체적 제언은 이후의 지원 메커니즘을 구축하는 데 참고가 될 것이다.

　지금까지 살펴본 것처럼 자연에너지 투융자를 촉진하기 위해 정부, 금융기관, 국제기관 등이 함께 협력하여 해결해야 할 다양한 과제가 남아 있다. 하지만 필요한 기술이나 지원 조치, 구체적인 수단 등 개별 과제의 중요성에 대한 공감도 확산되고 있다. 자연에너지 분야는 다양한 정치적 실행과 투융자의 정당성에 기초하여 이후 수십 년간 크게 성장할 것으로 예상된다. 문제는 얼마나 빨리 그러한 정책과 판매 수단을 실행에 옮길 것인가다. 특히 선진국에서 정부가 주도적으로 시장과 금융기관에 적절한 신호를 보내는 정책적 역할에 기대가 모아지고 있다. 🌱

# 10장 목질 바이오매스 에너지 활용에 도전

**아베 켄阿部 建**

1949년 이와테岩手 현에서 태어났다. 1972년 후쿠시마福島 대학 경제학부를 졸업하고 이와테 현 〈상공 노동 관광부〉 차장 등을 거쳐 현재 같은 기관 오후나토大船渡 시 지방진흥국장으로 있다. 이와테 현에서 목질 바이오매스 에너지를 사업화하기 위해 노력하고 있으며 각지에서의 강연을 통해 그 보급에 노력하고 있다. 〈스위스-일본 에너지·에콜로지〉 교류 회원이다.

지금 이와테 현에서는 '환경 수도'라는 목표를 향해 이산화탄소 삭감[2010년에 1990년 대비 8퍼센트(국가는 6퍼센트) 삭감을 목표로 설정]이나 무배출 시스템 추진 등 환경을 배려하는 다양한 시책과 사업이 전개되고 있다.

이중에서 에너지와 관련해서는 재생 가능한 자연에너지 촉진 프로그램을 강화하면서 더욱 지역적인 형태, 이른바 에너지의 '지산지소地産地消'라고 할 수 있는 지역에서의 에너지 생산과 소비의 방식을 현 전체에 파급시키려고 노력하고 있다. 이미 이와테 현 발전 전력의 원별 비율에서 수력, 지열 등의 자연에너지가 약 80퍼센트를 차지하고 있고 이후에는 풍력, 바이오매스 등 지역의 자연환경이나 자원을 활용하여 더욱 지역 특성에 맞는 자연 재생 에너지 이용을 적극적으로 추진할 계획이다.

이와테 현이 특히 힘을 쏟고 있는 것이 '목질 바이오매스 에너지'다. 현재 상황은 열 공급이 기본 방식이며, 그 실천과 구체화가 현 내의 각 지역에서 이루어지고 있다. 목질 바이오매스 에너지 추진은 '환경 수도'를 향한 실천으로 환경을 배려하려는 현 차원의 시책인 동시에 산림이 압도적으로 많은 현의 입장에서 임업을 활성화하기 위해 지역 에너지 창출이라는 목적에 산림을 활용하려는 것이기도 하다.

지금까지 우리는 '순환 체계'를 무너뜨리면서 경제적 가치를 창출해 왔다. 하지만 앞으로는 '순환 체계'를 복원하면서 경제적 가치를 만들어야 한다. 오히려 이러한 방향이 인간의 지혜와 정신을 집약하여 새로운 부가가치를 만들 수 있을 것이다.

또한 '목질 바이오매스'란 장작, 목탄, 칩, 펠렛, 성형탄(成型炭, 브리켓briquet. 옮긴이) 등 수목에서 유래하는 재생 가능한 자연에너지로서 기본적으로 이산화탄소를 배출하지 않는 '순환 체계'의 일환으로 '산림의 무배출 시스템'과 연계되는 중요한 지역 자원이다.(상세한 내용은 3장 「바이오 에너지 시장」 참조)


## 1. 이와테 현이 목질 바이오매스 에너지를 선택한 이유

이와테 현이 목질 바이오매스 에너지를 본격적으로 추진하게 된 이유와 요인을 다음 세 가지로 정리할 수 있다.

첫째, 이와테를 '환경 수도'로 만들겠다는 마스다 히로야贈田寬也 이와테 현 지사의 강한 의지와 지도력이다. 이미 현의 종합 계획에는 '환경 수도' 실현을 위한 무배출 시스템 추진이나 자연에너지의 이용 촉진 계획이 포함되어 있다. 마스다 히로야 지사 스스로 사업 초기부터 현 내에서 목질 바이오매스를 연구하는 단체와 활발하게 의견을 교환하고 유럽의 바이오매스 사업 현황 시찰, 국제회의나 국내 관련 회의 참가 등 활발한 움직임을 보이고 있다. 또한 2003년 세 번째 지사 도전을 위한 선거공약(매니페스토)에 기초한 '미래에 자랑스러운 이와테를 만드는 40개 정책'에는 자연에너지를 핵심으로 한 에너지 이용 체계의 실현을 추진하고 있고 '목질 바이오

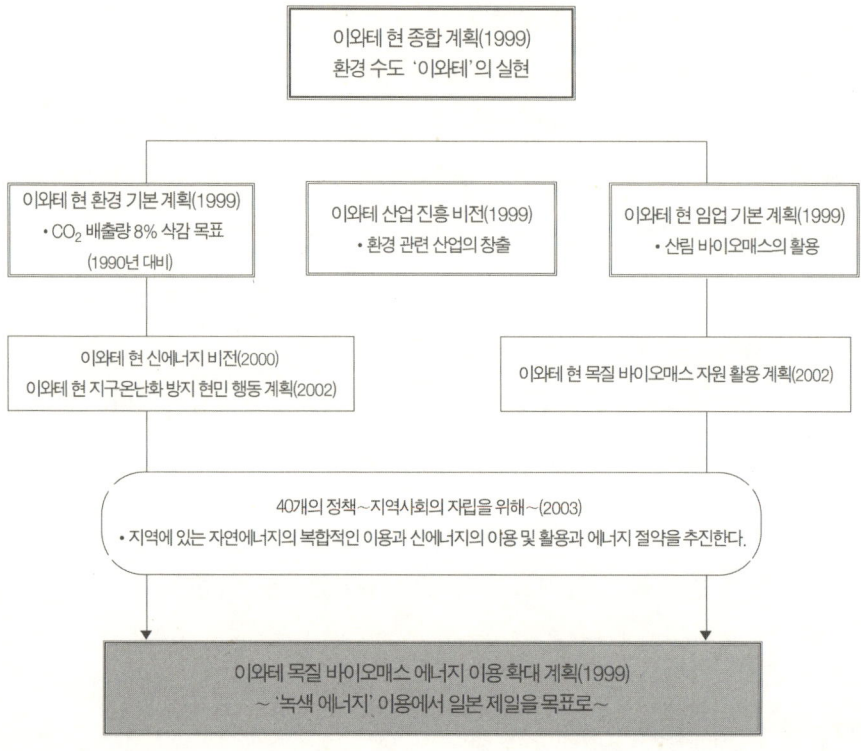

그림 1. 이와테 현 목질 바이오매스 에너지 이용 확대 계획의 개요

이와테 현 종합 계획(1999)
환경 수도 '이와테'의 실현

이와테 현 환경 기본 계획(1999)
• CO$_2$ 배출량 8% 삭감 목표
(1990년 대비)

이와테 산업 진흥 비전(1999)
• 환경 관련 산업의 창출

이와테 현 임업 기본 계획(1999)
• 산림 바이오매스의 활용

이와테 현 신에너지 비전(2000)
이와테 현 지구온난화 방지 현민 행동 계획(2002)

이와테 현 목질 바이오매스 자원 활용 계획(2002)

40개의 정책~지역사회의 자립을 위해~(2003)
• 지역에 있는 자연에너지의 복합적인 이용과 신에너지의 이용 및 활용과 에너지 절약을 추진한다.

이와테 목질 바이오매스 에너지 이용 확대 계획(1999)
~ '녹색 에너지' 이용에서 일본 제일을 목표로~

매스 에너지' 분야에 있어서는 '이와테형 펠렛 난로' 등 연소 기기를 공공 기관이나 일반 가정에 보급하여 그 도입을 적극적으로 추진하고 있다.(그림 1)

둘째, 산림 지역인 이와테 현은 임업 부진 때문에 위기의식을 가지게 되었고 관계자들은 이런 현실을 타개하기 위해 강한 의지를 보이고 있다. 현재 전국의 산림은 저가의 수입재와 경쟁하면서 벌채가 이루어지지 않는다. 간벌재의 경우도 상황은 마찬가지다. 반출 비용이 목재의 구매 가격을 웃돌고 있어 산간 지역에서 벌채는 돈이 되지 않는다. 이 때문에 간벌재의 효과적 활용이 이루어지지 않거나 벌채를 하더라도 임지林地에 방치하는 상황이다. 따라서 이런 자원을 목질 연료로 적극 활용할 생각이다. 2003년도 이와테 현의 간벌 상황을 보더라도 생산량이 23만 세제곱미터인데 비해 이용량은 8만 세제곱미터로 이용률이 36퍼센트에 그치고 있다. 나머지 64퍼센트는 임지 등에 방치되고 있으며 이용률은 해마다 낮아지고 있다.

1998년 목질 바이오매스가 처음으로 현청 차원에서 논의됐을 때도 이런 임지 잔재 등의 이용하지 않은 자원을 에너지로 활용하거나 목공 단지나 제재소에서 나오는 잔재 등을 활용하고, 전체적으로는 벌채한 목재를 부재部材, 집성 가공재, 칩 등과 같이 개스킷(gasket, 실린더의 이음매나 파이프의 접합부 따위를 메우는 데 쓰는 얇은 판 모양의 패킹. 옮긴이) 모양으로 사용할 경우에는 최종 단계의 질 낮은 목재를 연료나 에너지로 활용할 수 있어 새로운 출구를 효과적으로 만들 수도 있다는 논의가 이루어졌다.

셋째, 전국에서 유일하게 목질 펠렛을 생산하고 판매해 온 〈쿠즈마키 임업 주식회사〉의 존재다. 1980년대 2차 석유 위기가 발생했을 때 전국적으로 목질 펠렛을 생산하는 공장은 30개가 넘었다. 하지만 그 후 원유 가격이 점차 낮아지면서 이 공장들은 생산을 중지하거나 폐쇄됐다. 결국 실질적으로 소비자에게 목질 펠렛을 공급하는 공장은 이와테의 〈쿠즈마키 임업 주식회사〉만이 남게 됐다. 이 기업의 존재가 이와테에서 목질 바이오매스를 촉진해 온 주요 원동력이 되고 있다. 현재 이 회사는 연간 약 1,300톤의 나무껍질을 활용한 목질 펠렛을 생산하고 있고 공급처는 현 내의 온수 수영장, 공공시설 등이다. 또한 회사의 젊은 대표인 엔도 야스히토遠藤保仁는 목질 바이오매스 사업을 실제로 추진해 온 선구자로서 목질 바이오매스에 관한 논의가 시작될 때부터 행정과 협력하면서 이와테의 목질 바이오매스 보급에 역량을 발휘하고 있다. 이와 같이 이와테 현에서 목질 펠렛을 생산하고 또한 사용하고 있다는 사실 자체가 이와테 현이 목질 바이오매스 에너지 이용을 추진할 수 있었던 중요한 요인이었다.

## 2. 초기의 논의와 〈이와테 목질 바이오매스 연구회〉의 발족

이와테 현에서 목질 바이오매스 에너지에 관한 본격적인 논의는 1998년 무렵부터 시작됐다. 앞에서 설명한 대로 임업의 부진, 간벌재 등 이용하지 않은 자원을 에너지로 전환하여 활용하고 환경을 배려한 시책을 추진해 온 이와테 현은 목질 바이오매스 이용에 대한 의무감과 지역에 가치를 창출한다는 생각을 가지고 있었기 때문이다.

당초의 논의는 토목, 자원과 에너지, 기업, 정책 관련 부서의 과장급에서 시작됐는데 참가자들이 목질 바이오매스 추진이 미래의 이와테를 위한 올바른 방향이라고 믿으면서 열띤 논의를 벌인 적이 있다. 임지 잔재를 어떻게 에너지로 활용할 것인가? 현에서 볼 때 자연에너지 이용을 추진하는 과정에서 목질 에너지를 이용해 지역에 열을 공급할 가능성은 없는가? 토목부서에서는 건축 폐자재의 에너지화, 기업부서에서는 목질 바이오매스의 발전 가능성 등에 대한 논의가 이루어졌다. 이런 과정에서 목질 바이오매스발전의 비용을 분석하고 지역 산업 진흥을 위한 활용 방안 등이 논의됐다.

당시에는 '목질 바이오매스'라는 단어 자체가 낯설었고 그 개념을 이해하기도 어려웠다. 또한 선진 지역인 유럽의 상황이나 국내의 동향 등에 관한 정보가 적어서 이듬해인 1999년까지는 정보 수집과 이와테에서의 가능성을 논의하는 데 중점을 두었다. 당시에 〈유럽연합 바이오매스 협회〉의 켄트 님스트롬Kent Nymstrom 회장이 현을 방문했고, 또한 구마자키 미노루나 이이다 데쓰나리, 시로코 가쓰오城子克夫 등의 연료 기술 전문가나 자연에너지 전문가를 초청하여 현청의 내부만이 아니라 민간 기업, 임업 관계자, 시정촌(市町村, 일본 지방자치 제도의 기본 자치 단체인 시, 정, 촌을 묶어 이르는 말. 옮긴이) 등 일반 현민까지 참여하여 보급 방안을 포함한 폭넓은 논의가 이루어졌다.

나는 당시 이와테 현의 정책 조사관으로서 시책에 관한 정보 수집이나 정책 개발에 참여하고 있었다. 1999년 이이다 데쓰나리와 함께 스웨덴 벡셰växjö 시나 룬드대학, 벡셰 대학 등을 방문했다. 그 당시 목질 바이오매스 에너지의 추진이 단순하게 자연에너지의 창출과 활용을 넘어, 그리고 이산화탄소 삭감 등 환경 분야를 넘어 종합적인 지역 만들기이고 또한 지역에 지역 발전소를 조성하는 사업으로서의 성격을 가진다는 사실을 파악하게 됐다. 특히 벡셰 시에서는 '2010년까지 1993년 대비 5퍼센트의 이산화탄소 삭감', '시 행정기관에서는 화석연료를 전혀 사용하지 않기'라는 목표를 세우고 있었다. 예를 들면 목표 달성을 위해 시의 전력 공사와 산드빅Sandvik 발전소(발전 규모 4만 킬로와트, 열 공급 능력 7만 킬로와트)는 기존의 화석연료에서 목질 바이오매스 연료로의 전환을 착실하게 추진했다. 또한 시의 환경 시책이 '교육과 정보와 논의'에 기초하여 성립했듯이 시민 참여형의 방안이 구체화되어 있는 등 더 넓은 의미에서의 추진 체계를 실감할 수 있었다.

2000년에는 민간 연구 단체인 〈이와테 목질 바이오매스 연구회〉가 발족했다. 발족 당시 회장은 〈쿠즈마키 임업 주식회사〉의 엔도 야스히토, 사무국장은 〈가나자와 임업 주식회사〉의 가나자와 시게루金澤滋였다.

발족 당시 이 연구회가 맡은 역할은 ① 목질 자원량 조사·반출 비용 계산, ② 연소 기기에 관한 조사와 개발, ③ 목질 바이오매스를 이용한 지역 프로젝트 추진이었다. 하지만 기본 목적은 단순한 정보의 수집이나 연수·연구가 아니라 목질 바이오매스 활용 방안을 구현하는 것이었다. 또한 행정기관과 협력해 조사·연구를 진행했다. 주요 내용은 2003년도에 이와테의 니노헤二戸 지역에서 목질 바이오매스 에너지의 전개 가능성에 대한 조사와 목질 펠렛의 품질과 규격에 관한 조사와 제안, 그리고 2004년도에는 바이오매스 에너지에 관련된 공개 강좌 개최와 건축 폐자재에서 발생하는 다이옥신 등의 연소 실험, 전국 바이오매스 포럼 개최 수탁 사업 등이 었다. 또한 이 연구회에서는 〈일본 무역 진흥 기구(Japan External Trade Organization, JETRO)〉가 추진하는 지역 연계 사업Local to Local의 지원을 받아 스웨덴 벡셰 시와 칩 보일러 등의 연소 기술에 관한 교류 사업과 경제 교류, 스웨덴의 산림 상황 시찰이나 목질 에너지 활용 실태 조사 등 폭넓은 조사 연구를 3년에 걸쳐 진행하고 있다. 현재 이 연구회는 이와테의 목질 바이오매스 에너지를 추진하는 데 핵심적 역할을 담당 하고 있고 중심적 존재가 됐다.

최초의 논의에서 시작하여 지금까지 이와테 현에서는 민간 연구 단체, 지역 기 업, 현 내 시정촌과의 연계를 통해 현 내의 목질 바이오매스의 자원량 조사나 활동 방안 검토 및 민간 기업과 공공용 펠렛칩의 공동 개발, 칩 연소 효율의 실증 조사, 펠렛 난로를 선도적으로 도입한 곳의 현장 조사, 지역을 설정하여 목질 바이오매스 활용을 위한 지역 모델로서의 가능성을 검토하는 등 더욱 구체적인 실행 방안을 만 들기 위한 시도를 계속해 왔다.

그리고 2004년 3월에는 이러한 활동에 기초하여 당면한 목질 바이오매스 에너지 추진을 위해 열 이용에 필요한 연료 공급, 연료 기기의 개발과 보급, 열전熱電 공급 에 대한 실증 조사, 전국 규모의 포럼 개최를 통한 보급과 계발 등 앞으로 이와테가 추진할 구체적 프로젝트가 제시됐다. 이 내용들을 포함하여 지금부터 이와테 현에 서 목질 바이오매스 에너지의 활용 현황을 살펴보자.


## 3. 목질 바이오매스 에너지의 활용 현황

### 1) 목질 연료의 생산과 활용

현재 현 내에서의 목질 연료는 펠렛칩이 주류다. 펠렛의 경우에는 현 북부 쿠즈마

그림 2. 스미다 정의 목질 펠렛 생산 현장

펠렛 제조 시설

칩 야적장

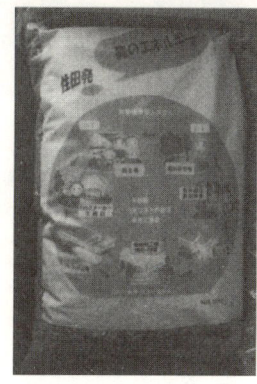

목질 펠렛

키葛巻 정의 〈쿠즈마키 임업 주식회사〉와 현 남부 스미다住田 정의 〈게센氣仙프리컷
precut 사업 협동조합〉이 생산하고 있다.(그림 2) 나무껍질을 원료로 한 바크 펠렛bark
pellet과 나무 부스러기나 톱밥을 원료로 만든 화이트 펠렛white pellet을 생산하고 있
으며, 열량은 1킬로그램당 약 4,300칼로리로 등유로 열량을 환산해 보면 등유 1리
터와 목질 펠렛 2킬로그램이 대체로 비슷하다. 가격은 스미다 정에서 생산하고 있
는 펠렛이 1킬로그램당 약 30엔(이 마을에서의 판매 가격)이고 생산 공장에서 멀어지면
여기에 운송료가 더해진다.

현 내에서 펠렛은 학교, 보육원, 주민 교류 시설, 노인 보건 시설 등의 난방과 급탕 그리고 민간 수영장에서 활용됐고, 2003년 현 내에 15기의 펠렛 보일러가 설치됐다. 또한 펠렛 난로는 2003년에 현과 시정촌의 공공시설, 현 내 기업에 설치됐고, 일반 가정 등에서는 설치 대수가 150대를 넘었다. 현재 공공 기관 및 일반 가정이 펠렛 난로를 도입할 때 현이 지원하고 있고, 또한 홍보를 겸해 현청 등의 기관을 우선 대상으로 설정해 도입을 서두르고 있어서 이후 설치 대수는 더 늘어날 것이다.

한편 펠렛 생산에서 중요한 것은 품질이다. 보급하려는 목질 펠렛은 자연 재생 에너지이기 때문에 도료가 칠해진 건축 폐재나 건물 해체 후의 폐재는 포함되지 않는다. 어디까지나 임지 잔재, 제재소 등에서 배출하는 재료만을 대상으로 한다. 건축 폐재 등의 활용에 대해서는 별도의 차원에서 활용을 고민해야 한다.

이와테 현에서는 2003년에 〈이와테 목질 바이오매스 연구회〉에 의뢰하여 '목질 펠렛 규격' 기준을 정했다. 구체적 내용은 품질 기준을 정하는 것으로, 원료는 건축물을 해체한 뒤 나오는 목재 등을 사용하지 않을 것, 크기는 지름 6~8밀리미터, 길이 30밀리미터 이하, 함수율 12퍼센트 이하 등이다. 동시에 소비자에게 제품을 설명할 책임이 있고 소비자가 안전하게 사용할 수 있도록 알기 쉬운 조건을 만드는 것이 중요하기 때문에 단계적으로 이와테 현의 재생 자원 이용 인증 제도를 활용한 안전성의 확보나 품질 기준의 설정, 신뢰 확보를 위한 심사 기관의 인증이 필요하다. 이에 기초하여 2004년 10월에는 현 내 두 곳의 회사에서 생산한 펠렛이 에코마크 인증 상품의 이와테 판이라고 할 수 있는 '이와테 재생 자원 이용 인증 제품'으로 인증을 받아 소비자도 안심하고 사용할 수 있게 됐다.

이후 새롭게 두 곳의 펠렛 생산 공장이 현 내에 들어설 예정(한 곳은 2005년 1월부터 생산)이다. 또한 수요자에게 펠렛을 안정적으로 공급하기 위해 공공 네트워크를 구축하고 품질 보장을 위해 2004년 10월에는 동東일본의 펠렛 생산자와 생산 예정인

두 회사가 연계하여 〈동일본 목질 펠렛 안정 공급 협의회〉를 발족했다.

칩의 경우에는 제지용 칩을 납품하는 칩 공장 약 70개가 현 내에 자리하고 있으며, 그곳에서 일부를 열원으로 이용하기 시작했다. 현 내에 설치된 칩 보일러는 2003년 현재 여섯 기다. 칩 보일러는 안정적으로 열을 공급한다는 장점이 있지만 칩의 부피 자체가 상당한 용적을 필요로 한다는 점 때문에 현재는 현의 산림 과학관이나 현 남부의 리쿠젠타카타陸前高田 시 급식 센터, 임업 관련 기관에만 설치되어 있다. 현재 칩은 대부분 제지용으로 생산되고 있는데 제지용 칩도 해외 수입 칩과 가격 경쟁을 벌이고 있어 열 공급 시장이 안정적으로 확보되면 새로운 칩의 수요와 사용처가 확대될 것이다. 또한 그것은 임업 부분의 활성화와 연계될 것이라고 확신한다.

이와테 현의 산림 비율은 77퍼센트, 면적은 118만 헥타르, 축적량은 1억 9,723만 세제곱미터로 면적과 축적량 모두 홋카이도에 이어 전국 2위다. 하지만 현 내의 임지 잔재나 이용하지 않은 간벌재, 제재 공장 등에서 발생하는 나무토막 등의 목질 자원은 연간 21만 6,000톤으로 추계되고 있고, 이것을 등유로 환산하면 11만 1,000킬로리터로 현 전체 가정용 에너지 수요의 약 18퍼센트에 상당한다.

## 2) 연소 기기의 개발과 보급

이와테 현은 목질 바이오매스 에너지 보급을 위해 특히 연소 기기의 개발을 적극적으로 추진하고 있다. 이미 〈이와테 공업 기술 센터〉와 〈선포트 주식회사〉가 공동으로 개발한 '이와테형 펠렛 난로'가 상품화됐고 업무용의 대형 제품은 2003년부터, 가정용의 소형 제품은 2004년부터 판매되고 있다.(그림 3) 제품은 모두 강제 흡배기형 팬히터식, 자동제어 방식이며, 난로 본체의 소재는 이와테 남부에서 생산되는 철기와 주물을 일부 사용하는 등 지역성을 보이고 있다. 또한 현에서는 나무껍질

그림 3. 이와테형 펠렛 난로

업무용                                                          가정용

이와테 펠렛 난로의 주요 사양

| 모델 | 이와테형 펠렛 난로 | 가정용 펠렛 난로 |
|---|---|---|
| 크기 | 높이 1,420×폭 550×깊이 455mm | 높이 930×폭 550×깊이 470mm |
| 난방 출력 | 2.3~9.3kW/h(목조 다다미 25개 넓이를 난방) | 1.7~4.6kW/h(목조 다다미 12개 넓이를 난방) |
| 방식 | 강제 흡배기식(FF식) | |
| 연료 탱크 용량 | 23kg(최대 27시간 연소) | 13kg |
| 중량 | 105kg | 75kg |
| 특징 | 자동 점화<br>실온 조절 기능<br>오작동 표시 기능<br>흡배기통을 통한 강제 흡배기<br>물 끓이기 가능 | |

로 만든 목질 펠렛과 나무 부스러기 및 톱밥으로 만든 목질 펠렛이 있어 소비자가 사용할 펠렛 난로에 알맞는 펠렛을 고를 수 있다. 또한 이 개발 과정에서 〈이와테 공업 기술 센터〉의 전기 제어나 주물 분야 등의 젊은 연구자가 민간 기업 관계자들과 함께 분투했다는 사실도 밝혀 둔다.

그리고 〈이와테 공업 기술 센터〉에서는 지역 기업과 함께 칩 보일러도 개발했다. 현 내에서 가동되고 있는 칩 보일러는 모두 수입 제품이지만 이번에 새로 개발하고

있는 제품은 100킬로와트 규모의 소형으로 비용이 적게 들며 높은 함수율(100퍼센트)에서도 안정적인 연소가 가능하다. 이 제품은 2005년에 판매할 예정이다. 또 〈이와테 공업 기술 센터〉에서는 동절기에 도로의 눈을 녹이고 동결을 방지하기 위해 목질 펠릿을 연료로 한 제설除雪·융설融雪 시스템에 사용할 보일러를 개발하고 있다. 2004년에는 보일러 내부 장치 개발, 2005년에는 시스템 전체를 완성하여 현 남부의 '미치노道の 역'에서 길에 쌓인 눈을 녹이는 실험을 진행할 예정이다.

한편 이와 같은 연소 기기의 개발과 병행하여 〈이와테 현 임업 기술 센터〉는 칩 보일러를 대상으로 칩의 함수율이 연소에 어떤 영향을 미치는가에 대한 실증 연구를 진행하고 있다. 이미 이 센터는 200킬로와트와 400킬로와트의 칩 보일러를 설치하여 가동하면서 함수율 37~164퍼센트까지의 목재 칩을 대상으로 연소 실험을 진행하고 있다. 지금까지의 실험에서는 함수율 100퍼센트 이하의 목재 칩은 보일러 효율 70퍼센트 이상으로 양호한 연소 상태를 보이고 있지만 함수율이 100퍼센트를 넘으면 그 증가 비율에 따라 보일러의 효율이 떨어지는 결과가 나오고 있다. 이와 같이 보일러가 본래의 기능을 발휘하기 위해서는 함수율의 조정이 가장 중요하다는 점에서 앞으로는 칩 생산 공장이나 임지의 생산 현장에서 적용할 목재의 함수율 저하나 건조 방안에 대한 검토와 실증을 할 계획이다.

또한 이와테 현은 '이와테 현 목질 바이오매스 에너지 이용 확대 계획'을 통해 2006년까지 목질 바이오매스 이용 기기의 목표 보급 대수를 2,120대(펠릿 난로, 펠릿 보일러, 칩 보일러)로 잡고 있다. 이 목표를 달성하기 위해 공공시설에 우선적으로 도입하고, 2004년부터는 공공 기관이나 일반 가정에 펠릿 난로 도입을 촉진하기 위해 보조 사업을 실시하고 있다.

### 3) 지역에 확대되는 목질 바이오매스 에너지

현 내에서는 쿠즈마키 정이나 스미다 정, 시와紫波 정, 사와치沢內 촌, 고로모가와
衣川 촌 등의 여러 시정촌에서 목질 바이오매스 에너지를 활용하기 시작했으며, 앞
으로도 목질 연료의 생산 거점 정비나 열 공급과 발전을 위한 정비 등 각종 계획이
예정되어 있다. 여기서는 스미다 정의 추진 현황을 소개한다.

현의 남부에 위치한 스미다 정은 '일본 최고의 산림·임업 마을'을 목표로 산림 인
증 취득이나 활발한 가공재의 생산을 비롯하여 산림 환경 교육의 관점에서 마을 전
체를 숲의 생태 박물관으로 만드는 '산림 과학관 구상' 등 산림에 기초한 산업 진흥
및 지역 만들기를 정열적으로 추진하고 있다. 또한 전국적으로도 마을이 소유한 산
림 면적이 가장 넓어 1만 3,000헥타르에 이른다. 마을에는 지역의 '게센氣仙 삼나무'
를 원재료로 하는 조립용 목재 생산에서 집성 가공재, 반가공재 가공 등 일관된 목
재의 생산과 공급 체제가 목공 단지의 형태로 조성되어 있고, 이곳에서 발생하는 톱
밥이나 나무토막 등을 활용하여 화이트 펠렛을 생산하고 있다. 생산 발전소의 가동
률은 아직 낮지만 앞으로 지역을 비롯한 펠렛 수요의 확대에 대응할 수 있도록 준비
를 하고 있다. 또한 이 마을에서는 목질 연료의 연소 기기 도입을 일찍부터 추진하
면서 마을 공립보육원의 펠렛 보일러를 비롯하여 이미 청사 내부는 물론 공공 기관
과 시설 등에 다수의 펠렛 연소 기기를 설치했다. 그리고 이러한 연소 기기를 일반
가정이 쉽게 도입할 수 있도록 2004년에는 정町 자체에서 현의 보조 비율보다 높은
수준의 지원을 시행하고 있다.

2003년에는 이 지역을 대상으로 목질 바이오매스 에너지를 이용한 열병합발전
시스템의 가능성 및 지역의 1차 산업에 대한 공헌 등에 관한 조사와 검토가 이루어
졌다. 여기서는 목공 단지에서의 활용과 함께 단지 주변의 농업에 열을 공급하는 방
식을 통한 활용이 논의되고 있다. 2004년에는 〈환경성〉이 전국을 대상으로 실시한

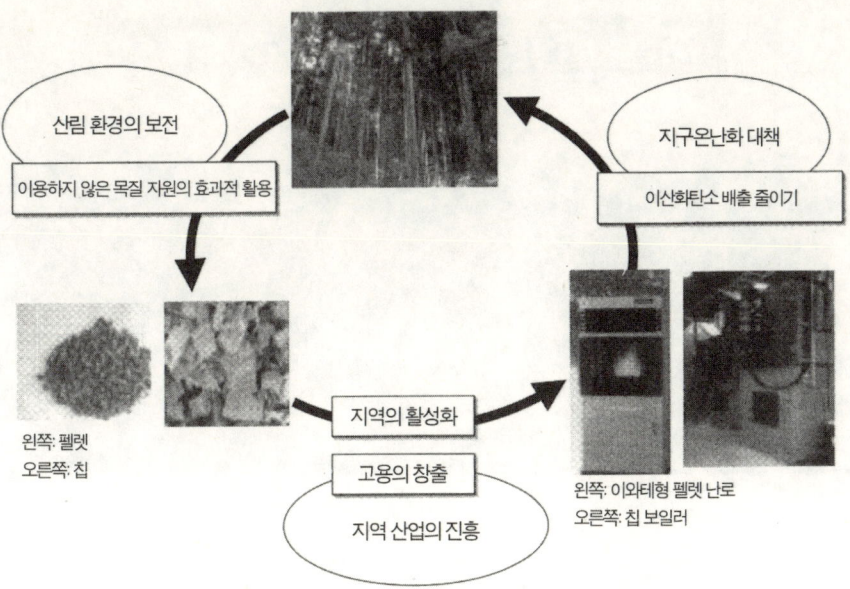

그림 4. 녹색 에너지의 이용 확대를 위한 체계

산림 환경의 보전

이용하지 않은 목질 자원의 효과적 활용

지구온난화 대책

이산화탄소 배출 줄이기

왼쪽: 펠렛
오른쪽: 칩

지역의 활성화

고용의 창출

지역 산업의 진흥

왼쪽: 이와테형 펠렛 난로
오른쪽: 칩 보일러

'환경과 경제의 선순환이 이루어지는 시범 마을 사업'에 선정됐고, 이후 이 사업을 통해 발전소의 가동이나 주변의 농업 생산 기반에 대한 열 공급 등 지역의 산업 활성화에도 크게 기여하고 있다.

이처럼 한 구역 내에서 목질 바이오매스를 활용한 자연에너지의 생산과 소비라는 순환(그림 4)이 구체적으로 진행되고 있고, 현 내의 곳곳으로 확대되고 있다.

## 4. 전국 목질 바이오매스 서미트 개최

2004년 1월, 이와테에서 개최된 '목질 바이오매스 서미트 인in 이와테'에 대해서 간단히 소개하겠다. 이 포럼에는 전국에서 약 900명의 관계자가 함께했다. 특히 아

그림 5. 전국 목질 바이오매스 서미트의 참가자들

오모리, 아키타秋田, 와카야마和歌山, 고치高知, 이와테 등 각 현의 지사와 구마자키 미노루, 이이다 데쓰나리, 그리고 스웨덴 벡셰 시의 칼 올로프 벵트손Carl Olof Bengtsson 시장 등 목질 바이오매스 연구와 실천 분야의 주요 인사가 한 곳에 모여 전국 각지의 실행 상황이나 목질 바이오매스 추진을 위한 과제, 최신 정보 등 다양한 의견을 교환했다.(그림 5)

또한 이 행사에서 이후의 목질 바이오매스의 추진 방향을 선언이라는 형태로 발표했다. 그 1절에 다음과 같은 문장이 있다.

'목질 연료의 복권'이라고 부를 수 있는 활동이 세계 각지에서 확산되고 있다. (…) 재생 가능하고 환경 친화적인 목질 바이오매스가 지속 가능한 사회의 중요한 에너지원으로서 그 역할이 확대되고 있다. (…) 일본에서도 목질 에너지 활용이 본격적으로 시작되고 있다. (…) 오늘 우리는 '녹색 에너지가 일본을 바꾼다'는 주제로 전국 최초의 목질 바이오매스 서미트에 참가하여 목질 바이오매스 이용의 중요성을 새롭게 인식하는 동시에 관련 산업의 발전을 통해 지역 경제의 활성화와 고용의 확대를 도모하기로 결의했다. 이것은 또한 풍요로운 산림을 지키고 키우는 순환형의 사회 형성에 공헌하는 것이기도 하다. (…) 이번 서미트의 개최를 계기로 지역의 에너지 자립이 촉진된다면 '지역에서부터 일본을 바꾸는 역사의 전환점'으로 기억될 것이다.

이것이 목질 바이오매스에 대한 우리의 생각으로 목질 연료의 복권은 순환 체계의 복권 혹은 재생이기도 하다. 그리고 그것은 지역의 가치 창조와 함께 지역의 생존 방식에 대한 새로운 모색이라고 생각한다.

이번 최초의 전국 규모 서미트는 목질 바이오매스를 전국에 보급하고 이와테에서 지역 에너지로 확립한다는 목표 아래 개최를 구상했던 것이다. 이번은 첫 회였기 때문에 내용이 조금 단조로웠다. 하지만 2회 이후에는 더 다양한 주제로 꾸미고, 더 많은 소비자와 시민이 참가할 수 있도록 포럼 형식으로 개최할 예정이다.


## 5. 향후의 과제

목질 바이오매스 에너지의 보급을 촉진하기 위해서는 다음의 과제들을 해결할 필요가 있다.(그림 6)

기본 과제는 목질 연료의 안정된 공급과 안정된 수요이지만 그중에서도, 예를 들면 펠렛의 가격과 유통이 중요하다. 열량의 측면에서 보면 등유 1리터와 목질 펠렛 2킬로그램이 거의 같은 열량이다. 따라서 목질 펠렛 2킬로그램의 가격이 가능한 등유 1리터의 가격에 가까운 것이 좋다. 혹은 그 이하인 것이 바람직하다. 유럽에서는 화석연료에 환경세를 부과하는 등 가격으로 보더라도 목질 연료가 우위를 보이지

**그림 6. 향후 목질 바이오매스 추진 체제의 이미지(주요 역할)**

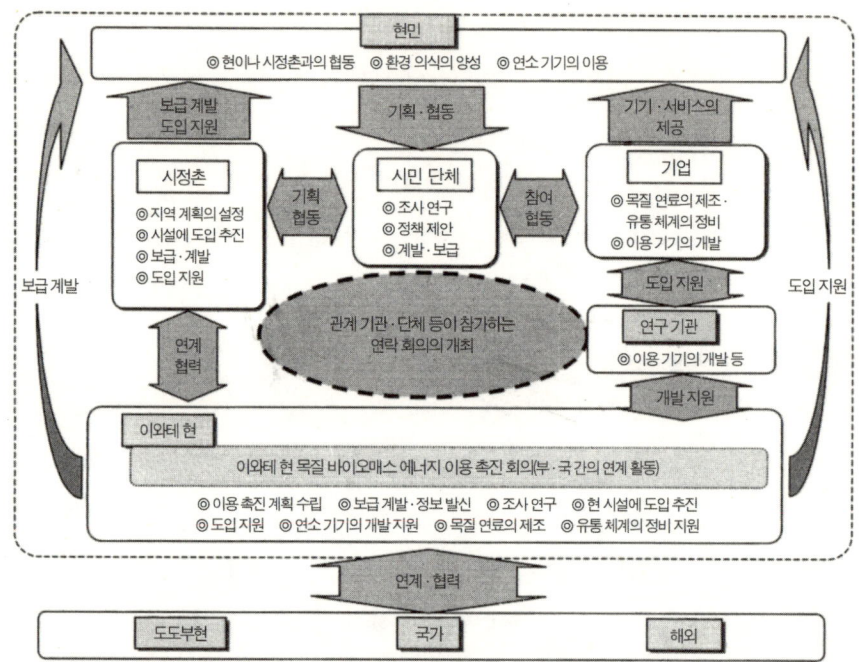

만 일본은 그렇지 않다. 물론 일본 정부에 이러한 자연에너지에 대한 우대 조치를 도입하자고 요구해야 한다. 하지만 현실적으로는 목질 바이오매스의 가격을 화석 연료와 경쟁할 수 있을 정도로 낮출 수 있는지 여부에 달려 있다. 이런 점에서 목질 연료의 생산 시점에서의 비용(원료비)이 더 낮아져야 하고 원료를 목공 단지 등에서 안정적으로 생산하거나 이후 간벌재, 임지 잔재의 활용을 추진하면서 물류 부문과 임지에서의 반출 비용을 낮추는 것 등이 과제다.

또한 수송 범위를 넓히는 것은 펠렛의 판매 가격을 높이고 화석연료를 사용하지 않는다는 본래의 취지에 반한다. 이른바 회색 에너지의 사용이다. 이런 점에서 더 지역적인 범위에서 목질 바이오매스 에너지를 활용하는 것을 원칙으로 삼아야 한다. 나는 생산 지점에서 대략 반경 50킬로미터가 적당한 범위라고 생각한다. 다만 당분간은 목질 바이오매스를 보급하기 위해 수요를 확대하는 것이 더 중요한 과제이고, 이 과정에서 효율적인 유통 체계의 확립과 소비지에 인접한 생산 거점의 정비가 함께 추진되어야 한다.

어쨌든 유럽에서 목질 바이오매스가 빠르게 보급되는 데는 환경보호, '나무'에 대한 전통적인 친숙함 등 인식의 측면도 작용하고 있다. 하지만 가장 중요한 요인은 화석연료와 경쟁할 수 있는 목질 바이오매스의 가격이다. 그리고 목질 연료와 함께 연소 기기의 판매 가격 또한 화석연료보다 싸거나 비슷한 상황이 형성됐기 때문이다. 우리는 이런 상황을 꼭 염두에 두어야 한다. 어떻게 하면 비용 측면에서도 소비자에게 이점을 제공할 수 있을까?

또한 목질 바이오매스 에너지의 활용과 보급에서 중요한 것은 더 많은 소비자들의 이해를 향상시키는 것이다. 그것은 전문가들이 담당해야 할 몫이다. '목질 바이오매스'라는 단어 자체가 원래부터 약간 이해하기 어려운 측면이 있다. 하지만 얼마 전까지만 해도 일본에서도 많은 사람들이 나무를 연료로 사용했듯이 우리의 의지로 순환 체계를 지키고 지구환경을 지키는 과정에서 더 현대적인 활용 방법을 고안해 제안해야 한다고 생각한다. 제안의 방식은 현실적이고 가시적인 것이어야 한다. 이를 위해서는 우선 공공 부문에서 연소 기기를 설치하는 등 많은 사람들에게 그 장점을 보여 주고 이해할 수 있는 내용과 기회를 만들어야 한다. 목질 바이오매스의 활용은 전문가들이 생각하고 실행하는 대상이 아니다. 그것은 지역 주민들의 생활과 경제를 더욱 개선하기 위한 것으로서 지역 주민들이 주역이 되어야 한다. 그 장점을 여러 차례에 걸쳐 설명하면서 진행하는 것이 중요하다. 스웨덴의 벡셰 시도 '화석연료 없는 마을'을 만들기 위해서 '교육과 정보 공유와 논의'에 기초하여 시민이 그 중심에 서서 추진해 왔다. 그와 같은 추진 방식이 우리 지역에도 필요하다.

## 6. 맺음말

이와테에서 목질 바이오매스 에너지 추진이 활발해진 데는 여러 이유가 있다. 가장 중요한 요인은 추진 과정에서 〈이와테 목질 바이오매스 연구회〉라는 민간 연구단체와 현과 현 내의 각 지역이 강력한 연계를 형성했기 때문이다. 여기에는 많은 논의와 함께 실패가 있었다. 하지만 그 과정이 주체들 사이에 신뢰를 만들어 주었다. 물론 개별적으로는 환경 보전이나 자연에너지 추진 또한 지역 활성화를 도모하려는 목적과 의도가 있었을 것이다. 하지만 그것을 구체화하는 과정에서 '살기 좋은 이와테'를 만들려는 공통된 생각을 갖고 있었다. 지금 〈이와테 목질 바이오매스 연구회〉뿐 아니라 현의 관련 부서, 시험 연구 기관에서도 젊은이들이 크게 활약하고 있는 것을 보면 그러한 생각이 변함없이 전해지고 있는 것으로 보인다.

글을 시작할 때 밝혔듯이 나는 목질 바이오매스 에너지의 추진은 환경 보전이나 임업 진흥의 측면도 있지만 그 이상으로 지역에서의 새로운 가치 만들기, 지역 주민들이 자랑할 수 있는 가치 만들기라고 생각한다. 그리고 그것이 지금 이와테의 생존 방식이라고 생각한다.

부디 겨울철에 이와테를 방문해 보기 바란다. 현의 이곳저곳에서 목질 바이오매스의 붉은 불꽃이 타오르고 있을 것이다. 거기에는 불꽃이 주는 따뜻함 이상으로 인간으로서의 따뜻함이 동시에 타오르고 있을 것이다. 🌱

# 11장 시민 풍차의 보급과 확산

스즈키 도루鈴木 亨

1957년 홋카이도北海道에서 태어났다.
1975년 홋카이도 도마코마이동苫小牧東 고
교 보통과를 졸업하고 1979년부터 지자체
직원, 생협 직원을 거쳐 1999년 〈홋카이도
그린 펀드〉를 설립했다. 지은 책으로는 『녹
색 전력-시민 발 자연에너지 정책グリーン電
力-市民発の自然ーエネルギ政策』이 있다.

## 1. 일본 국내에서 확산되는 시민 풍차

 기업이나 지자체가 추진하는 사업과 달리 시민 스
스로가 사업자가 되어 조합을 결성하는 등 다수의
시민이 출자에 참가하는 방식으로 추진되는 풍력
발전 사업을 '시민 풍차'라고 부른다.

 유럽에서 오늘날 폭발적으로 풍력발전이 보급되
고 있는 데는 1990년대 덴마크를 중심으로 한 시민 풍차의 확산이 기초가 됐다는
사실은 잘 알려져 있다. 인구 약 550만 명인 덴마크에서는 2003년 말 현재 311만 킬
로와트에 이르는 풍력발전이 가동되고 있고[1](인구 570만 명의 홋카이도는 2006년도까지
25만 킬로와트로 제한), 설비 용량과 기수를 기준으로 보면 그중 약 80퍼센트 이상이 시
민 소유의 풍차다. 최근 코펜하겐 앞바다에 20기의 풍차로 이루어진 미들그룬덴
Middelgrunden 해상 풍력 발전소는 그 반이 코펜하겐 시민이 출자한 〈풍력 협동조합〉
소유이고, 계획 단계에서 시민의 의견을 전시하는 방법 등을 통해 경관 효과까지 얻
고 있다. 또한 세계 최대 풍력발전 대국으로서 환경과 경제의 통합을 상징하는 존재

### 표 1. 일본의 시민 풍력 발전소 일람

| 풍차 이름 | 사업 주체 | 설치 장소 | 풍차 기기 | 운전 개시 | 총 사업비 | 출자 총액 | 출자자 수 | 보조금 |
|---|---|---|---|---|---|---|---|---|
| '하마카제' 짱 | 주식회사 홋카이도 시민 풍력발전 | 홋카이도 하마톤베쓰정 | Bonus 사 1,000kW 1기 | 2001년 9월 | 약 2억 엔 | 1억 4,150만 엔 | 217명 | 없음 |
| 시민 풍차 완즈 | 특정 비영리 활동 법인 그린 에너지 아오모리 | 아오모리 현 아지가사와정 | GE Wind Energy 사 1,500kW 1기 | 2003년 2월 | 약 3억 8,000만 엔 | 1억 7,820만 엔 | 776명 | NEDO 신에너지 비영리 활동 촉진 사업 보조금 (보조율 1/2) |
| 덴푸마루 | 특정 비영리 활동 법인 홋카이도 그린 펀드 | 아키타 현 덴노정 | Repower 사 1,500kW 1기 | 2003년 3월 | 약 3억 4,000만 엔 | 1억 940만 엔 | 443명 | NEDO 신에너지 비영리 활동 촉진 사업 보조금 (보조율 1/2) |
| 이시카리 시민 풍차 1호기 (애칭 공모 중) | 유한 책임 중간 법인 이시카리 시민 풍력발전 | 홋카이도 이시카리 시 | Vestas 사 1,650kW 1기 | 2005년 3월 (예정) | 약 3억 2,500만 엔 | (모집 중) | (모집 중) | NEDO 신에너지 비영리 활동 촉진 사업 보조금 (상한 1억 엔) |
| 이시카리 시민 풍차 2호기 (애칭 공모 중) | 유한 책임 중간 법인 그린 펀드 이시카리 | 홋카이도 이시카리 시 | Vestas 사 1,650kW 1기 | 2005년 3월 (예정) | 약 3억 2,500만 엔 | (모집 중) | (모집 중) | NEDO 신에너지 비영리 활동 촉진 사업 보조금 (상한 1억 엔) |

2004년 12월 현재

가 되고 있는 독일(2003년 말까지 약 1,400만 킬로와트)에서도 시민 풍차와 유사한 소유 형태가 전체의 4분의 3에 이른다.[2] 그중에서도 2005년에 착공한 부텐디크Butendiek 해상 시민 풍력 발전소는 8,430명의 슐레스비히홀슈타인Schleswig-Holstein 주의 시민이 사업 주체가 되어 건설한 24만 킬로와트의 해상 풍력 단지로 세계 최대의 시민 풍차 단지다.[3]

한편 자연에너지의 보급이 늦어진 일본에서도 시민 풍차가 착실하게 확산되기 시작했다.(표 1) 이러한 움직임에 실마리를 제공한 것은 2001년 9월에 운전을 시작한 일본 최초의 시민 풍차 '하마카제'짱(규모 1,000킬로와트로 홋카이도 하마톤베쓰浜頓別 정에 있다. '바닷바람'이라는 뜻이며 짱은 친근감을 주기 위해 붙이는 어미다. 옮긴이)의 시도다. 비영리 법인 〈홋카이도 그린 펀드(HGF)〉의 회원(2004년 12월 현재 약 1,300명)이 일상에서의 에너지 절감을 목적으로 매월 전기 요금의 5퍼센트를 기부하여 만든 그린 펀드에

회원과 시민의 출자를 추가하여 1호기를 완성했다. 그런 펀드를 통한 자기 자금까지 포함하여 총 사업비 약 2억 엔 중 약 80퍼센트에 해당하는 1억 6,600만 엔의 시민 출자를 받은 '하마카제'짱은 미래의 환경 사회를 바라는 시민의 꿈과 희망을 바람에 실어 오늘도 순조롭게 돌아가고 있다. 이처럼 '시민에 의한, 시민을 위한' 발전소가 만든 전력은 연간 약 900세대분에 상당하고 전력회사의 배전선을 통해 마을의 가정에 공급되고 있다. 지금까지 하마톤베쓰 정의 주민을 괴롭혀 왔던 강풍을 에너지 자원으로 바꾸어 고부가가치의 전기로 이용하고 있다는 사실을 느끼면서 주민의 의식 또한 조금씩 바뀌고 있다. 또한 사업 첫해부터 출자자에게 현금을 배분하여(운전 시작 후 50만 엔, 한 계좌당 3년 동안 13만 4,000엔 배분, 출자금 반환분 포함) 환경적 가치와 함께 경제적 가치를 환원한 것은 큰 성과다.

이 시민 발전 사업을 본보기로 하여 2003년 2월에는 '완즈'(1,500킬로와트, 아오모리 현 아지가사와鰺ヶ沢 정), 같은 해 3월 '덴푸마루'(天風丸, 1,500킬로와트, 아키타 현 덴노天の 정)라는 2기의 시민 풍차가 두 개 시민 단체의 사업으로서 운전을 시작했다. 이 세 기의 시민 풍차를 만드는 데 일반 시민 약 1,400명이 약 4억 6,000만 엔을 출자했다.(기부자 제외) 각 풍차의 타워에는 출자나 기부를 한 시민의 이름이 새겨져 있는데 시민들에게서 '나의 풍차'라는 느낌을 받을 수 있었다는 좋은 평가를 받고 있다. 또한 2004년 10월에는 새로운 시민 풍차가 홋카이도 이시카리石狩 시에서 건설되기 시작했다.

## 2. '이시카리' 시민 풍차의 건설

시민 풍차 1호기 '하마카제'짱이 운전을 시작한 지 3년이 지난 2004년 10월 이미 4호기, 5호기가 된 시민 풍차 두 기의 기초 공사가 홋카이도 이시카리 시에서 착공

됐다. 이 풍차들은 2005년 2월 말에 완공되어 이듬해 3월부터 시험 운전을 예정하고 있다. 이 책이 출간될 2005년 봄에는 발전 용량 1,650킬로와트로 개별 기기로는 홋카이도 내 최대의 설비 용량을 갖춘 풍력발전기 두 기가 이시카리 새 항구 지역에 등장하게 된다.

건설 중인 두 기의 풍차는 모두 시민 풍차이지만 각각의 특성에는 차이가 있다. 한 기는 2003년 〈홋카이도 전력〉이 실시한 풍력발전으로 생산한 전력 구입 할당량 10만 킬로와트 중 민간 할당량 8만 킬로와트에 〈홋카이도 그린 펀드〉가 응모해 선정 과정을 거쳐 당선됐다. 또 한 기는 나머지 지자체 할당량 2만 킬로와트에 이시카리 시가 응모해 사업권을 확보했다. 하지만 이시카리 시도 현재 지자체가 직면한 어려운 재정 상태에서 예외가 아니며, 장기에 걸친 사업 위험의 부담 또한 결코 적지 않다. 이런 상황에서 시에서 활동하는 시민 단체를 중심으로 사업 목적 법인을 설립해 시민 출자로 자금을 조달하고, 운영과 관리를 이 법인이 담당한다는 역할 분담에 합의하면서 사업이 성사됐다. 지자체와 시민의 '협동'이 창출한 새로운 본보기다.

또한 이시카리 프로젝트가 이전에 진행된 3개 시민 풍차와 다른 점은 첫째, '신에너지 이용 특별 조치법'이 시행된 이후 최초의 시민 풍차 사업이라는 점이다. 자연에너지 할당 기준(RPS) 크레딧의 거래 가격을 비롯하여 결코 좋은 조건은 아니지만 철저한 비용 삭감과 고효율 풍차의 선정 등을 통해 경제성 면에서도 건전한 프로젝트로 만들 수 있었다. 이 사업에서 얻은 경험은 향후 시민 풍차 건설, 궁극적으로는 일본 국내 풍력 시장의 확대에 소중한 자산이 될 것이다.

둘째, 사업의 규모다. 자금 조달, 즉 시민 출자의 모집 규모가 한 프로젝트당 1～2억 엔이었던 지금까지의 사례와 비교하면 이번 모금액은 4억 7,000만 엔으로 약 세 배 가까운 규모다. 일반적으로 신용도가 낮은 시민 사업자에게는 매우 도전적인 수치임이 분명하다. 하지만 당초의 불안을 넘어 지금까지 전국의 시민들에게서 큰

그림 1. 출자자의 자녀나 손자의 이름이 새겨진 풍차는 '미래를 위한 선물'

호응을 얻고 있다. 11월부터 출자 모집을 시작한 '시민 풍차 펀드 이시카리'는 2005년 1월에 4억 7,000만 엔에 이르는 모든 출자 계약이 이루어졌다. 출자자 중에는 자녀나 손자의 이름으로 출자한 시민도 상당수에 이른다.(그림 1) 미래 세대에 대한 책임을 분담한다는 측면의 이익과 삭감한 이산화탄소의 양, 그리고 풍차에 새겨진 이름을 '미래를 위한 선물'로 표현하고 있다. 이시카리 만灣의 바람에 다양한 시민의 생각과 기대를 실어 시민 풍차가 돌아가는 날이 멀지 않았다.

## 3. 이익의 사회적 공유와 수용

이와 같은 시민 풍차는 홋카이도에서 규슈에 이르기까지 각 지역에 확산되면서 다양한 프로젝트를 만들어 내고 있다. 이미 전력회사와 전력 수급 가계약을 마친 것에서부터 계획 단계에 있는 것까지 다양하다. 이렇게 많은 지역에서 수많은 시민이 에너지 생산에 참여하는 것은 환경 에너지 분야를 넘어서 사회적 파급 효과를 만들어 내지 않을까? 실은 나는 이러한 사회적 효과야말로 자연에너지가 줄 수 있는 중요한 기대 효과라고 생각한다.

그 이유는 첫째, 시민의 자발적인 참여가 환경과 에너지 문제에 대한 주체적인 관심을 이끌어 내고 구체적인 행동을 촉발하는 데 머무르지 않고 풍력발전이나 자연에너지에 대한 사회적 수용의 폭을 넓힌다는 것이다. 최근 수년간 일본 국내에서도 풍력발전 시설이 늘어나기 시작하면서(2003년도 말 현재 68만 4,000킬로와트) 풍력발전은 조금씩 익숙한 풍경으로 자리 잡고 있다. 대부분의 풍차가 지자체나 기업이 추진해 온 것이지만 현재의 재정난이나 시정촌 합병 문제 등으로 지자체가 추진하는 풍력발전 사업은 비율로 보면 점점 감소하고 있다. 한편 기업의 풍력 사업은 대규모 상사나 정부 산하의 특수법인인 발전 사업자, 전기, 기계 제작 업체 등을 중심으로 참여하기 시작했다. 최근 수년간 건설된 혹은 계획되어 있는 풍력발전 시설은 그와 같은 대기업이 주도하는 대규모의 장소(1만~5만 킬로와트급의 풍력발전 단지)가 압도적인 비율을 차지하고 있다. 나는 일본에서 지속 가능한 에너지 정책으로 전환을 도모해야 할 시민 단체의 일원으로서 정책 개발 활동에 참여하고 있다. 그리고 자연에너지가 환경 가치가 높은 에너지로서 경제적 합리성의 면에서 시장이 형성되고 있다는 사실에는 이론이 없다. 하지만 잊지 말아야 할 중요한 사실은 시장의 사회성이다. 현재 대자본에 의해 건설 후보지 쟁탈형의 개발이 더욱 뜨거워지고 있고, 일부에서는 지역에 대한 배려나 사회성이 결여된 프로젝트까지 추진되고 있다. 2004년 4월에 결론이 났듯이 홋카이도 에이산惠山 정에서 제3섹터(일본의 경우 일반적으로 민관 협력에 기초한 사업 방식을 의미함. 옮긴이)가 주도한 풍력 사업이 채산성 부족을 이유로 단 2년 만에 파산한 사건도 기억에 새롭다. 또한 최근에는 경관이나 생태계에 미치는 영향 등 자연환경, 생활 환경을 둘러싸고 풍력 사업자와 지역의 대립이 부각되는 사례가 두드러졌다. 정보 공유나 투명한 합의 형성 과정을 비롯해 문제 해결을 위한 구체적인 지혜가 필요하고 전기 판매를 통한 이익을 지역사회에서 공유하는 얼개 만들기가 중요한 해법의 하나라는 사실은 덴마크나 독일과 같은 풍력 선진국의 역사가 말해 주고 있다. 2003년 '신에너지 RPS법' 시행 이후 전력회사를 축으로 한 풍력발전 업계는 이미 도태와 집약이 시작되고 있다. 다시 말해 〈유러스 에너지 홀딩스 주식회사〉, 〈에코파워〉, 〈J 파워〉 등 발전 분야의 세 기업과 풍력발전 사업을 전문으로 하는 〈일본 풍력 개발 주식회사〉 그리고 종합상사의 경쟁 구도로 집약되는 경향이 나타나고 있다. 하지만 향후의 국내 풍력 시장의 발전 과정에서 시민과 지역이 주도하고 이익의 사회적 공유를 이념으로 하는 시민 풍차 센터의 확산이 지속성 확보의 열쇠를 쥐고 있다고 해도 지나치지 않다.

## 4. 시민 풍차와 지역의 자율

둘째, '지역사회의 자율'을 촉진하는 효과다. 시민 풍차는 지역에 존재하는 아직 이용하지 않은 자연에너지를 지역 주민의 손으로 지역을 위해 활용하는 사업이다. 따라서 본래 지역사회의 특성에 걸맞게 자발적으로 추진하고, 이러한 추진을 통해 지역 경제와 지역 에너지가 지역 내에서 순환할 수 있게 한다면 지역의 자율에 기초한 지속 가능한 사회를 형성해 나갈 수 있지 않을까? 또한 이러한 자율성이 향상된다면 '사람과 재화'의 교류를 비롯하여 지역사회가 새로운 형태의 '풍요'를 확보할 수 있다고 생각한다. 예를 들면 아오모리 현 아지가사와 정에서는 지역의 비영리 법인 〈그린 에너지 아오모리〉(이사장 마루야마 야스시丸山康司)가 시민 풍차의 건설 계획을 정町이 전면적으로 뒷받침하는 협력 방식으로 추진하여 지역 활성화에 기여하고 있다. 아지가사와 정은 1만 4,000명의 인구가 어업을 기간 산업으로 하는 지자체로 새로운 지역 활성화가 우선 과제였다. 이번의 시민 풍차 '완즈' 건설에 주민 135명이 출자에 참여했다. 또한 이 사업을 통해 정町·비영리 단체·시민 출자가 갹출한 마을 만들기 기금 '아지가사와 마을 만들기 펀드'가 조성되기 시작했고, 그 이외에도 풍차와 시라카미白神 산지(1993년 일본 최초 세계자연유산으로 등재된 너도밤나무 숲 지대. 옮긴이)를 조합한 에코투어나 정 내의 특산품을 시민 풍차 브랜드로 통신 판매하는 프로그램도 이미 진행되고 있다. 또한 이웃한 아키타 현 덴노 정에서는 지역 중학교 학생회가 자율적으로 지역에서 버려지는 캔을 회수하고, 그 돈으로 학생회 차원에서 '덴푸마루'에 출자하고 있다. 일본 시민 풍차의 발상지가 된 홋카이도 하마톤베쓰 정에서는 '하마카제'짱의 가동을 계기로 주민 단체인 〈하마톤베쓰의 자연에너지를 생각하는 모임〉(회장 스즈키 요시타카 鈴木芳孝)이 만들어졌다. 현재 마을 인구 약 4,900명의 1퍼센트를 넘는 60명 정도의 회원이 새로운 시민 풍차의 증설과 함께 마을의 기간 산업인 낙농, 어업, 산림 자원을 활용한 '자연에너지 100퍼센트 커뮤니티'를 향한 활동을 벌이고 있다. 또한 시민 풍차는 아니지만 나가노 현 이이다 시에서는 지역 비영리 단체를 중심으로 태양광과 '상가 ESCO(Energy Service Company, 에너지 절감 사업)'를 조합한 새로운 지역 사업 모델이 생기고 있다. 지역의 자율성 확보를 위한 과정은 결코 순탄하지 않았다. 이러한 사례들은 아직까지는 그야말로 '움트는' 수준이다. 하지만 그 과정은 내실 있는 자율의 방식 그 자체다.


## 5. 지역 차원의 자금 흐름 만들기

세 번째의 사회적 성과는 시민이 주도하는 출자의 얼개다. 당초 '하마카제'짱의 건설도 처음부터 덴마크, 독일형의 시민 풍차를 본보기로 한 것은 아니다. '원자력

**그림 2. '하마카제'쫭의 시민 출자의 얼개**

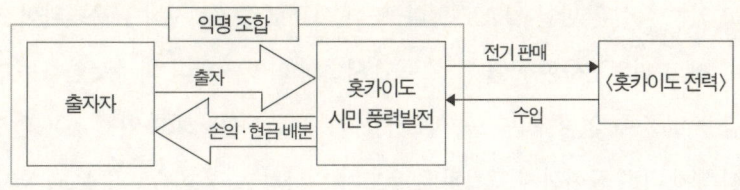

발전도, 지구온난화도 없는 미래'를 지향하는 〈홋카이도 그린 펀드〉의 회원이 매월 전기료의 5퍼센트를 기부해 조성하는 그린 펀드를 담보로 은행의 융자를 받을 계획이었다. 하지만 현실을 파악하는 데는 시간이 필요했다. 현재 일본에는 비영리 단체에게 억 단위로 융자를 해 주는 금융기관이 없기 때문이다. 그래서 시민에게 호소하여 자금을 모은다는 방식을 시도했지만 법률, 회계, 세무 등과 같은 장벽에 부딪치면서 시행착오를 겪게 됐다.

이 책의 편저자인 이이다 데쓰나리의 도움을 받아 최종적으로 상법에 기초한 '익명 조합'이라는 출자 형태에 이르기까지의 과정은 정말 어둠 속에서 손으로 길을 더듬어 찾아가듯이 진행됐다.(그림 2) 기본적인 얼개의 설계에서 사업의 현금 흐름에 대한 정밀한 심사, 그리고 실제 계약서 완성에 이르기까지 공인회계사나 세무사, 변호사, 금융기관, 풍력 사업자 등과 수차례 협의 과정을 거쳤고 이러한 전문가들의 도움을 받아 새로운 시민 출자에 기초한 금융 모델을 만들었다. 다시 말하면 일본에서 시민 풍차를 실현하는 데 있어 중요한 요소는 금융기관도 아니고 증권회사도 아닌 시민 단체가 불특정 다수의 시민에게서 자금을 조달하는 새로운 금융 상품의 개발이라고 할 수 있다.

이와 같은 시민 출자라는 새로운 방식은 눈에 보이는 형태로 지역 차원에서 돈의 흐름을 만들어 내고 있다는 점에서 그 의미는 결코 작지 않다. 우체국 저축이나 국채 또는 공공사업이 경직된 방식의 공공 투자로 환경에 악영향을 미치는 결과를 초래하고 있는 현실은 말할 필요도 없다. 또한 대규모 증권회사나 금융기관이 조성한 이른바 '에코 펀드', '사회 공헌 펀드' 등도 시민의 의지를 담아 내지 못한다는 점에서 위화감을 떨칠 수 없다. 시민 출자 모집을 통해 내가 실감하고 있는 것은 환경이나 지역사회에 대한 공헌까지 포함하여 용도가 명확하고 결코 손해를 보고 싶지는 않지만 의미 있는 곳에 돈을 사용하고 싶다고 생각하는 시민이 늘어나고 있는 현실이다. 지금까지 세 개의 시민 풍차에 현재 모집 중인 '이시카리 시민 풍차'의 출자 모집 총액을 더하면 약 9억 엔에 이르는 지역 자금 흐름이 조성된다. 또한 2005년도에 건설이 예정된 새로운 프로젝트를 추가하면 15억 엔에 이를 가능성이 있다. 금융시장 전체에서 보면 눈에 보이지도 않을 수치이지만 시민 풍차 펀드가 이와 같은 실적을 착실히 쌓아 갈 수 있다면 지역 금융의 존재 방식에 대한 혁신이 실현될 수도 있다.

## 6. 시민 풍차의 과제와 새로운 도전

시민 풍차가 전국으로 확산되고 있다. 하지만 한편으로는 지역의 비영리 단체가 수억 엔 단위의 사업을 운영하는 것이 쉽지 않다는 것도 사실이다. 이념이나 사고방식, 비영리 단체의 취약한 경영 자원, 사회적 신용도의 결여와 같은 현실은 중대한 장애물이다. 풍차의 건설에는 우선 풍황 조사나 용지의 확보, 나아가 전력회사와의 계통 연계 협의, 각종 인허가, 지질 조사, 환경 영향 평가 등의 사업 개발 업무가 수반된다. 이러한 업무를 담당할 인재와 적지 않은 비용이 필요하다. 설령 이러한 과제를 해결하더라도 풍차 기기나 공사 등을 발주할 때는 상대편에서 재무 신용도를 요구하기 때문에 현실적으로 은행 융자를 받기가 곤란하다. 각 지역에서 시민 풍차 건설이 싹을 틔우고 있다. 그것을 사업으로 실현해 나가기 위해서는 지역을 넘어선

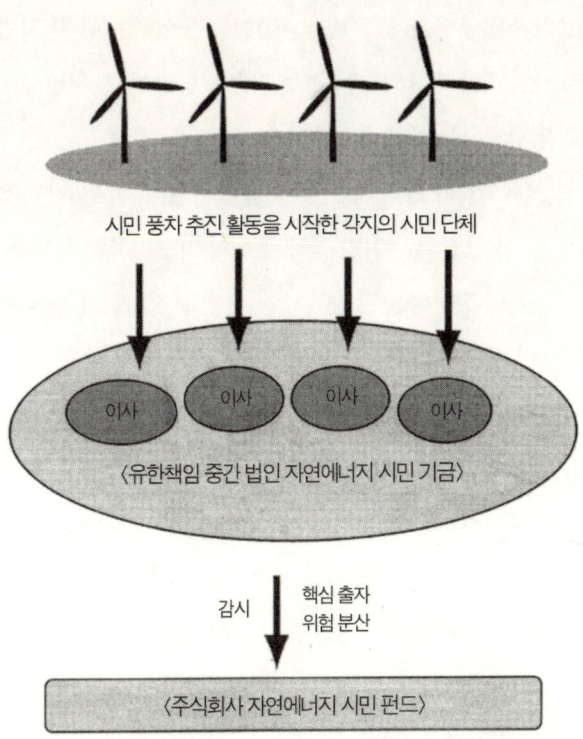

그림 3. 〈시민 펀드〉의 구조

시민 풍차 추진 활동을 시작한 각지의 시민 단체

이사 　이사 　이사 　이사

〈유한책임 중간 법인 자연에너지 시민 기금〉

감시　　핵심 출자
　　　　위험 분산

〈주식회사 자연에너지 시민 펀드〉

시민 풍차 부문에 대한 지원과 보완 기능을 담당할 체계를 만드는 일이 필요하다.

　이러한 과제를 극복하기 위해 2003년 3월 전국의 10개 비영리 단체가 참가해 〈유한책임 중간 법인 자연에너지 시민 기금〉(도쿄, 이하 〈시민 기금〉)을 설립했다. 설립의 모체가 된 것은 〈홋카이도 그린 펀드〉와 비영리 법인 〈환경과 에너지 정책 연구소〉(소장 이이다 데쓰나리)다. 이 두 비영리 법인이 〈시민 기금〉에 기금을 내놓고 이어서 〈시민 기금〉이 전액을 출자하는 형태로 〈주식회사 자연에너지 시민 펀드〉(이하 〈시민 펀드〉)를 설립했다.(그림 3)

〈시민 기금〉은 각 지역에서 추진 네트워크와 시민 풍차에 대한 사회적 관심이나 참여를 높이는 역할을 담당한다. 〈시민 펀드〉는 전국의 시민이 각 지역의 시민 풍차나 자연에너지 사업의 출자에 참가할 경우 접수를 담당하고, 시민 풍차 프로젝트에 대해 금융 지원을 담당하는 체제를 갖추고 있다.

한편 개발 업무나 사업의 관리 운영 등에 관한 지원 체제로 2003년 11월 〈주식회사 시민 풍력발전〉이 설립되어 시민 풍차 부문의 자문회사로 활동을 시작했다. 이처럼 필요한 기능별로 전문성을 갖추어 추진 체제를 정비하고 전국 각지에서 시민 풍차가 확산된다면 바람직한 환경과 에너지의 미래를 시민의 손으로 만들어 갈 것이라 생각한다. 이미 건설을 시작한 이시카리 프로젝트 이외에 현재 아오모리 현, 아키타茨城 현, 이바라키 현, 지바千葉 현에서 2005년도 착공을 위한 준비가 진행되고 있다. 또한 지금까지의 단일 기기 기준 방식에서 비교적 대규모의 시민 공동 풍력발전 단지에도 도전할 생각이다. 지역의 비영리 단체나 농협, 어협, 중소기업 등이 참여하는 분양형의 풍력발전 단지도 흥미롭다.

에너지 정책과 지역 정책, 금융 정책이라는 다양한 영역을 아우르고 있는 시민 풍차는 지속 가능한 미래를 창출하는 해법으로, 그 가치가 점점 더 커질 것이다. 🌱

---

1) NEDO, 2004, 『NEDO海外レポート NO. 929』.

2) 飯田哲也, 2004, 「市民風車の系譜」, 『資源環境政策』, 2004. 8月号.

3) 和田武氏, 2004, 「市民共同発電所が自然エネルギーを創る」, 『市民共同発電所全国フォーラム』.

# 12장 지역 에너지 사업의 새로운 패러다임

**야마구치 가쓰히로山口勝洋**

1965년 지바千葉 현에서 태어났다. 1988년 도쿄東京 대학 공학부 화학공학과를 졸업한 뒤 1995년 시카고 대학 비즈니스 스쿨 MBA 과정을 수료했다. 컨설팅 회사인 〈아서 D. 리틀Arthur D. Little〉에서 경영 자문역을 거쳐 〈지속 발전 패러다임〉(유한회사)을 설립했고, 현재 〈자연에너지 닷컴 주식회사〉의 사업부장으로 있다. 지은 책으로 『환경 사업의 성장 전략環境 ビジネスの 成長戰略』(공저) 등이 있다.

이전에는 보조 사업에 불과한 '사업'조차 없던 지역에서 에너지 사업에 새로운 사업 모델을 적용해 자율적으로 추진하는 사례가 늘고 있다. 이이다 시의 '살기 좋은 지역 만들기' 사업 등의 사례를 통해 지역 에너지 사업의 새로운 패러다임을 소개한다.

## 1. 자연에너지는 각 지역으로

풍력발전은 바람이 잘 부는 곳에, 태양광발전은 햇빛이 잘 드는 곳에 설치하는 것이 더욱 효과적이다. 즉 자연에너지는 원래 각 지역의 지형이나 기상 등의 지역별 특징을 반영한다. 자연에너지를 사업으로 생각한다는 것은 '지역에서 사업'을 개발하는 것을 의미하며, 사업의 성공을 위해서는 다양한 과제를 해결해야 한다.

### 1) 지역의 필요
일본의 '지역'은 아주 일부를 제외하고는 한결같이 경제 활성화를 절실하게 필요로 하고 있다. '지역에서의 사업'은 필연적으로 그 주제와 관련해 다양한 측면에서 관여가 이루어진다. 여기에는 기대, 협력, 연계 효과 등의 긍정적 측면이 있으나 동시에 간섭, 참견, 오해, 비판이 제기되며 심지어는 목적 변경, 가로채기까지 벌어진다. 이런 상황에 대처하면서 어떻게 개발에 성공할 것인가가 현실적인 중요 과제다.

### 2) 기존의 방식

지역에서 자연에너지를 도입하는 기존의 방식은 대형 풍력발전과 개인 차원의 태양광발전을 제외하면 대부분은 지자체가 상징적으로 설치하는 경우나 일부 비영리 단체가 개발을 목적으로 설치하는 정도였다.

또한 바이오매스나 설빙 등 다양한 대응 방안이 있지만 대부분은 실증 실험이나 앞선 사례로서 한 걸음 정도 나아간 수준에 머물고 있다. 그런 의미에서 아직 '사업'으로서 추진되고 있는 것은 대형 풍력발전을 제외하면 거의 없다고 할 수 있다.

## 2. '사업'으로 전개하기 위한 과제

'사업'이라고 할 경우에는 일정 정도의 규모가 있고 인건비나 사무실 비용이 소요되며, 지속적으로 추진할 수 있어야 한다는 것이 최소 요건이다. 현재는 대형 풍력발전을 추진하는 일부 회사 이외에는 그러한 사례를 찾아볼 수 없다.

그럼에도 각 지역의 비영리 단체나 새로운 사업 전개를 위해 지역의 중소기업 등이 참여를 시도하고 있는 사례는 여럿 있다. 다만 자연에너지 사업이 이루어지기 위해서는 예를 들면 예닐곱 가지의 복합적인 조건이 필요하다. 우선은 이를 정확하게 이해해야 한다. 아직 문제의 해답을 찾거나 해결 능력을 갖추는 것은 상당히 어렵고 과제 해결을 위한 벽은 매우 높다.

## 1) 채산성

구체적인 과제를 살펴보자. 첫째, 일반적인 자연에너지에 관련된 현재의 제도 수준에서 채산성을 들 수 있다. 비교적 쉽게 채산성을 확보할 수 있는 것은 대형 풍력과 태양열 온수다. 그 이외에는 쉽게 채산을 맞출 방법이 없다.

다만 15년에서 20년의 장기간을 설정한다면 여러 가지 연구를 통해 채산 수준을 넘는 경우도 확인된 바 있다. 예를 들면 태양광발전은 단순하게는 원금을 확보하는 데 20여 년이 걸린다. 하지만 (장점과 단점에 대한 논의는 있을 수 있지만) 전력회사의 요금 체계를 이용하여 2~3년, 자가 소비 전력분의 녹색 전력을 판매하는 데 다시 2~3년 정도의 수준으로 채산 기간을 단축해 나갈 수 있다.

이와 같이 새로운 연구나 얼개를 도입함으로써 채산 수준을 조금씩이라도 개선하고 전체적으로 수용할 수 있는 사람(출자자나 고객)의 수를 사업성을 충족할 수 있을 정도까지 늘리는 것이 자연에너지 도입 사업을 개발하기 위한 과제다.

## 2) 발상의 범위

옛날 식 발상으로는 극단적으로 말하면 관련 기기가 있고 그것을 그냥 파는 정도의 수준이었다. 특히 지방에서는 토목 건설업 등 다른 업종에서 참여를 시도하는 경우는 많지만 아직까지 가장 단순한 추진 방식(에 보조금이 붙은 정도)이 대부분이다. 예를 들어 펠릿 난로를 구입해서 판매하는 경우를 보자. 겨울철에 열 대 정도는 팔 것이다. 그러한 도전 자체는 좋지만 그것을 사 줄 사람이 사업화에 필요한 만큼 있지 않으면 채산을 맞출 수 없고, 사업을 개발할 수 있는 수준에는 이르지 못한다.

현재 최대의 과제는 복합형의 발상 자체가 거의 존재하지 않는다는 것이다. 하지만 그것을 이해한다고 해도 모든 것을 연계하기는 쉽지 않다. 열심히 노력하는 서너 개의 회사를 연계하려고 시도하고 있지만 아직 상당히 어려운 실정이다.

### 3) 자금 조달

개별적으로 이루어지고 있는 현재의 다양한 접근 방식에는 여러 가지 취약점이 있다.

우선은 자금 조달이다. 누구나 필요하다는 것은 알지만 쉽게 이루어지지는 않는다. 실제로는 보조금이 절반 정도 나오기 때문에 지자체 직원이 열심히 보조금 신청을 권유하고 보조금의 신청 절차까지도 지원을 한다. 나머지 절반의 예산은 은행에서 빌린다고 얘기를 하지만 여차하면 대출이 중단된다. 이전부터 지방 중소기업이 사업 자금을 확보하는 일차적인 방안은 은행 차입이다. 하지만 예를 들어 바이오매스 연료 제조 사업의 경우에는 신규 사업이자 위험을 해소하지 못한 상황이므로 지역의 은행으로서도 사업 위험을 가장 먼저 거론하게 된다. 따라서 곧바로 일반 기업처럼 취급되면 비교적 낮은 시중 대출금리로 융자할 수가 없다. 그렇게 되면 당연히 담보와 보증 등의 연속적인 어려움에 부딪히면서 궁지에 빠지는 결과가 초래된다. 금융의 기본 원칙으로 돌아가 기간이나 위험, 변제 순위 등을 고려하여 합리적으로 정비할 필요가 있다.

### 4) 인재의 부족

새로운 일에 도전하는 것이기 때문에 같은 일이라도 원칙으로 돌아가 새로운 발상을 이끌어 내야 한다. 잘 모르는 영역이라면 빨리 배워서 대안을 내놓아야 한다. 하지만 현실에서는 자신의 경험에 지나치게 의존한 결과 독선적이거나 단순하게 판단하는 우를 범한다. 지역의 주요 기업으로서 어려운 지역 경제 상황에서 살아남았다면 나름대로의 신념이나 성공 비결을 갖고 있다고 인정할 수도 있다. 하지만 자연에너지는 새로운 사업이기 때문에 새로운 방식을 받아들일 수 있는 개방성, 새로운 방안을 내놓는 유연성이 필요하다.

또한 지역에서만 추진하려고 하다 보면 기획을 할 만한 인재가 부족하다는 벽에 부닥치는 경우도 많다. 중소기업의 사장이나 아이디어가 풍부한 지자체 직원 등 개인적으로는 유능한 사람들이 있지만 심도 있는 검토를 여러 측면에서 체계적으로 추진하는 데 필요한 젊은 기획 실무자와 같은 인재는 부족하다. 대학 졸업자의 취직이 갈수록 어려워지고 있어 지역에 따라서는 우수한 젊은 실무자의 충원이 거의 없는 상황도 예상된다.

### 5) 참여 주체

지역의 중소기업을 능력 있는 사장이 오롯이 담당할 수 있다면 좋겠지만 딱 들어맞는 경우는 드물다. 전국적으로 이러한 산업을 육성하고자 하는 입장에서는 우수한 기획 실무자를 많이 보유한 기업이 본격적으로 나서기를 바란다. 하지만 대기업은 대기업 나름의 입장이 있다. 예를 들면 발전소 엔지니어링 계열의 기본 목표는 발전소를 만들어 판매하는 것이다. 이어서 발전소가 채산을 맞출 수 있는가에 대한 검토가 이루어지는데 그것은 상황에 따른 채산성이다. 다양한 방법을 이용하여 채산을 맞춘다는 발상은 발전소 판매라는 기본적 입장에서는 성립하기 어렵다. 또한 발전 사업이 본업이 아닌 회사가 이를 추진하려고 한다면 투자 수익률이라는 장애물 탓에 단번에 없던 일이 될 것이다. 비영리 단체가 추진하고 있는 시민 풍차의 사례를 제외하면 기본적으로는 기부나 몇몇 개인이 내놓은 자기 자금에 기초한 소규모의 방식이다. 이 방식은 첫 걸음을 내딛게 한다는 점에는 의의가 있지만 '사업'으로 운영하는 데 있어서는 그 미래를 열어 주는 것이 아니라 불연속성 탓에 완전히 새로운 방식에 기초하여 추진해야 한다. '작게 낳아서 크게 키운다'고들 말한다. 그럴싸하게 들릴지는 모르겠지만 현실성 없는 희망을 얘기한 것에 불과하다. 우선 작게 낳으면 그 단계에서는 틀림없이 채산이 맞지 않기 때문에 사업은 자립할 수 없고, 특히 이를 뒷받침할 사업이 없는 시민 단체 등은 해결책이 없다. 다음 단계로 크게 키우는 것은 모든 벤처 기업의 도전 과제다. 하지만 모델을 만들어 나가면서 인재나 마케팅에 조금씩 투자를 하게 된다. 이것은 '손해 보지 않는 최소한'의 연장선상에 불과하다.

### 6) 지역에서의 내부화

한편 '외부'의 기업이 들어와 지역에서 사업을 일으키는 데는 별도의 과제가 있다. 예를 들어 투입할 수 있는 자본이 있고 지역에 없는 기술을 갖고 있다고 해도 극단적으로 말해 '외부에서 뺏아갔다'는 평가를 받지 않기 위해서는 이를 위한 일련의 노력이 필요하다. 물론 풍력이나 마을에서 떨어진 지열 등의 경우는 지역의 반대를 회피하려는 정도의 자세로 해결할 수 있지만 바이오매스 등 관계자가 다양하게 존재하는 상황에서는 지역의 협력이나 경영권을 확보하기 위한 공동의 관계가 반드시 필요하다.

그 경우 '지역의 사업'으로 만드는 것이 필요하다. 공동이든 합병이든 자금을 투자하는 측의 의도는 있겠지만 사정을 제대로 알지 못하는 많은 사람들은 단순히 우리 지역 사람인지 아닌지를 기준으로 판단하기 쉽기 때문에 결국은 지역의 사업으로 포장할 필요가 있다. 또한 지역의 사업으로 효과적으로 추진하기 위해서는 지역의 얼굴을 전면에 내세워야 한다. 이를 담당할 수 있는 비영리 단체의 지도자 등 민간의 주요 추진 인사의 선정에도 지역 행정의 역할이 매우 크다는 점에서 행정의 지원은 반드시 필요하다. 이를 위해서는 지역 정책과의 일치, 지역 활성화 등 지역의 이점을 최대한 살려야 한다.

## 3. 새로운 지역 에너지 사업의 패러다임 '시장 활성화 조직'

### 1) '사업' 성립의 정의

그렇다면 '사업'은 어떤 식으로 이루어질 수 있는가? 이를 위해서는 성공 혹은 성립의 관점에서 새로운 정의가 필요하다.

이전에는 직접적인 경제성이 있는가의 여부로 사업성을 판단해 왔다. 전형적으로는 공업 제품의 판매 가능성, 발전소의 설치 가능성, 제품의 용이한 판매 가능성 등에 달려 있었다. 또한 본업 이외의 새로운 추진 방식의 경우에는 순수한 투자의 형태로 투자 수익률의 장벽을 넘을 수 있는가(본업보다도 위험도가 높기 때문에 본업 이상의 수익률이 필요)가 사업 성립의 기준이 된다. 어디까지나 팔 수 있는가, 이익을 낼 수 있는가의 여부가 추진의 대전제가 된다. 이익을 낼 수 있다면 대규모 풍력발전회사와 같이 차츰 수를 늘려 나간다. 사업을 개발할 경우에도 대부분 '돈이 되니까 한다'는 논리를 내세우며 비용 절감을 중요 목표로 설정한다. 처음부터 이러한 논리가 성립하는 분야는 대형 풍력발전과 에너지 절감 사업(ESCO)이다. 이 분야는 완전히 자립성을 갖추고 있으며, 양쪽 모두 상장회사를 배출하고 있다.

한편 자연에너지의 보급과 추진이라는 관점에서 보면 이를 통해 가능한 대량으로 청정한 에너지를 생산하면 성과를 냈다고 할 수 있다. 지자체의 '사업'이나 비영리 단체가 기부에 기초하여 추진하는 사업 등은 성과에 초점을 맞출 뿐 사업을 통한 이익 창출을 지향하지 않는다. 이것은 초기에는 한정된 수의 설치를 가능하게 하지만 점차 수를 늘려 나가기 위한 동력은 될 수 없다. 하지만 중요한 것은 이런 조건에서도 추진하려는 사람들이 있다는 사실이다. 또한 대부분의 경우는 보급과 계발이나 파급 효과를 위해 교육 행사나 정보 제공을 성실하게 추진하고 있다.

이런 상황에서 전자와 후자의 장점을 모아서 반半 공공적 혹은 비영리 단체 방식에 영리 사업의 방식을 결합한 보급 사례를 늘려 가는 제3의 길, 즉 새로운 '사업'의 패러다임이 있다. 이는 단순한 중도일 뿐 아니라 그 성립 과정을 보면 다양한 측면에서 본질적으로 지속 가능한 발전의 측면을 갖추고 있어 이후에는 주류로 자리 잡을 것이라 기대된다. 또한 이 모델 자체도 매우 혁신적이지만 그 안에 혁신을 창출할 얼개를 담고 있어 다채로운 개척의 동력으로 작용하리라 기대된다.

이 새로운 패러다임은 어느 날 갑자기 책상 앞에서의 분석을 통해 탄생한 것이 아니라 우리가 1년 가까이 활동을 해 오는 과정에서 틀을 잡아 온 것이다. 이것은 여러 개의 모델이나 사고방식이 상호작용을 거쳐 합쳐진 것으로 전체적으로는 처음으로 체계를 갖추었다. 단순화하여 이해하려고 하거나 일부를 끌어내어 베껴 보려 한다고 해서 되는 것이 아니다.

여기서는 특징적인 모델이나 종래 방식과의 차이를 중심으로 설명한다.

## 2) 다중 가치, 필요의 통합

먼저 자연에너지 사업이 가지는 가치는 다양한 측면이 연계되어 있다는 점이다. 즉 경제적 가치가 있을 것, 그 설비를 통한 이산화탄소 삭감 등의 환경 효과는 기본이며, 그 이외에도 보급과 계발, 환경 교육, 참여와 공동 기획, 자기 표현, 공동체의 활성화 등 다양한 가치를 지닌다. 이처럼 다양한 필요를 하나의 프로젝트로 모아 가는 '필요needs의 통합'이라고 할 수 있다. 기본적으로 사회적으로 바람직한 일을 사업의 방식으로 추진하기 때문에 시민이나 행정 등에 다양한 사회적·소프트웨어적인 가치를 동시에 제공할 수 있다. 조금 덧붙이면 이러한 사회적 가치를 일정 수준 이상으로 적극 제공하면 그것이 직간접적으로 경제적 측면의 채산성을 맞추는 데 기여한다는 점이 특색이며, 사회적 가치는 경제적 가치를 함께 가질 때만 전체 얼개가 성립한다. 예를 들면 태양광발전을 옥상에 설치하는 일 자체는 보통 개인 가정에서 이루어지기 때문에 그것을 이전과 같이 은행 차입으로 추진한다고 해도 그 누구도 지원할 이유가 없다. 하지만 시민 공동 발전소라는 점이 추가되면 실질적 참여의 기회, 보급과 계발, 사업 관계자들 사이의 연계 등의 소프트웨어적 가치를 제공함으로써 다수 시민들에게서 장기적으로 자금을 제공 받아 채산을 맞출 수 있다. 개별 필요에 개별적으로 대응하는 방식이 사업을 성립시키는 충분조건은 아니다. 다수의 필요를 연계함으로써 프로젝트를 이루어 내는 역량이 중요하다. 다수의 '불충분'을 열심히 끌어 모아 '충분'하게 만드는 것이 필요의 통합이다.

### 3) 이해관계자의 협동

지역의 다양한 관계자들의 합의를 유도할 수 있는 부분을 적극적으로 찾아내고 협동 관계에 기초하여 사업의 특정 부분의 가치를 더욱 풍성하게 만든다. 예를 들면 시민 출자의 최소 기능이 자금 조달이라고 할 때 돌아오는 이익을 기본적 가치라고 할 수 있으며, 이를 통한 보급과 계발, 2세나 3세에 대한 선물과 교육, 자신의 주의 주장을 표현할 기회 등의 다양한 가치를 담아 낼 수 있다. 상가를 대상으로 에너지 절감 사업을 추진하면 취약해지기 쉬운 상가회 활동을 활성화하는 하나의 계기가 될 수도 있고, 상가의 입장에서는 환경이 아주 유용한 마케팅의 소재가 된다. 이처럼 적극적으로 호혜적인 활동을 전개한다면 다양한 관계자와 협동하는 방식으로 강한 추진력을 얻을 수 있다.

통상의 기업 경영이라면 이해관계자와의 관계는, 예를 들면 '지역 대책'이라는 용어의 어감에서 드러나듯이 반대 운동이 벌어지지 않도록 해야 한다. 최근에는 이를 기업의 사회적 책임이라 부르며, 셸Shell 사의 경우는 이해관계자와의 대화를 확대하고 홈페이지에는 자사에 대한 비판 의견까지 과감하게 싣는 등 이 부분에서 앞서 나가고 있다. 셸 사는 최근 10~20년 사이의 경험을 통해 환경이나 인권 문제에 잘

못 대응하면 사업에 막대한 손실이 발생한다는 것을 배웠기 때문에 적극적으로 정보 제공이나 협동 관계를 도모하는 발상의 전환을 이룰 수 있었다. 하지만 이를 경영 차원에서 제대로 이해하여 실효성 있게 추진하는 기업은 아주 일부이고, 대부분의 경우는 문제 회피의 수단으로 활용하며 그 발상도 '불편 비용'이라는 인식에 기초한다.

이런 변화는 쉽지 않은 일이기 때문에 조직의 입장에서는 실제로 상당한 손실을 보며 경험을 통해 학습하거나 경영자가 강한 지도력을 발휘할 때 가능하다. 그렇지 않으면 '수익과의 연관성'을 따지거나 '불필요한 비용 부담은 가능한 회피'한다는 식으로 기존의 금전적 가치관의 굴레에 갇히고 만다.

이런 상황에서 비영리 단체가 지도력을 갖고 있거나 '시민 사업'으로 운영하고 있는 사업 주체의 경우는 이해관계자와 적극적인 협동을 통해 금전적 가치 이외의 사회적·소프트웨어적 가치를 실현하는 것이 중요한 목적이기 때문에 이런 패러다임에 기초하여 사업을 추진하는 데 적합하다.


### 4) 문화(사고방식, 가치관 등)의 통합

이러한 시도를 통해 실제로 느끼는 것은 사회성이 강한 내용을 포함해 분명한 참여 의의가 있기 때문에 논의의 친화성이 높다는 점이다. 하지만 한편으로 그 내용을 실행하는 데는 여러 가지 혁신의 과정을 거쳐야 하기 때문에 이를 설명하고 이해를 얻는 데 상당한 어려움이 뒤따른다. 예를 들면 보조금과 관련된 논의가 지자체를 통과할 경우에는 지향하는 바가 다른 여러 부서나 개인이 존재하므로 복잡다단한 조정 과정이 필요하다. 검토 기간이 정해져 있기 때문에 신뢰 관계를 형성할 정도로 깊이 공감할 수는 없으며 무엇보다도 관계자들이 각각의 입장을 내세우는 미묘한 관계라는 점에 어려움이 있다. 간접적인 관계를 맺고 있는 대부분의 개인이 사업의 전반을 이해하기는 어렵다. 따라서 부분을 중시하는 질문에 대한 답변이 새로운 오해를 낳아 협의가 꼬이거나 때로는 감정적인 상황을 만드는 등 분란을 초래할 수도 있다. 이외의 이해관계자는 또 다른 입장에서 이해와 오해를 하게 되면서 새로운 우려를 낳게 된다. 자칫 방치하면 점점 새로운 체계를 도입한 취지를 잃어버리고 기존 방식의 사업으로 전락하는 방향으로 논의가 전개될 수도 있기 때문에 주의가 필요하다. 바로 총론 찬성, 각론 반대다. 각론에서는 답을 갖고 있더라도 새로운 체계를 어떻게든 포함시킨다. 이 때문에 논점을 흐리는 의견만 제시되고 더욱 전향적으로 이행하려는 의견을 기대하기 힘든 상황을 현실로 받아들이는 자세가 필요하다.

특히 사업 전체의 전망 및 사업 주체의 방향성과 같은 중요한 논의에서는 개인적 경험이나 입장에서 비롯하는 이견이 강렬하게 드러난다. 이러한 반응은 불완전한 이해에서 비롯되는 측면이 크기 때문에 필연적 현상이다. 게다가 예를 들면 대기업이 주도하는 기업계 문화는 '암묵의 규칙'이 되는 공통의 이해 기반을 지니고 있지만 행위자가 많은 지역사회에서는 그 기대치를 크게 낮추는 것이 현실적이다.

우리도 역시 지난 과정을 되돌아보면서 과제를 인식하고 있는 단계이지만 계속적으로 추진 방안과 해법을 만들어 가고자 한다.

### 5) 일정 규모를 통한 영향력 확보

규모를 갖춘 보급 사업은 '사업'으로 간주할 때 필요하다. 예를 들면 한 기에 1,000세대분 이상의 전력을 제공하는 대형 풍력발전기를 세우거나 수십 곳의 보육원 등에 태양광발전기를 설치하여 원아나 보호자 혹은 교사를 포함한 수십여 명이 각 곳에서 활동하면서 이를 알리게 되면 실제로는 1,000명 정도를 대상으로 깊이 있는 환경 교육과 계발을 일정 수준으로 추진하게 되는 경우를 들 수 있다. 실제로 나가노 현의 이이다 시와 같이 2010년까지 에너지 절약으로 5퍼센트, 신에너지로 5

퍼센트의 이산화탄소 삭감을 목표로 설정할 경우, 태양광발전으로 환산하면 현재의 20퍼센트에서 30퍼센트로 보급 수준을 높여야 한다. 이것을 구체적인 전략으로 만들기 위해서는 다양한 측면에서 영향력을 가진 보급 수단이 반드시 필요하다. 이것을 사업 차원에서, 단적으로 말하면 적어도 핵심이 되는 사업 부분의 경우에는 억엔 단위의 돈을 움직여야 한다는 것이다.

### 6) 사람, 지혜, 자금

아직까지 자연에너지는 지역에서 사업의 차원으로는 자리를 잡지 못하고 있다. 따라서 사람과 지혜 그리고 자금을 최대로 활용하는 혁신 전략이 반드시 필요하다. 새로운 사업의 추진이 대부분 그렇지만 자연에너지는 그 이상으로 우수한 인재, 혁신적이고 통합적인 지혜 그리고 사업에 걸맞은 자금 조달 능력이 필요하다.

특히 일정 규모 이상의 기업에서는 당연하지만 역할을 분담한 복수의 인원으로 이루어진 팀이 지속적으로 활동하는 것이 사업 차원에서는 필수다. 지금까지 일본 비영리 단체의 전형은 한두 명이 그것도 절반은 자원봉사자로 활동하는 경우가 대부분이다. 과제는 단순하게는 월급과 사무실 비용을 지속적으로 충당할 수 있는가의 여부이지만 억지로라도 사업의 규모를 갖출 수 있도록 도약함으로써 그것을 가능하게 만들 수도 있다.

일반적으로 '사람, 상품, 자금' 중에서 '상품'은 산업 구조상 지역성과 무관한 기업이 담당하고 있기 때문에 지역의 입장에서는 '지혜'를 발휘하는 데 초점이 모아진다. 반대로 일본에서는 정책까지 포함하여 지나치게 '상품'에 주력해 왔기 때문에 '상품'을 능숙하게 다루는 이른바 서비스 모델 부분에서 혁신의 여지가 매우 크다. 예를 들면 연료전지는 '상품'이라는 측면에서 정책적으로도 다수의 기업이 개발을 진행하고 있지만 그것을 활용하는 입장에서 보면 가정용 열병합발전이 되고, 현재의 주류인 가스엔진의 후발주자로서 효율을 높일 수 있는 한 가지 수단이 된다. 서비스 모델을 생각하는 입장에서는 가정의 열원과 전원을 기존 주택과 신축 주택에 어떻게 가장 적절하게 배치할 것인가의 문제가 된다. 이렇게 보면 사용자 관점에서 개선의 여지는 아주 많다.

### 7) 채산성

자연에너지의 비용은 아직 대체로 높고, 도입하는 것만으로 이익이 발생하는 것이 아니기 때문에 채산을 맞추기 위해서는 15년에서 20년이라는 장기간이 걸린다는 사실을 염두에 두어야 한다. 하지만 비영리 단체나 공공성의 측면에서는 시도만으로도 성과를 얻는 것이고 손해를 보지 않으려면 자금은 그 기간이나 위험도를 고려하여 설정한 조건에 따라 조달하면 문제가 없다. 비영리 단체는 어떤 의미에서 사회의 개척자이기 때문에 '손해를 보지 않으려면 좋은 일은 단계적으로 진행한다'는 전제를 내세우는 것이 자연스럽다. 조금 더 정확히 얘기하면 사업자의 수익 회수에 오랜 기간이 걸리고 이익률이 그리 높지 않은 경우에도, 예를 들면 은행이나 시민 출자자에 대한 변제와 분배가 충분히 이루어지도록 만들어야 한다. 또한 미래에 자신들뿐 아니라 관계자들에게도 부담을 주지 않도록 사무 비용이나 부대 비용을 모을 수 있다면 회사의 이익은 영업 면에서의 추가적인 노력을 통해 확보한다는 사고방식을 가져야 한다. 다시 말하면 어떻게든 관계자들에게 부담을 주지 않는 방안을 확보한다면 이후에는 자유로운 창의적 연구를 통해 더 의미 있고 즐거운 사업을 폭넓게 추진해야 한다.

### 8) 사업 모델의 통합

시도 자체만으로는 채산을 맞출 수 없기 때문에 새로운 모델이나 얼개를 도입하여 채산을 맞추는 것이 과제가 된다. 하지만 그것도 부분적인 개선으로는 해결할 수 없는 경우가 대부분이라서 자연스럽게 2차, 3차, 4차, 5차 등의 새로운 방식에 기초한 개선이 필요하다. 예를 들면 여러 개의 주문을 모은 다음 싼 가격을 부르는 것이 고전적인 방법이다. 하지만 모으기 위해서는 모을 수 있는 방안을 연구해야 하므로 그 자체가 훌륭한 사업 모델이 될 수 있다. 그렇지만 그것만으로는 충분하지 않기 때문에, 예를 들면 전력의 환경 가치(녹색 전력)를 끌어 모아 환금 상품으로 만들거나 또는 환경 교육 수단으로서의 가치를 인정받아 고정 요금으로 전력을 구매하도록 합의하는 등의 다양한 요소를 연계하면 어렵사리 채산의 고개를 넘어갈 수 있다.

이것이 가능하려면 본질적 기능을 분해하고 대안에 대한 평가와 선택이라는 분석 및 판단 능력을 기르고 대안을 폭넓게 고려할 수 있는 업계나 제도와 관련된 전문 지식 및 여타 선진업계의 유사한 기능과 업무에서 배울 수 있는 조사 분석 능력 등을 갖추어야 한다. 새로운 발상이나 발견은 혁신의 계기가 되기 때문에 중요하다. 하지만 그것을 하나의 완결된 사업으로 일구기 위해서는 여러 가지 중요 기능에 더하여 기존에 없던 모델을 적용하거나 적어도 상황에 맞춘 최적화를 도모하는 등 크고 작은 혁신을 통해 그 전체를 통합하는 상당히 고도의 능력이 필요하다.

### 9) 시민과 사용자의 관점

대체로 일본에는 호송선단식(護送船團式, 정부와 기업의 관계에서 정부가 기업을 이끌어 가는 방식. 옮긴이)이라 불리는 독특한 정책의 역사가 있다. 특히 에너지업계에서는 거대 전력회사의 지역 독점을 필두로 대규모 조직과 정부 규제에 기초한 통제가 지금까지 이어져 왔기 때문에 개별 가정에서는 주어진 것을 맹목적으로 받을 수밖에 없었다. 하지만 이처럼 거대한 국가적 체계가 석탄을 태워 온난화를 촉진시키고 원자력 발전이 수차례에 걸쳐 사고를 냈음에도 멈추지 못하는 현실을 바라보면서 업계 사정을 모르는 일반 시민 중에서도 상당수가 환경문제에 관심을 가지거나 에너지 절약 의식을 가지게 되면서 태양광발전이나 풍력발전에 흥미를 보이고 있다. 이러한 흐름에서 잠재적 필요와 제공하는 서비스 사이에 커다란 틈이 발생하고 자연스럽게 그것을 메울 가치를 이끌어 내기 위한 새로운 사업 기회가 존재한다.

그러한 방법에는 주로 두 가지 방향이 있다. 한 가지는 환경 공헌 등의 미묘한 느낌을 구체적으로 표현하는 것이다. 또 한 가지는 자금을 손해 보지 않는 방식으로 사업을 꾸려 더 쉽게 참여할 수 있게 만드는 것이다. 예를 들면 풍력발전에 출자하겠다는 시민을 모아 간담회를 열면 사람들이 정열적으로 자신의 인생관에서부터 주절주절 이야기보따리를 풀어 내며 마이크를 놓지 않는 현상을 목격하게 된다. 어떤 기획자도 예상하지 못했던 일로 이야기가 아주 감성적이어서 때로는 눈물을 흘리기도 한다. 일본인의 정서에서는 '나는 이렇게 환경에 도움이 되는 일을 하고 있다'는 식으로 사람들에게 내세우기는 어렵지만 그것을 표현하게 되면 생각지도 못한 힘이 솟아나게 된다. 이러한 장을 마련하고 일상생활에 자리 잡을 수 있는 계기를 제공하는 것이 바로 상품화의 사고방식이다.

또 일반적으로 환경에 공헌하는 방식에 자금의 각출이 수반되면 참여가 어려워지지만 현실적으로는 수익에 연연하지 않는 소수의 사람들(매니아층)만이 참여하고 있는 영역도 많다. 이런 상황에서 '손해 보지 않는' 참여 방식을 제공함으로써 참여를 유보하고 있거나 환경 의식은 있지만 직접 참여하는 것은 꺼리는 사람들이 표면으로 나올 수 있도록 만든다면 더 많은 사람들의 참여를 유도할 수 있다.

이런 상황에서 시민, 개인 사용자의 미시적인 입장에 서서 실현 수단을 찾아내면 자연스럽게 상품 개발로 이어진다. 예를 들면 태양광발전은 보통 원금을 회수하는 데 20년 이상이 걸린다는 조건이 따라붙는 데 이 또한 불확실하긴 하지만 해당 발전 실적을 알기 쉽게 만들거나 자가 소비분의 녹색 전력을 팔아 손해 보지 않는 수준으로 맞추고, 에너지 절약과의 합산을 쉽게 만들어 수익성 게임으로 만드는 등 여러 가지 수단을 활용할 여지가 있다.

### 10) 시장 활성화 조직이라는 개념

전형적으로는 개발도상국에서 예를 들면 전기가 없는 지역에 태양광발전을 도입하고자 할 경우에 그것을 행정이나 다양한 지역 관계자들의 협의와 조정을 통해 실현시키는 단체를 국제적으로는 시장 활성화 조직(Market Facilitation Organizations, MFO)이라 부른다. 협의와 조정의 내용은 다르지만 현재 일본에서는 별도의 여러 이유로 자연에너지의 효율적인 보급을 가로막는 장애물이 개발도상국의 전기가 없는 지역 이상으로 많다고 봐야 한다.

이러한 전망과 과제를 의식하면서 때로는 정책적으로, 때로는 사업적으로, 또 때로는 시민의 감각에 기초하여 비영리 단체 방식으로 사업을 추진하면서 넓은 의미에서 자연에너지 보급 사업을 수행하는 조직이나 소속이 다른 개인까지 포함하는 집단이 일본판 시장 활성화 조직으로 장차 활약할 필요가 있다.

## 4. 이이다 시의 사례

나가노 현 이이다 시에서는 〈오히사마(おひさま, 해의 높임말. 옮긴이) 진보 에너지〉라는 회사가 비영리 법인 〈미나미신슈南信州 오히사마 진보〉를 모단체로 하여 설립됐고, 이 글에서 소개한 새로운 패러다임에 기초해서 지역 에너지 사업을 시작했다. 이이다 시가 〈환경성〉의 '환경과 경제의 선순환을 위한 시범 마을 사업'(통칭 '헤이세이의 아름다운 나라 사업')에 선정되면서 〈오히사마 진보 에너지〉가 실시 주체가 되는 민간 차원의 사업인 동시에 시와의 협력 관계에 기초한 공익 사업의 형태로 지역 에

너지 사업이 꾸려지고 있다. 그리고 전국에서 최초로 시민 출자를 태양광발전과 '상가 ESCO' 사업에 적용하여 하나의 프로젝트를 계기로 삼아 실로 다양한 보급계발 효과를 얻고 있다. 태양광발전의 경우, 보육원이나 공민관(公民館, 우리의 마을회관에 해당함. 옮긴이) 등 서른다섯 곳의 설치 장소에서 환경 학습 모임이나 원아들이 즐겁게 참여할 수 있는 행사 등을 동시에 추진하고 있다. 또한 보행자나 원아가 눈으로 직접 볼 수 있도록 발전할 때 빛을 내는 표시 장치를 부착했다. 이를 통해 보통 소리도 없고 주의를 끌지 못하는 태양광발전의 작동 과정을 볼 수 있게 됐다. 또한 사업으로 조성하는 과정에서는 사용자의 입장에서 발전량에 기초한 비용 대비 효과의 최적화, 일괄 발주, 집중 관리 체제 도입, 녹색 전력으로서 환경 가치의 환금화 등 여러 가지의 새로운 방식을 연구하여 채산을 맞추고 있다. 상가 ESCO 사업의 경우에는 이전에는 대규모 설비만이 채산을 맞출 수 있었던 사업의 특성을 연구하여 더 작은 소규모에서도 또 다른 각도에서 경제성을 확보할 수 있는 본보기를 개발했다. 초기에는 보조금이 포함된 경우에만 채산성이 있었지만 사업 시작 후 2년 정도 사이에 적극적인 사업 개발과 기술 축적을 통해 이후에도 자립적 발전이 가능하리라 기대하고 있다.

## 5. 전망

소규모 공간에서 자연에너지 사업과 에너지 절약 보급을 위한 사업을 실현할 수 있는 곳은 개별 사안으로 보면 구체적으로는 지역이다. 따라서 앞으로도 다양한 지역에서 여러 각도로 사업화를 추진할 필요가 있으며, 실제 사례도 많다. 하지만 지금까지의 시도 중 성과를 거둔 경우가 드물기 때문에 지역에서의 시장 전략이 더욱 필요하다.

정부 차원의 지구온난화 대책에서는 민간 수요 부문의 에너지 소비 확대를 줄이지 못하고 있기 때문에 특히 소규모의 대상, 예를 들면 가정이나 상점, 소규모 건물에 대한 대책이 중요하다. 몇 가지의 정책적인 추진 방안은 있겠지만 성과가 나오지 않는 현실을 고려한다면 그러한 개별 추진 방안을 개별적 수단으로 활용하고 또한 기술이나 보조금뿐만 아니라 사용자를 중심으로 한 다면적인 가치를 통합할 수 있는 해법의 개발이 절실한 상황이다. 이런 점에서 지역 에너지 사업은 보조금뿐만 아니라 다양한 지원이나 감성적인 응원에 힘입어 점점 더 빨리 추진될 것이다. 🌱

# 4부 | 일본 시장은 앞으로 어떻게 될 것인가?

일본에서 자연에너지 시장의 전개를 가늠하는 데 중요한 세 가지의 정치 영역은 정부의 전망, 세계 동향, 지자체의 실천이다. 각각의 대략적인 상황과 동향을 파악해 보자.

나카지마 에리(경제 산업성)는 정부의 관점에서 본 자연에너지 시장에 대해 기고했다. 정부도 2004년 '시장'에 초점을 맞춘 '신에너지 산업 전망'을 공표하고 검토 기구를 설치하여 녹색 전력 사업의 가능성을 발굴하는 등 기존의 보조금 지급에만 머물지 않고 새로운 보급 방안을 검토하고 있다.

오바야시 미카(환경 에너지 정책 연구소)는 자연에너지의 목표치가 최대의 정치적 초점이 된 '자연에너지 2004 국제회의'를 중심으로 자연에너지 확대를 위한 국제정치에 커다란 흐름이 형성되고 있는 상황을 보고한다.

오사카 세이지(홋카이도 니세코 정장)는 '자연에너지 2004 국제회의'와 관련한 일련의 과정에 참가한 입장에서 자연에너지와 지자체의 관계에 대해 논한다. 과거 에너지 정책은 '정부'가 결정하는 사항으로 지자체는 전혀 관여하지 않았다. 하지만 지방분권의 흐름이나 지구온난화 대책에서 지자체를 발판으로 자연에너지에 대한 지자체의 역할이 급속하게 확대되고 있다.

# 13장 신에너지 산업의 전망—자립적이고 지속 가능한 신에너지 산업의 발전을 향해

나카지마 에리中島惠里

1972년 교토京都 부에서 태어났다. 1995년 교토京都 대학 법학부를 졸업하고 〈환경청〉에서 근무하기 시작했다. 2000년에는 케임브리지 대학 토지경제학과 석사 과정을, 2001년에는 옥스퍼드 대학 환경변화·관리학과 석사 과정을 마쳤다. 현재 〈경제 산업성 자원 에너지청〉 신에너지 대책과에 근무하고 있다. 지은 책으로 『2100년 미래로의 여행2100年未来の町への旅』, 『지구 시대의 지자체 환경 정책地球時代の自治体環境政策』, 『환경복지학環境福祉学』, 『사회통합ソーシャル インクルージョン』(이상 모두 공저) 등이 있다.

## 1. 서론

일본에서는 1974년 선샤인 계획이 시작된 이후 약 사반세기에 걸쳐 신에너지의 연구 개발, 실증 연구 그리고 도입 보조를 위해 정부 차원에서 자금을 지원하여 이를 촉진해 왔다. 1997년에 '신에너지 이용 등의 촉진에 관한 특별 조치법'을 제정하여 신에너지 발전 사업에 대한 지원을 적극적으로 추진하고 있다. 또한 2003년에는 '전기 사업자에 의한 신에너지 등의 이용에 관한 특별 조치법(신에너지 RPS 법)'을 도입하여 소매 전기 사업자에게 일정량 이상의 신에너지 공급을 의무화하여 신에너지의 보급 확대를 위해 노력해 왔다.

그 결과 선샤인 계획의 초기에는 산업으로서의 틀을 거의 갖추지 못한 신에너지 분야에서도 산업으로 간주할 만한 영역이 서서히 등장하고 있다.

이 때문에 이후의 신에너지 정책은 기존의 틀을 넘어 신에너지를 산업과 산업 정책의 관점에서 접근하여 경쟁력을 갖춘 자립적인 부문으로 설정함으로써 신에너지의 보급과 도입을 적극적으로 도모하는 것이 중요하다.

이런 상황을 고려하여 〈자원 에너지청〉의 에너지 절약·신에너지 부서에 2003년 12월 〈신에너지 산업 전망 검토회〉를 설치하고, 신에너지 산업의 미래 전망과 이를 실현하기 위한 시책을 검토해 왔다. 구체적으로는 태양광발전, 풍력발전, 바이오매스 에너지에 대해 관련 사업자의 의견을 수렴하여 산업으로서의 현황(시장 규모, 동향)과 과제를 정리했다. 이 또한 신에너지를 포괄하는 사업이다. 녹색 전력 프로그램과 마이크로그리드 사업에 관련된 추진 상황도 정리했다. 그리고 더욱 자립적이고 지속 가능한 신에너지 산업의 중장기적 방향성과 그것을 실현하는 데 필요한 시책도 검토했다.

이러한 작업에 기초하여 2004년 6월 신에너지 산업 전망을 취합하여 공표했다. 여기에서는 〈신에너지 산업 전망 검토회〉가 제시한 신에너지 산업의 중장기의 미래 전망과 이를 실현하는 데 필요한 종합 정책과 신에너지 산업별 정책을 각각 제언하고 있다.


## 2. 신에너지 산업 전망의 개요

### 1) 검토의 시점

지금까지의 신에너지 관련 기술 개발 및 도입 추진 시책을 검토한 결과, 신에너지 분야에서도 산업으로 간주할 수 있는 부문이 등장하고 있다. 신에너지 산업은 에너지·환경 정책상에서 중요할 뿐만 아니라 국제시장에서의 역할이나 지역 경제의 활성화에도 기여할 것으로 기대하고 있다. 이런 측면에서 이후에는 산업 경쟁력 강화와 함께 더욱 자립적인 신에너지 산업의 육성이라는 관점에서 신에너지 분야에서 필요한 시책을 검토하고 신에너지의 도입과 보급을 더욱 촉진할 필요가 있다.


## 2) 신에너지 산업의 현황

현재의 신에너지 산업은 주로 신에너지 관련 기기 등의 제조업과 신에너지를 공급하는 사업자 등으로 구성되어 있다. 해당 사업의 전개는 아직 제한된 영역에 머물고 있으며, 또한 분야에 따라서는 해외의 기술과 기기에 의존하고 있다.


## 3) 정책의 현황과 과제

지금껏 강구된 신에너지 정책은 신에너지 관련 기기 업체를 중심으로 하는 기술 개발 지원이나 신에너지 공급 사업자에 대한 초기 투자 보조 등 하드웨어 부분에 대한 지원책이 중심이었다. 이는 신에너지 공급에 필요한 설비 용량을 직접적으로 늘리는 방식을 통해 신에너지의 도입을 촉진하는 데 주안점을 두었기 때문이다. 이후의 신에너지 정책은 신에너지를 산업 차원에서 접근하고, 신에너지의 경쟁력과 자립성의 강화를 통해 그 보급과 도입을 확대하는 관점에서 검토할 필요가 있다.


## 4) 미래 전망

2010년과 2030년의 신에너지 산업의 미래 전망으로서 태양광, 풍력, 바이오매스 에너지를 합한 시장 규모는 2010년에 약 1조 1,000억 엔, 2030년에 약 3조 엔이며, 고용 규모는 2010년에 5만 명, 2030년에는 약 31만 명으로 늘어날 것으로 기대된다.(그림 1)


## 5) 신에너지 산업의 중장기 미래상(~2030년 무렵)

신에너지 산업 전망에서는 2030년 무렵까지의 중장기를 전망한 에너지 산업의

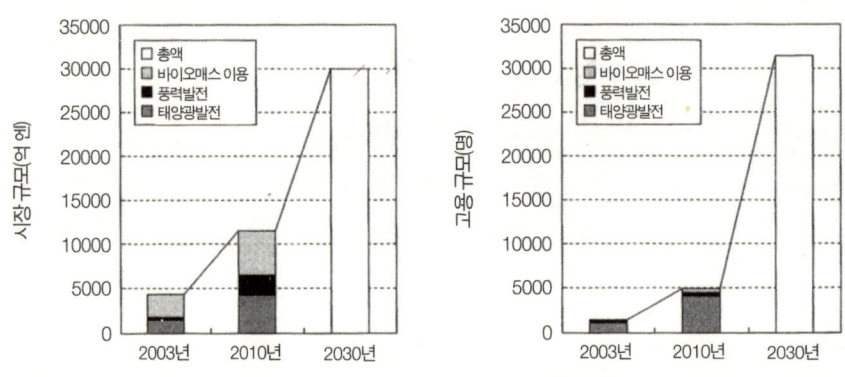

그림 1. 2010년, 2030년의 시장 규모와 고용 규모

미래상을 제시하고 있다. 이를 통해 사업으로서의 경쟁력이 더 강화되어 더욱 자립적인 산업이 될 것으로 기대하고 있다.


① 공급자와 수요자의 필요에 더 충실한 자립적·지속적 신에너지 사업의 전개

앞으로는 수요자의 필요에 기초한 신에너지 공급 서비스 제공, 신에너지를 이용한 에너지 이외의 부가가치의 활용이나 수요자인 동시에 공급자로 참가하는 방식 등을 통해 지속적으로 '시장 주도형'을 활성화시켜 신에너지 사업을 확대한다.

이를 통해 개별 신에너지 설비의 도입이라는 협소한 사업의 차원을 벗어나 다양한 수요자의 필요에 부응하는 다양한 대응 사업solution business을 창출할 것이다. 이에 기초하여 신에너지 시장은 확대될 것이다.

② 지역 경제와 공존·공영하는 신에너지 사업의 창출

신에너지 산업은 '지역에서의 에너지 생산과 소비'(地産地消)를 통해 자원·에너지의 순환 체계를 실현하고 새로운 산업 클러스터(Industrial Cluster, 관련 있는 산업의 기업과 기관들이 한곳에 모여 시너지 효과를 도모하는 산업 집적 단지. 옮긴이)의 형성을 통해 지역

경제의 활성화라는 효과를 창출할 뿐만 아니라 '에너지를 지역 내에서 생산하여 활용하는 방식(地産地生)'을 통해 지역 과제의 해결이나 지역의 새로운 문화와 교육의 장을 창출할 수 있다. 이와 같이 신에너지 사업은 지역의 경제사회에 다양한 가치를 창출함으로써 새로운 지역 공동체의 발전을 실현한다.

③ 세계시장에서 경쟁력을 갖추고 국제사회에 공헌하는 산업

신에너지 산업은 일본이 국제 경쟁력을 가진 새로운 산업 분야의 하나로서 국제시장에 내놓을 수 있는 사업 영역의 확대를 도모하는 동시에 개발도상국 특히 아시아 지역의 에너지 문제, 지구환경문제의 해결 등 국제사회에 공헌하는 산업이 된다.

## 6) 자립적인 신에너지 산업으로 나아가기 위한 중점 시책

앞에서 서술한 신에너지 산업을 중장기적으로 실현하기 위해서는 다음과 같은 새로운 사업 창출을 지원하기 위한 종합적인 대책이 필요하다.

### 새로운 "신에너지 사업 모델"과 "지원 사업"의 창출을 지원

수요자의 필요에 맞는 이른바 '시장 주도형'의 실현을 통해 더 자립적이고 지속적으로 사업을 추진하고 신에너지 산업이 세계시장에서 경쟁력을 갖추도록 만들기 위해서는 복수의 신에너지나 기타 에너지 기술을 연계하여 신에너지의 질과 부가가치를 향상시켜야 한다. 이에 기초하여 수용자의 필요에 알맞은 신에너지를 공급하는 사업 모델을 창출해야 한다.

이를 위해서는 기존의 개별 설비 도입에 대한 지원만이 아니라, 예를 들면 다음과 같은 신에너지 분야에서 새로운 사업 모델의 창출을 지원하기 위한 제도적 정비가 필요하다.

① 네트워크 제어 기술 등을 활용한 수급 일체형 사업

일정 지역에서 다양한 신에너지의 조합을 제어하고 운용함으로써 전력과 열을 공급하는 사업이다. 단일 시설 내에서의 신에너지 설비와 에너지 절약형 건축 설계를 최적으로 조합하여 수요자의 가정에 쾌적하고 환경 부하가 적은 거주 공간을 제공하는 서비스 등을 생각할 수 있다.

② 녹색 전력 활용형 사업

시민이나 기업의 출자, 신에너지 도입에 따른 비용 상승분을 기부라는 형태로 상품 가격에 포함시켜 처리하는 프리미엄 상품을 개발하고 서비스를 판매함으로써 신에너지 도입을 위한 자금 조달원을 다양화한다. 또한 신에너지로 생산한 전기나 열을 직접 공급하는 녹색 요금이나 녹색 증서 등 녹색 전력 프로그램을 활용해 전기, 열 등의 판매처를 다양화함으로써 신에너지의 사업 영역을 확대한다.(그림 2)

③ '새로운' 신에너지 사업 추진을 지원하는 사업

유망한 신에너지 사업의 신규 참여와 사업화를 촉진하기 위해 신에너지 공급 사업자와 공급 설비 제조업체, 연료 공급 사업자, 부산물 활용 사업자 등 다양하고 광범위한 관계자를 연계하는 사업, 신에너지 공급 사업과 지역의 교육 사업이나 관광 사업 등을 연계하는 사업 또는 부가가치가 높은 신에너지 상품을 개발하기 위한 컨설팅 사업이나 시민 출자형 사업 추진을 지원하는 컨설팅 사업, 신에너지 사업에 대한 금융 사업 등의 지원 사업을 상정할 수 있다.(그림 3)


**지역 경제사회의 활성화와 함께 지역 에너지의 지산지소를 실현하는 '지역 창발형 신에너지 사업'의 창출을 지원**

신에너지 산업은 본질적으로 지역의 자연 자원을 최대한으로 활용하는 '지산지소地産地消'의 성격을 갖고 있다. 이런 면에서 지역의 지혜·지식·기술·인재를 활용

## 그림 2. 네트워크를 활용한 수요 공급 일체형 사업

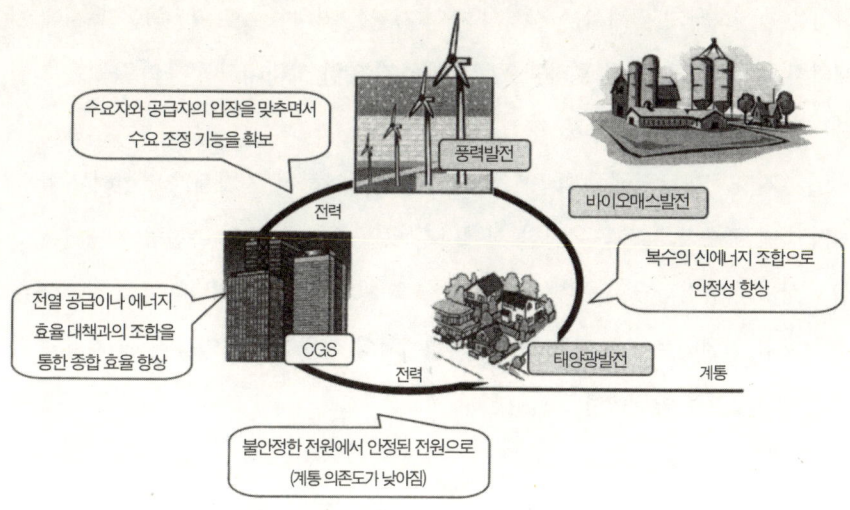

## 그림 3. 녹색 발전 활용형 사업

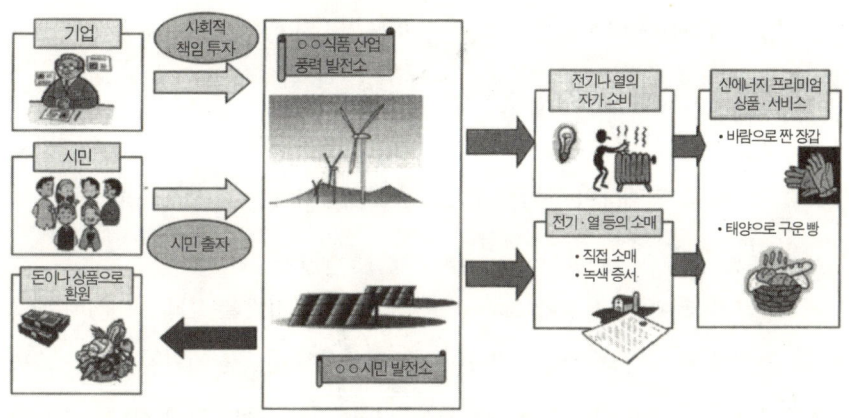

한 지역 창발형의 사업이 전개될 것으로 기대한다. 이러한 지역 창발형의 신에너지 사업을 활성화하기 위해서는 지역의 자연 자원을 최대한으로 활용하는 동시에 지역의 지혜·기술·인재를 효과적으로 연계하기 위한 코디네이터 등의 육성을 지원하는 것이 중요하다.

또한 지자체가 담당해야 할 역할의 중요성에 착안하여 '지자체가 달성해야 할 구체적인 목표 수치 설정을 포함한 신에너지 도입 계획 수립'을 촉진하는 동시에 그 실시 상황의 점검과 공표를 통해 실적이 좋은 지자체에는 표창 제도, 보조금 제도를 활용한 인센티브를 부여함으로써 지역에서의 신에너지 도입을 위해 지자체 간의 지혜의 경쟁을 촉진한다.(그림 4)

## 7) 새로운 신에너지 사업을 담당할 인재와 신에너지의 새로운 수요처를 만들어 낼 수 있는 인재를 육성하는 '신에너지 인력 육성'

새로운 신에너지 사업이나 지역 창발형 사업의 창출을 촉진하기 위해서는 새로운 수요를 발굴해야 한다. 그리고 이러한 필요에 적절하게 대응하는 사업 모델을 고안해 내고 이를 사업화하여 지속적으로 운영할 수 있는 인재가 꼭 필요하다. 따라서 새로운 신에너지 사업 모델을 창출하는 선도자, 사업화에 따른 위험을 부담할 사람, 관계자들을 연계하여 사업을 구체화할 코디네이터 등의 인재를 육성하는 것이 중요하다.

또 한편으로 중장기적으로는 새로운 생활 방식과 가치관을 갖고 에너지의 새로운 수요를 만들고 시장 측면에서 지속적으로 신에너지 사업을 지원할 두터운 소비자층의 존재도 꼭 필요하다. 이를 위해서는 신에너지의 사회적인 인지도를 높이고 이해를 심화시키기 위한 교육도 중요하다.

**그림 4. 지역의 경제·사회 활성화와 일체화된 지역 에너지 지산지소의 실현**

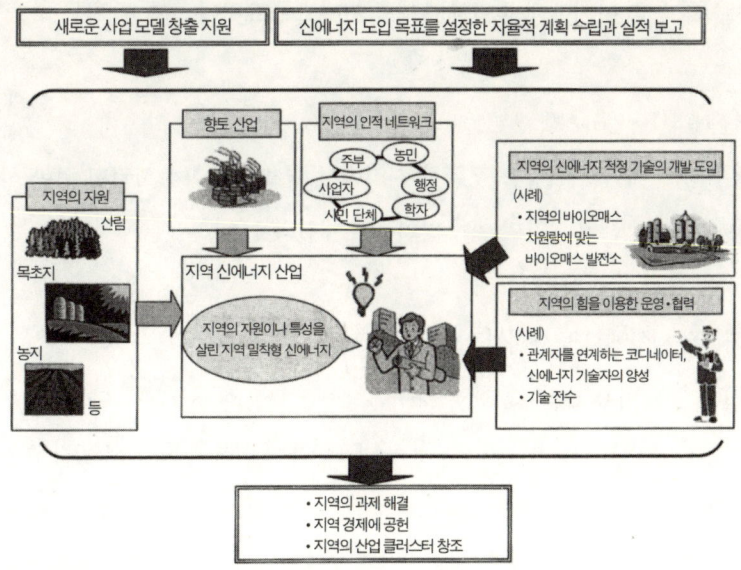

## 8) 횡적인 신에너지 산업 시책

신에너지 사업을 지속적으로 촉진하기 위해서는 에너지 시장을 포함한 시장 경쟁력을 향상시켜야 한다. 특히 중요하다고 생각하는 사항을 중심으로 검토가 필요한 시책을 정리했다.

① 사업성의 향상
② 새로운 수요 창출
③ 자금 조달
④ 사업 환경 정비
⑤ 기술 개발

또한 경쟁력을 갖춘 신에너지 산업은 일본이 지구온난화나 에너지 문제 등에 대한 국제사회 특히 아시아에 공헌하는 데 있어서도 중요하다.(그림 5)

### 향후 신에너지 산업의 시책 체계
지금부터는 에너지 시장을 포함한 시장에서 경쟁력을 향상시키기 위한 사안별 대책과 신에너지 산업 전망의 연계 방안을 소개한다.


### 9) 에너지 시장에서의 사업성 향상
① 자본 형성 비용(건설비)을 대폭 낮추기
- 설비 설치 보조는 당연하며, 경제적인 면에서 더욱 불리한 재생 가능 에너지에 중점을 두기.
- 기술 개발, 표준화 등을 비용 저감과 연계하는 방안을 중점적으로 지원.

② 상품의 질 향상
- 분산형 전원 제어 기술을 활용하여 복수의 분산형 전원 네트워크를 구축하고 축전지를 활용하여 출력 변동을 억제함으로써 신에너지라는 '상품'의 질적 향상을 추진.

③ 부가가치의 증대
- 신에너지가 가진 환경성, 지속 가능성, 지역 순환성 등의 다양한 가치를 녹색 증서 등을 통해 시장화해서 신에너지 사업의 창출이나 영역 확대를 지원.


### 10) 새로운 수요 창출
① 고객의 창출과 확대
기업·소비자·지자체·비영리 단체 등의 다양한 주체가 스스로의 필요에 따라

## 그림 5. 향후 신에너지 산업의 시책 체계

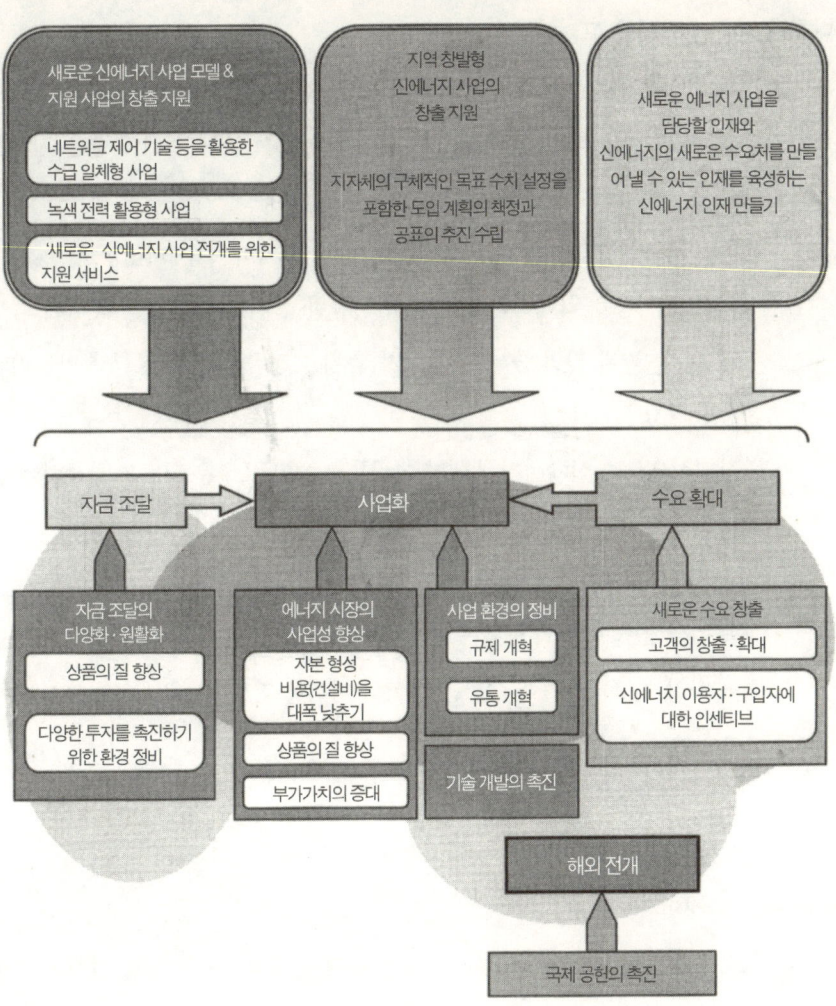

신에너지를 설치하거나 이용함으로써 시장을 확대하는 것이 중요하다. 이를 위해 다음과 같은 방안들을 고려한다.

- 지자체가 구체적인 목표 수치(자금 제공, 설비 설치, 이용 등)를 담은 자율 계획을 수립하도록 촉진하고 실시 상황의 점검과 공표를 통해 실적이 좋은 지자체에는 표창 제도, 보조금 제도를 활용하여 인센티브를 제공.
- 집합 주택, 산업 단지 등을 특정 지역에 집중 도입하여 수요를 창출.
- 정책적인 시장을 확대하는 RPS법의 원활한 실시를 추진하는 동시에 녹색 전력 요금, 녹색 전력 증서 등 수요자 측에 초점을 맞춘 프로그램 만들기나 운용도 중요.
- 중장기적으로는 신에너지에 대한 이해를 높이고 새로운 필요를 창출하여 잠재적인 수요자를 육성하는 교육도 중요.

② 신에너지 이용자와 구입자에 대한 인센티브
- 공적 자금 조성 이외의 방법을 통해 소비자·기업·지자체 등에 신에너지 도입에 따라 인센티브를 부여하는 방식의 시책을 검토(에코머니, 자가 소비분의 녹색 증서화 등).


## 11) 자금 조달의 다양화·원활화

① 융자 환경의 정비
- 프로젝트 금융은 최저 15년도의 사업 수지 전망이 가능하도록 환경을 정비(신에너지 RPS법의 지속적·안정적 운용 등)하는 것이 중요.
- 정책 융자 제도 절차의 간소화와 심사 기간의 단축 필요.

② 다양한 투자를 촉진하기 위한 환경 정비
- 시민 출자, 사회적 책임 투자 등을 활용하여 일반 소비자에게 정보 공개와

더불어 정보 제공 등을 추진.

- 시민 출자를 활용한 신에너지 도입 사업에 대한 컨설팅 활동을 지원.
- 신에너지에 대한 투자 이익의 환원에 자금만이 아니라 상품이나 서비스 등을 포함한 다양한 방법의 활용을 지원.

## 12) 사업 환경의 정비

### ① 규제 개혁

- 원활하게 사업을 추진할 수 있도록 입지 · 운반 · 설치 · 운용 단계에서 규제 등 절차를 일괄 서비스로 제공하는 간소화, 절차 표준화, 통일화 추진이 중요.

### ② 유통 개혁

- 태양광발전 시스템 등을 설치하는 일반 소비자가 각 회사의 상품을 비교 · 검토하여 구입할 수 있도록 지원하는 정보 제공 서비스의 추진 등을 통해 유통 경로의 다양화나 효율화를 향상.

## 13) 기술 개발의 촉진

- 효율화, 비용 저감, 수명 연장, 소비자의 필요에 대한 적합성을 구현하기 위한 기술 개발의 촉진.
- 단기적으로는 더 많은 비용을 절감할 수 있는 생산 기술의 개발='선택과 집중', 중장기적으로는 난관을 돌파하는 혁신 기술의 개발='가능성의 탐색'을 지향하는 기술 개발의 지형도 수립.

## 14) 국제 공헌의 추진

- 일본의 뛰어난 기술을 해외에 보급하기 위해 해외 실증 등의 지원 정책 검토.

- 〈일본 무역 진흥 기구(JETRO)〉의 지역 연계형 산업 교류 사업 등을 활용하여 지역 간 협력을 통한 신에너지 기술의 보급과 촉진을 검토.

## 15) 신에너지별 산업 시책

신에너지 산업 전망에서는 신에너지 중에서도 신에너지 산업으로서의 발전이 기대되는 태양광, 풍력, 바이오매스에 대해 대안을 각각 강구하는 것이 효과적이라고 판단하여 각 에너지 특성별로 산업 시책을 정리했다.

### ① 태양광발전

―경쟁력의 원천이 되는 기술 개발의 전략적 추진
- 태양광발전 시스템 기기의 설치와 판매에 들어가는 비용을 줄이기 위해 원재료에서 생산 과정에 이르는 전 과정에서 기술 혁신을 추구하는 전략적인 기술 개발.
- 계통 연계의 제약을 극복하거나 잉여 전력 제도를 지속하는 것이 중요.

―지속적인 수요 창출
- 폭넓은 수요를 창출하기 위해 융자 등의 보조금에 머무르지 않고 다양하고 적절한 인센티브를 부여(주택 분야 이외의 신에너지, 에너지 절약 기기를 통합한 지원).
- 전기 판매만을 목적으로 하는 사업 모델, 지역사회를 기초로 한 도입 등을 지원.

― 산업의 자립도 향상을 위한 경쟁력 강화
- 시공에 관련된 인재를 육성하거나 품질과 성능, 안전성 확보에 기여하는 기준·표준·인증 제도의 확립.
- 해외 실증을 통한 국제 협력 추진.

② 풍력발전

—자금 조달의 다양화와 전기 판매 방식의 다양화

　• 시민 출자, 직접 투자를 통한 자금 조달과 직접 판매, 녹색 전력 증서화 등을
　　통한 전기 판매 방식의 다양화 추진.

—일본의 자연에 적합한 풍차 모델의 확립: J-Model

　• 일본 국내용 설계 기준의 설정, 낙뢰 대책, 가동 사고 정보의 공유 추진.

—최적의 입지, 최적의 리드타임, 최적 운영 방식의 사업 전개: 스마트 풍력 사업

　• 입지 · 건설 · 운영 등에 관한 규제 완화, 표준화에 대한 검토.

　• 해상 풍력발전 검토.

—지역과 함께 발전하는 풍력발전 사업

　• 사업자, 지자체, 지역 시민 단체 연계형 사업에 대한 지원.

—아시아에 공헌하는 풍력발전 사업: ASIA Model

③ 바이오매스 에너지

—지역 특성에 적합한 바이오매스 에너지 이용의 촉진

　• 바이오매스 기술 개발 지형도 수립.

　• 지역 특성 · 사업 특성에 맞춘 기술의 개발과 도입 촉진.

　• 지산지소형 · 지역 순환형 바이오매스 산업의 확립.

— 사업 환경의 정비

　• 바이오매스 이용과 활용에 관한 신기술, 우수 사례의 정보 공유 등.

　• 각종 법 규제의 완화 검토.

　• 절차 간소화와 표준화, 절차에 관한 일괄 서비스의 제공 추진.

　• 통합 체계의 설계 방법을 개발, 정보 공유.

—다양한 사업 관계자와 네트워크 형성

- 바이오매스 관련 정보의 수집과 제공 기능의 강화.
- 지역 연계에 기여하는 소프트웨어 관련 사업에 인센티브 부여.
- 지역에서 핵심이 되는 인재의 육성 추진.
- 지역 연계형 모델의 지역에서의 실행 등.

─ 사업 모델의 확립과 다양화
- 바이오매스 에너지에 관련된 잠재적 출자자나 수요자 발굴.
- 기술 인증 제도 검토.
- 녹색 연료(열 이용) 인증 제도 검토.

─바이오 사업의 해외 추진
- 해외 타당성 조사(Feasibility Study, FS), 실증 시험(Field Test, FT) 사업에 대한 지원 검토.

## 3. 신에너지 산업 전망 수립을 통한 새로운 신에너지 시책의 전개

〈경제 산업성〉은 이러한 신에너지 산업 전망에 기초하여 다양한 시책을 실시하고 검토하고 있다. 지금부터는 그중에서도 '자립적인 신에너지 산업을 향한 중점 시책'에 관련된 추진 방안을 소개한다.

우선 신에너지 산업의 중장기적 미래상의 실현을 위한 새로운 신에너지 사업 모델로 마이크로그리드가 있다. 이것은 일정 지역 내에서 복수의 분산형 전원 및 제어 장치 등을 조합하여 연계한 것으로 이에 기초하여 에너지 공급 시스템과 '네트워크 제어 기술 등을 활용한 수급 일체형 사업'을 추진하기 위한 시책을 설계하고 있다. 구체적으로는 변동 전원인 태양광을 비롯한 풍력발전, 기타 각종 신에너지를 적절하게 조합하여 제어하는 시스템을 개발하여 안정된 전력과 열을 공급하는 '신에너지를 이용한 분산형 에너지 공급 시스템'을 구축한다. 이를 통해 공급 전력의 품질, 비용, 기타 자료를 수집하고 분석하는 실증 연구(신에너지 등 지역 집중 실증 연구 2003~2007년도)나 신에너지 등의 분산 전원이 대량으로 연계된 경우에도 계통의 전력 품질에 악영향을 미치지 않도록 만드는 계통 제어 기술이나 신에너지를 주체로 한 분산형 전원을 이용하여 수요자의 전기 품질의 필요에 대응하기 위한 실증 기술 연구(신전력 네트워크 시스템 실증 연구 2004~2007년도)를 실시하고 있다. 또한 여기에 더해 2005년도부터는 마이크로그리드를 활용한 사업에 대한 지원을 준비하고 있다.(신에너지 사업자 지원 대책 사업의 일환)

또한 '녹색 전력 활용 사업'에서는 2003년도에 신에너지 보급에 사용자가 참여하는 녹색 전력 프로그램에 관한 국내외의 추진 현황을 조사했다. 그리고 신에너지 산업 전망에 있어서 신에너지로 생산한 전기를 직접 소비자에게 공급하거나 또는 신에너지의 환경적 가치를 증서로 만들어 판매하며, 자금 조달에 있어서 시민과 기업의 출자나 에코머니 등을 활용하는 녹색 전력 프로그램을 활용한 새로운 사업 모델이 기대를 모으고 있다. 녹색 전력 프로그램을 활용한 신에너지 사업을 추진하기 위해 2005년도부터 〈중소기업 기반 정비 기구〉가 진행하고 있는 중소기업과 벤처 도전 지원 사업의 사업화 지원 사업 중에 재생 가능 에너지 특별 기준을 설정하여 창업과 사업 추진을 지원하기로 했다. 나아가 녹색 전력 활용형 사업 중에서도 재생 가능 에너지로 생산한 전기를 소비자에게 직접 공급하는 전기 소매 사업[이하 '녹색 PPS(Power Producer and Supplier)']은 해외에서는 폭넓게 보급되고 있지만 일본에서는 아직 사례가 없다. 이 때문에 2004년 11월 〈자원 에너지청〉 신에너지 대책과에 〈녹색 PPS 연구회〉를 설치해 다음 사항들의 검토를 진행하고 있다.

• 일본에서 실현 가능한 녹색 PPS의 사업 모델은 어떤 것인가?

- 전력 수요자 입장에서 바람직한 녹색 PPS의 요금 프로그램은 어떤 것인가?
- 녹색 PPS의 실시를 촉진하기 위한 환경 정비에는 어떤 것이 있는가?

또한 지역 창발형 신에너지 사업의 창출이나 인재 육성을 위해 2005년부터 신에너지 사업의 경영과 사업 관리 능력, 신에너지 관련 기술을 적절하게 평가할 수 있는 지식, 사업자와 수요자를 연계하고 협동을 가능하게 만드는 경영 능력 등을 갖춘 사람을 지역에서 신에너지 도입을 촉진하기 위한 코디네이터로 육성할 수 있는 체계를 정비하는 사업을 추진하고 있다.

또한 신에너지 중에서도 지역 자원과 인재에 크게 의존하는 바이오매스 에너지를 대상으로 지역 특성에 부합하는 체계로 최적화된 지산지소 및 지역 순환형 모델을 실증할 것이다. 이어서 다른 지역으로 퍼져 나가도록 이끄는 지속 가능한 바이오매스 에너지 시스템의 사회적 실험을 통해 지역 자원과 지혜를 살린 새로운 신에너지 사업의 모델이 보급될 것으로 기대하고 있다. 나아가 국제사회 공헌의 차원에서는 아시아 지역에서 신에너지 산업의 육성에 기여할 수 있도록 신에너지 제도의 구축을 지원하고 있다.

이외에 앞에서 소개한 신에너지 산업 전망에 집약된 각 시책들도 검토를 거쳐 순차적으로 실시할 예정이다. 이와 같이 〈경제 산업성〉은 신에너지 산업 전망에 담긴 신에너지 산업의 중장기적 미래상을 실현하기 위해 각종 지원책이나 환경 정비를 추진하고 있다. 환경에 대한 부하가 적고 에너지의 안정 공급에도 기여하는 신에너지의 지속적인 확대를 위해 새롭고 다양한 사업 모델이 등장하면서 신에너지 산업이 성장할 것으로 기대하고 있다. 🌱

# 14장 자연에너지 국제정치의 전개—지구온난화 방지, 빈곤 해결, 지역 안전보장을 향하여

**오바야시 미카大林ミカ**

1964년 나가쓰中津 시에서 태어났다. 영어 학원 강사 등을 하다가 1992년부터 1999년까지 원자력 자료 정보실 직원으로 일하며 에너지 문제와 아시아의 원자력 문제를 담당했다. 〈'자연에너지 촉진법' 추진 네트워크〉 부대표, 〈환경 에너지 정책 연구소〉 부소장으로 있다.

## 1. 지구온난화 방지를 위한 국제적 동향

1992년 6월 브라질의 리우데자네이로에서 개최된 '유엔 환경 개발 회의(지구 서미트)'에서는 지구환경 보전과 지속 가능한 개발을 위한 구체적인 방안을 논의하고 그 실현을 위해 '의제 21'과 '기후변화 협약'을 채택했고, 서명이 시작됐다.

그중에서도 기후변화 문제는 환경과 경제 전반에 걸쳐 지속 가능한 사회를 실현하는 데 있어 그냥 지나쳐서는 안 될 사안으로 국제정치의 중요 의제가 됐다.

1994년에 발표된 기후변화 협약에 기초하여 1995년부터 해마다 협약의 최고 의사 결정 기구인 당사국 총회(Conference of the Parties, COP)가 개최되고 있다. 1997년 교토에서 개최된 '지구온난화 방지 교토 회의: COP 3'에서는 '교토의정서'가 채택됐다. 의정서는 선진국에 온실가스의 삭감(2008~2012년 사이에 1990년 대비 일본 6퍼센트, 미국 7퍼센트, 〈유럽연합〉 8퍼센트 등 평균 5.2퍼센트)을 의무화했고, 현시점에서는 유일하게 구체적 행동을 약속한 국제 공약이다.

한편 에너지 정책에서는 미국의 스리마일 섬Three Mile Island 원전(1979년)이나 구소련의 체르노빌Chernobyl 원전(1987년) 등에서의 사고와 방사성 폐기물이나 핵 확산 문제, 시장에서의 비용 상승 등이 원자력 개발에 영향을 미쳤고, 두 차례에 걸친 석유 위기나 기후변화 문제에 대한 대응에서 1970~80년대에 걸쳐 화석연료나 원자력이 아닌 에너지 기술에 대한 관심이 급속하게 확대되고 있었다. 특히 1980년대에는 덴마크나 미국에서 정책적 지원에 힘입어 풍력발전이 보급되고 기술 혁신이 큰 폭으로 이루어졌다. 1990년대부터는 독일의 풍력발전이나 일본의 태양광발전의 성공이 이어졌다.

〈기후변화 정부 간 위원회(Intergovernmental Panel on Climate Change, IPCC)〉는 제3차 평가 보고서(2001년)에서 '온난화를 방지하기 위해서는 새로운 기술을 개발하고 사회경제적 문제를 극복해야 하므로 종합적인 대책이 필요하다'고 밝히고 풍력발전 등의 자연에너지를 지구온난화를 완화할 가능성이 큰 기술 진전의 사례로 들었다. 자연에너지는 환경과 경제의 양 측면에서 새로운 에너지 정책의 현실적인 선택지로 떠오르고 있다.

### 1) 자연에너지를 중심으로 한 에너지 정책의 보급 확대와 유럽의 전략

1997년 11월 〈유럽연합〉은 『미래를 위한 에너지: 재생 가능한 에너지 자원－〈유럽연합〉 공동체의 전략과 행동 계획을 위한 백서』(이하 『자연에너지 백서』)를 발표했다. 여기서는 〈유럽연합〉 지역의 총 에너지 수요 중 자연에너지 비율을 1997년의 6퍼센트에서 2010년까지 12퍼센트로 두 배로 늘린다는 목표를 설정하고 있다. 기후변화 문제의 심각성, 높은 에너지 해외 의존율 등으로 〈유럽연합〉이 향후 나아가야 할 사회경제적 방향으로 환경과 경제가 조화된 에너지 정책의 수립을 지향하고 있다.

제3차 당사국 총회(COP 3)가 열리기 일주일 전에 발표된 이 『자연에너지 백서』는 의정서 책정 과정에서 교섭이 난항에 부딪힌 당사국 총회에도 영향을 미쳤다. 원래 〈유럽연합〉은 2010년에 1990년 대비 15퍼센트라는 높은 삭감 목표를 내걸고 교섭에 나서면서 한결같은 지도력을 발휘했는데 그 배경에는 기후변화 문제에 대응하기 위한 구체적인 대체에너지 정책이 있었다.

그리고『자연에너지 백서』의 내용은 실제로 유럽에서 벌어지고 있는 화석연료나 원자력에서 자연에너지를 중심으로 한 에너지 정책으로의 전환을 반영하고 예측한 것이었다.

세계의 자연에너지 정책을 이끌고 있는 독일은 1991년에 투자 비용을 시장에서 회수할 수 있는 고정 가격을 도입하여 자연에너지로 생산한 전력을 전력회사가 의무적으로 구매하도록 한 '고정 가격 구매 제도'를 도입했다. 태양광이나 풍력을 이용한 전력은 평균 판매 전력 가격의 90퍼센트 수준에서 구매하도록 보증했다. 그 결과 1990년에는 설비 용량 68킬로와트에 불과했던 풍력발전이 1979년에는 208만 킬로와트에 이르렀고, 이후 더욱 큰 폭으로 늘어났다. 2000년에는 전력 자유화의 진전을 반영한 새로운 법률 '자연에너지법(자연에너지원에서 생산한 전력을 우선적으로 접속하기 위한 법률)'이 시행되었는데 그 기본 골자로 ① 자유화된 시장 속에서 전기 요금의 인하에 따라 변동하는 구매 가격을 고정하여 자연에너지에 장기적 사업 전망을 부여할 것, ② 자연에너지에 지불하는 보상금의 부담을 판매 전력에 따라 모든 배전 사업자에게 부담시킴으로써 폭넓게 공평한 부담을 실현할 것(전년도의 보상금을 총액으로 하고 판매 전력량에 따라 지불하며 소비자의 전기 요금에 얹어서 회수) 등을 채용하여 투명하고 공평한 제도의 도입을 실현했다. 전원도 다양화되고 지열, 바이오매스와 바이오가스, 소규모 수력에 대한 고정 가격도 설정됐다. 그 결과 풍력발전은 2003년 말에 누계 1,461만 킬로와트, 태양광발전은 1990년에 거의 제로였던 것이 1997년에 4만 킬로와트, 2003년에 약 28만 킬로와트로 늘어났다. (현재도 이 추세는 지속되고 있고 독일에서는 2004년에 새롭게 법률을 개정하여 2004년 한 해 동안만 약 30만 킬로와트의 태양 광발전 도입이라는 경이적인 성과를 올렸다.)

이와 같이 자연에너지의 보급을 실질적으로 뒷받침하는 방식으로 유럽은 자연에너지를 에너지의 중심에 둔 정책을 개발하고(앞에서 말한 『자연에너지 백서』 및 『2020년 유럽의 에너지: 시나리오 기법』 등), 2000년 7월 오키나와에서 개최된 G8 정상 회의에서는 유럽 국가들이 중심이 되어 자연에너지를 의제로 선정했다. 오키나와 G8 정상 회의의 공동선언에서는 '특히 개발도상국의 생활의 질 개선'을 위해 개발도상국에서 자연에너지 보급을 가로막는 장애와 그 해결책을 분명히 제시하는 구체적인 권고안을 마련할 실무 기구의 설치를 선언했다. 나아가 2001년 제노바 G8 정상 회의에서는 지속 가능한 발전과 에너지 안전보장, 환경 적합성의 관점에서 자연에너지를 중요한 의제로 설정하고 자연에너지에 대한 지속적인 투자를 장려하면서 빈곤 해결에 기여하는 에너지로서 특히 개발도상국에 대한 자연에너지 투자를 촉구했다. 이러한 과정은 그 이듬해에 개최된 '지속 가능한 발전에 관한 세계 정상 회의(요하네스버그 정상 회의)'를 위한 준비의 일환이기도 했다.

## 2. 자연에너지 국제정치의 시작

교토의정서가 채택됐지만 2001년 부시 정권의 등장으로 미국이 의정서 교섭 과정에서 이탈하는 등 기후변화 문제를 둘러싼 국제 교섭은 지지부진하게 진행됐다. 하지만 한편에서 자연에너지의 활용은 급속하게 국제정치의 의제로 부상했다.

앞서 설명한 〈유럽연합〉이 주도하는 자연에너지를 중심으로 한 에너지 정책과 개발도상국에 대한 투자를 촉진하기 위한 '자연에너지 국제정치'의 흐름을 결정한 것은 〈유엔〉 주도로 2002년 8월 말부터 9월 초까지 남아프리카공화국 요하네스버그에서 열린 '지속 가능한 발전에 관한 세계 정상 회의'였다.

요하네스버그 정상 회의는 1992년 6월에 열린 리우 정상 회의 이후 리우에서 채택된 지구환경 보전과 지속 가능한 발전을 위한 구체적인 방안을 실현하기 위한 '의제 21'의 실시 10년째의 상황을 검증하고자 개최된 정상급 교섭 회의다.

리우 정상 회의 이후 가장 두드러진 국제적 환경 외교 성과의 하나가 기후변화 협약이고, 10년째의 성과로서 요하네스버그 정상 회의에서 교토의정서의 발효를 기대하는 목소리가 높았다. 하지만 정상 회의를 준비하는 단계에서 이미 개최 시점까지는 교토의정서가 발효되지 않을 것이라는 사실이 알려졌다. 그리고 2000년 9월 뉴욕의 〈유엔〉 본부에서 열린 '〈유엔〉 밀레니엄 정상 회의'에서 채택된 2015년까지 세계에서 빈곤으로 고통받는 사람을 절반으로 줄이자는 '밀레니엄 선언'의 흐름에 따라 요하네스버그 정상 회의에서는 자연에너지가 기본적인 에너지를 사용할 수 없는 세계 20억의 사람들에게 에너지 서비스를 제공하는 중요한 수단이라고 인정했다. 하지만 의정서 발효에 대한 기대가 옅어지는 상황에서 구체적인 자연에너지의 촉진을 정상 회의의 성과로 만드는 데 큰 기대가 모아졌다.

〈유럽연합〉은 준비 회의의 시점부터 2010년까지 세계 전체 에너지의 15퍼센트를 자연에너지로 전환한다는 목표 수치의 도입을 주장했고, 시민 단체들은 대형 수력발전을 포함하지 않는 재생 가능한 자연에너지로 2010년까지 10퍼센트의 달성이라는 목표 수치를 도입할 것을 주장했다. 또한 목표 수치의 설정만이 아니라 자연에너지에 대한 투자 확대와 함께 화석연료와 원자력 그리고 대형 댐 등 기존 에너지에 대한 투자를 단계적으로 줄이는 것도 중요한 의제가 됐다. 이는 개발도상국에서 기존 방식의 에너지 투자가 막대한 규모에 이른다는 현실을 고려하여 기존의 자연에너지에 평등한 시장 기회를 주기 위해 각국의 수출 신용기관, 〈세계 은행〉, 〈아시아 개발 은행〉 등의 다국 간 개발 은행이나 국제 금융기관을 통해 개발도상국에서 자연에너지에 대한 투자를 늘리는 동시에 지속 가능하지 않은 에너지에 대한 투자를 줄이는 데 구체적인 연한과 수치를 도입하는 것에 관심이 집중됐기 때문이다.

하지만 요하네스버그 정상 회의를 둘러싼 국제정치 상황은 리우 정상 회의 당시와는 크게 달라졌다. 리우 정상 회의에서는 동서 냉전의 종결 등 긴장 완화의 기류도 있어서 기후변화 문제나 빈곤 문제 등 지구 규모에서 직면한 과제에 대해 지속 가능한 발전이라는 목표를 공유하면서 국제사회가 협력하여 행동에 옮기려는 분위기가 조성됐다. 하지만 그 후 10년이 지났음에도 기후변화 문제를 비롯하여 산림 보전이나 생물 다양성 보호 등의 환경 보전은 별 다른 진전이 없는 상황에서 지구적인 남북의 빈곤 격차는 점점 확대일로를 걷고 있었다. 여기에 2001년에는 미국에서 부시 정권이 등장하여 교토의정서나 포괄적 핵실험 금지 조약(Comprehensive Test Ban Treaty, CTBT) 등의 국제 합의를 일방적으로 뒤집어 버리는 독단적 행동으로 〈유엔〉이나 국제 간 합의의 의의를 훼손해 왔다. 무엇보다 2001년 9월 11일에 미국을 대상으로 자행된 테러 공격과 연이은 다국적군에 의한 아프가니스탄 공격, 나아가 그 후 급속하게 진행된 이라크 침공에 대한 우려 등으로 요하네스버그 정상 회의는 전쟁의 그림자에 뒤덮였다. 정상 회의 전체가 지속 가능한 발전을 위한 자리였지만 쉽게 출구를 찾지 못하는 난관에 처해 있었다.

이러한 상황에서 자연에너지의 수치 목표와 연차 목표 도입을 둘러싼 국제 교섭도 미국을 중심으로 한 국가들의 강경한 반대로 결렬됐다. 일본 정부는 미국이나 산유국과 함께 구체적 수치를 가지고 교섭하는 한편으로 목표 설정에 반대하는 데 중심적인 역할을 담당했고, 결국 문건을 작성하기로 합의했다. 그 결과 각료급 회의가 시작된 이후 며칠 동안 계속된 교섭은 다음과 같이 정리됐다. '수력을 포함한 재생 가능 에너지와 함께 화석연료를 포함한 선진적이고, 더 청정한 그리고 더 효율적이고 공급 잠재력이 있으며, 비용 대비 효과가 높은 에너지 기술을 개발하여 개발도상국으로 이전함으로써 에너지 공급의 다양화를 도모한다. 각국의 달성 목표를 자율적으로 설정하고 세계의 에너지 공급에서 차지하는 재생 가능 에너지의 비율을 늘린다'는 내용이다. 하지만 이것은 구체적 목표 연도와 수치도 전혀 포함하지 않았고, 선진적 혹은 효율적이라고 얘기하지만 화석연료나 대형 수력발전까지도 권장할 우려가 있는 내용이다. 기존 에너지 기술에 대한 보조금의 삭감에 있어서도 구체적 수치가 없이 화석연료나 원자력에서 자연에너지로의 전환을 촉진하는 등 에너지 업계의 자금 흐름을 바꾸는 데는 이르지 못했다.

다만 요하네스버그 정상 회의 회기 중에 캐나다와 러시아가 교토의정서의 비준에 전향적인 의사를 표명한 것은 21세기에 조성된 새롭고 혼돈스러운 세계 질서 속에서 어렴풋하게나마 희망의 실마리를 찾을 수 있는 계기가 됐다. (그후 캐나다는 2002년 12월, 러시아는 2004년 11월에 각각 교토의정서를 비준했다.) 또한 자연에너지에 관한 뜨거운 논의가 진행되는 과정에 일본에서 날아온 〈도쿄 전력〉의 원자력발전 관련 허위 보고 사건도 정상 회의에서 일본 정부의 입장을 상징적으로 보여 주는 사건이었다. 이 사건으로 2002년 말부터 2003년에 걸쳐 간토關東권에 전력을 공급하는 원자력발전이 차례로 멈춰선 일이 기억에 새롭다. 일본의 전력회사는 요하네스버그 정상 회의에 맞추어 정부 대표단의 고문 자격으로 전력회사의 부사장을 파견하고 유럽의 전력회사와 협력하여 의견서를 정리했다. 그리고 그 내용을 회의 기간 중에 『헤럴드 트리뷴』에 '비화석연료인 원자력과 자연에너지를 비준한다'는 대형 광고를 2면에 걸쳐 게재했다. 간토의 사건으로 의견서의 발표도 별 영향을 발휘하지 못했지만 세계의 흐름에 역행하는 일본 에너지 정책의 난맥상을 보여 주는 사건이었다.

하지만 요하네스버그 정상 회의에서 자연에너지의 목표 수치 관련 교섭에 시민단체의 일원으로서 참가한 내가 가장 인상 깊게 보았던 것은 비록 행동 계획이나 선언문 등의 성과가 만족스럽지는 않았지만 지속 가능한 세계의 기초가 되는 자연에너지가 분명하게 국제정치의 주요 의제로 부상했다는 사실이다.

1) 자연에너지 국제정치의 세 가지 흐름과 독일 본에서의 자연에너지 국제회의

요하네스버그 정상 회의를 계기로 시작된 자연에너지 국제정치에는 크게 세 개의 흐름이 있다. 〈유럽연합〉을 축으로 하는 〈요하네스버그 자연에너지 연합〉, 영국 정부가 중심이 되어 추진하는 〈자연에너지·에너지 효율화 파트너십〉, 그리고 독일 정부가 중심이 되어 추진해 온 '자연에너지 2004'이다.

〈유럽연합〉은 요하네스버그 정상 회의 마지막 날에 개발도상국 지원이나 독자적인 목표 설정 등을 통해 자연에너지의 본격적인 보급을 추진한다는 선언을 발표하고 각국에 자발적인 참여를 요청했다. 이것이 〈요하네스버그 자연에너지 연합〉의 탄생이다. 이에 회의장에서 곧바로 여러 국가가 찬성을 표명하면서 2004년 현재 89개국이 〈요하네스버그 자연에너지 연합〉에 참가하고 있다. 〈요하네스버그 자연에너지 연합〉에 참가하는 대부분의 국가가 자연에너지 이용을 늘리기 위해 구체적이고 높은 목표 수치를 각각 설정하고 있다. 그리고 목표 수치를 달성하기 위해 공동의 연구 프로젝트를 발주하고 자연에너지의 실질적 보급을 촉진하기 위한 정책수단을 모색하고 있다.(JREC: http://library.iea.org/dbtw-wpd/textbase/pamsdb/jr.aspx)

또한 요하네스버그 정상 회의에서는 '2개 유형의 프로젝트'로서 자율적인 협력 관계나 주도권에 기초하여 200개 이상의 구체적 프로젝트가 등록됐다. 하지만 그중에서도 영국 정부가 주도하는 〈자연에너지·에너지 효율화 파트너십〉은 주로 개발도상국의 자연에너지와 에너지 절약 보급을 촉진하기 위해 선진 공업국을 포함한 다수의 시민 단체나 전문가의 협력과 참여를 이끌어 내 개발도상국이 역량을 향상시킬 수 있도록 노력하고 있다. 해마다 100만 유로(약 1억 4,000만 엔) 규모의 펀드를 조성하고 브라질에서 대규모 태양광 프로젝트 등을 원조하여 선진 사례로 만들고

있다.(http://www.reeep.org)

그리고 요하네스버그 정상 회의 이후 점점 속도가 붙고 있는 자연에너지 보급을 상징하는 가장 중요한 대응이 요하네스버그에서 독일의 슈뢰더 수상이 2004년에 개최를 표명한 자연에너지에 관한 국제 교섭 회의다.

## 3. '자연에너지 2004 국제회의'—세계는 자연에너지 촉진을 약속했다

독일 연방 정부(《환경부》와 《경제협력개발부》)가 주최한 '자연에너지 2004 국제회의'는 2004년 6월 1일에서 4일까지 독일의 본에서 열렸다. 자연에너지에 초점을 맞춘 각료급 회의로는 세계 최초이며, 154개국에서 약 3,600명이 참가한 대규모 회의였다. 개최가 선언된 뒤부터 아프리카의 케냐, 유럽의 독일, 남미의 브라질, 아시아의 태국, 중동의 예멘 등의 주도로 본Bonn 회의를 위한 '지역 준비 회의'를 개최해 각 지역별로 본 회의 참가를 준비했다. 한 국가가 회의를 주최하는 방식은 자연에너지 촉진에 대한 각국의 온도차를 효과적으로 조정하는 데 좋은 방법이었다고 할 수 있다.

'자연에너지 2004'는 다양한 이해관계자가 논의에 참가하는 방식인 이른바 '다중 이해관계자 회의(Multi-stakeholder Dialogue, MSD)'에서 시작됐다. 이해관계자들의 대다수는 회의 준비 단계에서부터 회의 진행 방식의 설계에 참가한다. 여기서 이해관계자란 여성 단체, 환경 단체, 지방자치 단체, 노동조합, 소비자 단체, 투자 부문을 포함한 기업과 산업, 과학자나 기술자들, 농업인들, 개발과 빈곤 문제에 관련된 인사들, 자연에너지의 생산자와 공급자를 가리킨다. 세계적으로 자연에너지는 어떤 맥락에 위치하고 있는가? 이 질문에서부터 논의가 시작됐다. 예를 들면 젠더와 에너지의 관계에서는 특히 개발도상국에서의 에너지 이용을 지속 가능한 자연에너지로 실현함으로써 힘든 가사 노동이나 건강 피해를 입고 있는 여성을 해방시킬 수 있다.

지자체는 에너지 정책을 실시하는 당사자이고 노동조합이나 소비자 단체는 에너지 공급과 수요의 당사자가 된다. 또한 농업인들에게 자연에너지의 도입이나 이용은 새로운 고용과 사업 기회를 제공한다.

'자연에너지 2004'의 의제는 지구온난화 방지와 빈곤 해결, 새로운 경제의 구축이라는 관점에서 자연에너지의 효과, 보급을 촉진할 수 있는 효율적인 정책과 조치, 자금 투융자의 바람직한 방식 등이었다. 요하네스버그 정상 회의에서 결렬된 구체적 연한을 동반한 목표치 설정도 목표의 하나로 제시됐다. 하지만 요하네스버그의 실패를 통해 얻은 교훈을 살려 미국이나 일본 등의 반발을 피하기 위해 세계가 일률적인 목표치를 설정하는 중대한 논점은 강력하게 밀어붙이지 않는 방법을 택했다.

한편 회의 준비 단계부터 다양한 시민 단체들이 모여 '요하네스버그의 실패를 되풀이하지 말자'를 표어로 내걸고 〈자연에너지와 지속 가능성을 위한 시민 연합(Citizens United for Renewable Energy and Sustainability, CURES)〉을 조직했다. 이들은 자연에너지를 이용하여 〈유엔〉 밀레니엄 선언에 따른 최빈곤층의 에너지 이용권 확보와 빈곤의 해결, 지구온난화 방지, 기존의 지속 불가능한 에너지에서의 전환 등을 제안하고 연한과 목표 수치를 수반한 자연에너지 도입과 지속 불가능한 에너지에 대한 투융자의 삭감을 요구했다. 구체적으로는 〈유럽연합〉의 주도로 2020년에 세계 전체적으로 20퍼센트의 자연에너지 도입 목표를 설정할 것, 국제 금융기관이나 수출신용기관에 대해 2008년까지 화석연료나 원자력, 대형 수력발전에 대한 보조금을 단계적으로 폐지하고 자연에너지에 대한 지원으로 전환하는 것 등이다. 하지만 이러한 사항들은 그 어느 것도 채택되지 않았다.

'자연에너지 2004'에서 정리한 문서는 세 가지다. 자연에너지 촉진에 관한 바람직한 정책을 정리한 「정책 제언」, 각 국가와 조직의 선진적 추진 방안을 취합한 「국제 행동 프로그램」, 「정치 선언」(본Bonn 선언)이다.

「정책 제언」은 정책 결정자들에게 제시하는 자연에너지 촉진 정책을 담은 제안서다. 제안 내용은 자연에너지의 촉진을 위해 시장을 정비하는 정책 개발, 금융 기회의 확대, 자연에너지 이용 증대를 위한 소비자의 수요 확대를 자연에너지 정책의 우선 과제로 들고 있다. 또한 자연에너지의 비용을 낮추기 위해서는 설비 투자에 대한 보조금이 아니라 성과에 기초한 지원 정책을 강구할 것을 제안했다. 그리고 이미 자연에너지를 시장에 보급한 앞선 시책으로서 실증됐으며 독일 등에서 큰 성공을 거두고 있는 발전 차액 지원 제도를 예로 들고 있다.

「국제 행동 프로그램」은 자연에너지 이용을 촉진하기 위해 정부, 국제 기관, 시민 단체, 관련 단체 등의 앞선 추진 현황을 자체적으로 수집한 것이다. 특히 주목할 내용은 2010년까지 전력 설비의 10퍼센트를 자연에너지로 충당하려는 중국, 자연에너지의 용량을 2013년까지 두 배로 확대하려는 필리핀의 프로그램 등이다. 이들 개발도상국들이 자연에너지 촉진을 위해 야심 찬 프로그램을 선언한 것은 회의가 이끌어 낸 큰 성과 중 하나다.

「정치 선언」은 '자연에너지 2004 국제회의'를 총괄하는 선언문이다. 자연에너지는 "특히 빈곤층에게 에너지를 공급하는 수단일 뿐만 아니라 온실가스의 배출을 줄이고 유해한 대기오염 물질을 삭감하여 대기 환경의 개선에 기여하며, 새로운 경제적인 기회를 만들고 에너지의 안정적 공급을 강화하여 지속 가능한 발전에 크게 공헌할 수 있다"고 밝히고 자연에너지를 "다수의 에너지원 중에서 가장 중요하고 또한 폭넓게 이용할 수 있는 에너지원"으로 규정하고 있다. 마지막 날에 만장일치로 채택한 본 선언은 동시에 본 회의가 성공리에 마무리됐음을 의미한다.

### 본 회의 이후와 자연에너지 국제정치의 행방

전체적으로 '자연에너지 2004'는 자연에너지와 에너지 절약을 추진하려는 독일

정부가 주도적 역할을 담당했고 세계는 자연에너지 이용을 추진하기 위한 큰 걸음을 내딛었다고 평가할 수 있다. 그것은 결코 〈유엔〉 주도의 추진 방식이 무용하다는 맥락이 아니라 자연에너지 이용 등을 개별적으로 추진하는 데서는 각국의 온도차를 고려하더라도 가능한 빠르고 강력한 구체적 행동이 필요하다는 것을 의미한다. 특히 중국이나 필리핀이 야심 찬 자연에너지 도입 계획을 발표한 것, 독일 정부가 자연에너지에 대해 추가적인 예산 투입을 발표한 것도 회의의 커다란 성과다. 또한 자연에너지가 테러에 대한 강력한 대항 세력이 된다는 위상 설정(슈뢰더 수상의 연설 중 발언)도 전쟁의 먹구름에 뒤덮여 있던 요하네스버그 정상 회의 이후로 세계가 전진하고 있다는 사실을 보여 주었다.

'자연에너지 2004'의 성과는 이후 기후변화 협약을 둘러싼 교섭이나 자연에너지 관련 〈유엔〉 회의나 국제회의를 통해 살아날 것이다. 본 회의의 흐름을 이어받아 2006년과 2007년에는 〈유엔 지속 가능 발전위원회(CSD)〉의 에너지에 관한 14차, 15차 회의가 예정되어 있다. 또한 독일 정부는 3년 이내에 개발도상국에서 추진 점검 회의를 개최할 것임을 표명했다. 아직 상세한 내용은 확인되지 않았으나 2005년 12월 또는 2006년 1월에 중국에서 개최될 것으로 전망하고 있다. 추진 점검의 주체는 다중의 이해관계자로 구성된 비공식 조직인 〈세계 자연에너지 정책 네트워크 (Renewable Energy Global Policy Network, REGPN)〉이다. 〈세계 자연에너지 정책 네트워크〉의 1차 회의는 온라인상에서의 의견 교환을 통해 이미 2004년 10월에 개최됐고, 자연에너지를 촉진하기 위한 네트워크 구축과 이행에 대한 점검 절차도 시작됐다.

시민 단체들은 〈자연에너지와 지속 가능성을 위한 시민 연합〉을 중심으로 〈유엔 지속 가능 발전위원회〉나 국제적 정책 네트워크에 적극적으로 참여하는 동시에 본에서 채택된 세 개의 문서, 특히 「국제 행동 프로그램」에 포함된 각 프로젝트의 검토와 진척 상황을 감시하고 있다.

요하네스버그 정상 회의는 리우 정상 회의 이후 10년의 진행 상황을 검증하기 위한 성격의 회의였음에도 지속 가능한 발전을 위한 구체적인 행동 목표를 설정하지 않았고 빈곤 해결이나 모든 사람들에게 지속 가능한 자연에너지를 이용한 에너지 서비스의 제공, 지구온난화를 방지하기 위한 목표 달성 등의 측면에서 세계적 상황을 정리하지는 못했다. 하지만 세계적인 자연에너지 보급의 흐름을 배경으로 새로운 자연에너지 국제정치 탄생의 장이 됐다.

이러한 지구 규모의 국제 교섭 과정에서 일본은 존재감이 거의 없는 상태에서 대항의 축으로만 움직이고 있다. 세계와의 거리를 더욱 멀어지게 만드는 핵 연료 주기 Nuclear Fuel Cycle에 대한 집착을 비롯하여 에너지 국제정치의 조류에 역행하는 일본의 자세가 두드러진다.

요하네스버그에서 본에 이르는 과정 속에서 자연에너지와 관련하여 우리들은 계속해서 나아가고 있고, 남은 시간을 생각하면 특히 일본에는 발걸음을 재촉할 수 있는 대담한 정책이 필요하다. 자연에너지 보급 정책은 정부만이 아니라 모든 이해관계자의 참여가 이루어질 때 가능하고, 또한 필요하다. 그리고 국가를 뛰어넘는 선진적인 추진 방안도 이미 다수 등장하고 있다. 예를 들면 '자연에너지 2004'를 계기로 국가 단위가 아닌 자연에너지 산업계가 결집한 새로운 연합체를 구성하려는 움직임이다.

이러한 동향을 첫 걸음 삼아 자연에너지 보급의 흐름을 확실하게 만드는 것은 시민, 지자체 그리고 기업을 포함한 우리들의 대응 여부에 달려 있다. 🌱

# 15장 자연에너지와 지방자치

**오사카 세이지達坂誠二**

1959년 홋카이도北海道에서 태어났다. 1983년 홋카이도 대학 약학부 제약 화학과를 졸업하고 홋카이도 니세코 정町 정장(현재 37째)으로 있다. 지은 책으로 『정장실 일기町長室日記』, 『자치의 과제自治の課題とこれから』 등이 있다.

## 1. 들어가며

1994년부터 나는 홋카이도 니세코 정장町長을 맡고 있다. 에너지 전문가도 아니고 지자체의 수장으로서 특별히 해당 분야에 조예가 깊은 사람은 아니다.

니세코 정은 삿포로 시에서 남서쪽으로 약 100킬로미터 떨어져 있으며 인구 4,600명 정도로 홋카이도에서도 규모가 작은 마을이다. 주요한 산업은 농업과 관광이다. 농업은 감자, 콩류, 멜론, 토마토 등의 밭작물 이외에 논농사, 낙농 등으로 범위가 넓다. 관광자원으로는 온천이 풍부하고 요테이 산洋踏山이나 니세코안누프리 스키장 등에서 스키나 스노보드 등을 중심으로 한 겨울 스포츠와 래프팅 등의 야외 체험을 중심으로 한 여름 스포츠로 구분된다.

현재 니세코 정은 폐기물의 감량이나 순환형 농업, 물 순환을 기본으로 한 환경 대책을 추진하고 있다. 특히 순환형 농업은 가축 분뇨, 음식물 쓰레기 및 하수도 오니를 퇴비로 만들어 농지로 환원하는 지역 유기 자원의 순환을 이루어 내고 있다.

에너지 측면에서는 환경 기본 계획에 기초한 이산화탄소 발생 억제 등을 추진하고 있다. 신에너지 분야는 행동 계획을 수립하는 단계로서 구체적인 정책이 전개되고 있지는 않다.

니세코 정 인근에는 1983년 일본 최초의 풍력 발전소(〈야마하 발동기 주식회사〉가 만든 정격 출력 시간당 16.5킬로와트를 발전하는 풍차 5기)를 설치한 슷쓰壽都 정이 있다. 슷쓰 정의 홈페이지(www.suttu.jp/fu sya.html)에는 "슷쓰 정은 바람이 강하게 부는 것으로 유명하다. 연간 평균 풍속은 5.9미터(슷쓰 측후소의 관측치)를 기록했고, 겨울철의 북서풍과 특히 여름철에 부는 남남동풍은 '다시카제(出し風, 육지에서 바다로 부는 바람으로 배를 먼 바다로 밀어 보낼 정도로 강한 바람을 의미함. 옮긴이)'라 불리며, 어업이나 농업에 악영향을 미치는 골칫덩어리였다"고 하는 문장이 있다. 이 골칫덩어리를 자원으로 삼아 풍력 발전소를 설치했다.

니세코 정에는 2000년부터 4년 연속으로 맑은 하천 1위를 차지한 1급 하천 '시리베쓰尻別 천'이 흐르고 있다. 하천 길이 약 126킬로미터 중 니세코 정 부근의 하천은 단구의 낙차가 크고 물길이 굽이치며 물이 풍부한 것이 특징이다. 그래서 옛날부터 수력 발전소의 유력한 입지 하천으로 주목 받았다. 다이쇼(大正, 1912~26년) 연간에 이미 세 곳에 수력 발전소가 설치되어 지금도 가동 중(총 발전량 24.3킬로와트)이다.

지자체가 자연에너지 분야에 참여하기 위해서는 당연히 자연 조건이 갖춰져야 한다. 니세코 정도 일조 시간이 길고 바람이 강하다는 등의 조건을 갖추고 있어 기존 수력발전 이외의 자연에너지 도입이 활발해질 가능성이 높다.

니세코 정에서 직선거리로 20킬로미터 정도 떨어진 후루군토마리古宇郡泊 촌에 홋카이도에서 유일한 원자력 발전소가 설치되어 있다. 1호기는 1989년 6월에 운전을 시작했고 현재 2009년 가동을 목표로 3호기를 건설 중이다. 니세코 정은 이른바 전원삼법(電源三法, 전원 개발 촉진 세법, 전원 개발 촉진 대책 특별 회계법, 발전용 시설 주변 지역 정비법. 옮긴이) 교부금의 대상 범위는 아니지만 인근에 원자력 발전소가 있기 때문에 원자력 사고나 방재에 대한 주민의 관심이 적지 않다. 하지만 정부의 에너지 정책 전반에 관한 관심은 그리 높지 않다.

이 원고를 작성한 것은 민주적인 에너지 정책을 실현하기 위해 자연에너지가 수행할 역할을 논의하기 위해서다.

## 2. 에너지 정책과 국가 정책

에너지 문제는 매우 정치적인 과제다. 우리 생활에서 에너지가 없는 상황을 생각할 수 없다. 특히 산업혁명 이후 에너지의 중요성이 높아지고 있다.

현재 에너지의 주류인 화석연료는 여러 과제에 직면해 있다. 화석연료는 지구상의 일부 지역에만 편재되어 있다. 또한 화석연료의 소비 지역도 그렇다. 예를 들면 원자력을 포함하지 않은 일본의 에너지 자급률이 4퍼센트에 불과한 데 비해 영국은 102퍼센트(2001년 〈국제에너지기구〉 자료)에 이른다. 현재 지구상의 국가들이 화석연료를 사용하기 위해서는 화석연료의 이동이 반드시 수반된다. 당연히 화석연료를 확보하는 과정에서 국가의 이해가 강하게 작용한다. 이 때문에 화석연료 쟁탈이 국가 간 분쟁의 원인이 되는 경우가 많다.

21세기 중에 화석연료 자원이 고갈된다는 것이 전문가들의 지적이다. 화석연료는 이산화탄소를 배출하고 지구온난화 등의 환경문제를 발생시킨다.

정부로서는 국가의 유지와 존속에 빠져서는 안 될 에너지의 안정 공급이 필요하다. 하지만 화석연료 자원이 편재되어 있기 때문에 시장 원리에 맡길 경우 안정적 확보는 쉽지 않다. 여기에 정치적 거래에 따른 개입이 발생한다.

지구온난화 등에 대한 우려를 생각하면 누군가가 환경을 배려하는 것은 당연하다고 생각한다. 하지만 세계 각국의 경제 발전 수준은 차이가 크다. 환경문제는 지구라는 행성 차원의 과제이지만 경제문제는 행성 차원의 관점보다 범위가 좁다. 본래 환경과 경제는 밀접한 관계이지만 이러한 관점의 차이 때문에 어느 쪽을 우선해야 하는가를 둘러싸고 각국이 보조를 맞추는 일은 그리 간단하지 않다. 경제 발전을 중시하면 환경문제를 가볍게 보기가 쉽고, 환경을 중시하면 경제 활동의 저하를 우려하는 목소리가 많아진다. 이 딜레마는 이론이나 논리만으로 해결될 수 없다. 복잡하게 얽혀 있는 각국의 이해나 의도를 고도의 정치적 판단에 기초해 풀어 나가야 한다.

현재 사용하고 있는 화석연료 자원의 고갈 문제를 극복하기 위해 메탄하이드레이트(methane hydrate, 메테인과 물이 해저나 빙하 아래에서 높은 압력에 의해 얼음 형태의 고체상 격자 구조로 형성된 연료로 보통 대륙 연안 1,000미터 깊이의 바닷속에 매장되어 있다. 옮긴이) 등의 새로운 자원의 개발이나 화석연료를 대신할 신에너지로의 이행이 중요한 과제가 되고 있다. 이런 사안은 모두 현대 과학의 최첨단 분야로 하루가 다르게 변화하고 있다. 따라서 그 분야의 장래에 대해 명확한 판단을 내리거나 해당 에너지의 유효성에 대해 곧바로 단정적인 판단을 내리기는 어렵다. 화석연료에서 벗어나는 것은 장래에 커다란 희망을 갖게 만들지만 불확실한 요소도 상당 부분 안고 있다. 이 불확실성을 사회적으로 어떻게 조율할 것인가가 바로 정치의 중요 과제다.

지금까지 얘기했듯이 현재 에너지를 둘러싼 몇 가지의 대립적인 과제, 즉 안정된 공급, 환경문제, 경제 활동, 탈화석연료 등을 해결하는 것은 국가 차원은 물론 국제 정치에서도 중심 과제다.


## 3. 새로운 분야와 유행 상품

어느 시대나 그렇지만 새로운 분야를 개척하는 것은 어려운 일이다. 더욱이 그 분야가 시대의 추세와 맞지 않는다면 더욱 어렵다. 이러한 어려움 때문에 새로운 분야를 개척하는 일이 늦어져 후회하는 일도 적지 않다.

전후에 식량난을 겪던 시대에서 최근에 이르기까지 길지 않은 기간에 일본에서는 농산물의 생산비를 낮추어 대량으로 시장에 공급하는 일이 지상명령이었다. (물론 이 명제는 지금도 중요하다.) 이런 시대에는 먹을 거리의 안전성이나 맛을 더 좋게 하기 위해 유기농업이나 저농약 등의 중요성을 호소해도 별로 공감을 얻지 못한다.

그뿐만 아니라 그런 활동은 사회의 현실과 동떨어진 일종의 '유행 상품'으로 취급받는 경우가 많다. '그 사람은 변했어', '저 사람은 다른 사람과 함께 일하기는 어려워', '그 사람은 철이 없어서 새로운 것만 좋아해' 하는 식으로 사람을 반짝했다가 사라지는 유행 상품에 비유하여 무시하는 경우는 흔하다.

물론 소비의 중심이 대량 생산, 대규모 유통을 통한 대량 판매에 있다는 것은 사실이다. 하지만 이처럼 일방적인 유행 상품 취급이 사회에 미치는 영향은 크다. 사람들에게서 다양한 가치를 서로 인정할 수 있는 판단의 여지를 아무런 논증도 없이 폭력적으로 빼앗아 버리기 때문이다.

유기농업이나 먹을 거리의 안전을 조금씩 고려해야 한다고 생각하는 농부가 있다고 해도 사회 전체가 그것을 유행 상품으로 취급하는 한 섣불리 그런 얘기를 할 수 없다. 특히 농업에서는 자연도 중요한 요소로 작용하지만 이웃과의 융화도 중요하다. 농약과 화학비료를 중심으로 한 기존의 농업 방식을 지속하는 상황에서 새로운 분야에 도전하고 연구하거나 논의하는 데는 상당한 용기가 필요하다.

하지만 지금 먹을 거리의 안전성이나 산지 증명 등 과거 유행 상품 취급을 받던 일이 중요해지기 시작했다. 유행 상품이 단번에 먹을 거리 분야의 주류로 도약한 느낌이다.

자연보호라는 말의 배경에도 유기농업과 상통하는 무언가가 있다. 사회적 관심이 국토 개발에만 쏠려 있던 시기에 자연보호를 외치기는 쉽지 않다. 즉 현재의 지배적 가치가 새로운 논의를 막아 버린다. 자연보호를 호소하는 사람들에게는 '새로운 것만 좋아하고, 모든 일에 반대하는 이상한 사람' 정도의 딱지가 붙는다. 이것도 일종의 유행 상품 취급이다. 이런 일은 가까이 하지 않는 편이 무난하다는 분위기가 생겨나면서 사회는 개발과 보호의 선택이라는 문제를 포함하여 국토의 장래를 생각하는 데서 더욱 관심이 멀어진다. 그 결과 특정 사안을 판단할 때 논의해야 할 중요한 사항을 빠뜨린 채 타성에 젖어 일이 진행된다.

하지만 건강한 먹을 거리처럼 자연보호도 현재 우리 사회에서는 중요한 개념으로 결코 유행 상품이 아니다.

한편으로 우리 사회는 이미 결정된 사실에 약하다. 한 번 결정된 일을 변경하고 중지하는 것은 아주 어려운 선택이다. 논의해야 할 중요한 사안을 빠뜨린 경우에도 한번 결정했다는 사실 자체가 타성이 되어 그 결정을 변경하지 않고 밀어붙이는 경우가 많다.

한번 결정한 이후에 새로운 논점이 발생하더라도 그것에 대해 정면으로 문제를 제기하는 경우는 드물다. (이것은 나의 주관적 판단일 수도 있지만) 설령 논의를 하더라도 여러 가지의 논거를 대며 이미 정해진 사실을 변경하지 않으려는 경우가 많다.

우리 사회가 이미 결정된 사실을 변경하지 않으려는 습성을 갖게 된 데는 몇 가지 이유가 있다.


- 원래 한 번 결정한 일을 뒤집는 것은 번거롭다.
- 이미 결정된 사실로 일종의 이해관계가 형성되고 그 이익을 본 사람은 그것을 변경하지 않으려고 한다.
- 이미 결정된 사실에 변화를 일으키는 새로운 논점을 과거에 유행 상품으로 취급한 경험이 있어 그것을 받아들이는 데 거부감이 있다.

식량이나 자연보호의 예에서 알 수 있듯이 우리들은 새로운 관점이나 가치의 싹을 유행 상품으로 취급하는 경우가 많다. 하지만 어떤 시기를 만나면 이 유행 상품이 충분한 논의 없이 단번에 주류로 도약하는 경우가 있다. 이와 같은 사회의 몰염치나 빠른 변신에는 놀랄 수밖에 없지만 이러한 유행 상품 취급도, 발 빠른 변신도 논리적이고 합리적인 판단이라고 보기 어렵다.

최근에는 급속히 약해진 인상도 있지만 일본에서 자연에너지를 둘러싼 움직임에도 앞서 말한 유행 상품의 느낌이 묻어 있다. 바람이 강하고 일조 시간이 길다는 등의 조건을 갖춘 지역에서 자연에너지 정책을 추진하는 일은 사람들에게 이것이 특별한 일이라는 느낌을 준다. 하지만 자연에너지를 폭넓게 보급하려면 자연에너지를 에너지 분야의 주류로 다루는 것이 바람직하다.

자연에너지에 대한 시비론에 정면으로 대응하기 위해서라도 혹은 일본의 모든 분야에서 선택지를 확대하고 유연한 판단을 내리기 위해서도 새로운 가치를 유행 상품으로 치부하지 않는 자세가 매우 중요해졌다. 선입관 없이 사물을 대하는 자세가 필요하다.


## 4. 민주적인 에너지 정책을 위해

에너지를 둘러싼 과제(안정된 공급, 경제문제, 환경문제)를 어떻게 해결할 것인가는 앞서 얘기했듯이 국가 차원의 과제다. 국가 차원의 정책이 중요한 열쇠를 쥐고 있다는 것은 사실이다.

하지만 지자체 수장으로서 또는 민주 국가의 주권자인 국민의 한 사람으로서 이를 국가 차원의 문제로만 여기고 거리를 두어도 괜찮을까?

현재 원자력 에너지의 안전성이나 장래에 대한 우려가 적지 않다. 그 우려를 현실의 사안으로 만드는 사고나 원자력 관련 사업소의 정보 은폐 등의 사건이 발생하고 있다. 하지만 내게는 원자력 에너지를 부정할 만큼의 지식은 없다. 또한 일본 전력의 약 30퍼센트를 원자력으로 충당하고 있는 실태를 생각하면 단순하게 원자력발전을 비판하는 것도 현실적이지는 않다. 한편 지속 가능한 순환형 사회나 청정한 사회를 실현하기 위해 자연에너지를 예찬하는 목소리가 많다. 하지만 그 다른 한편으로 자연에너지의 불안정성이나 높은 비용을 지적하는 목소리도 많다. 원자력인가, 자연에너지인가의 선택은 그리 간단하지 않다.

따라서 전문가라는 일부 사람들의 판단으로 에너지 정책이 강력하게 추진되는 경우가 많은데, 이는 비민주적인 정책이라는 의심을 피할 수 없다.

영국의 정치가 제임스 브라이스(James Bryce, 1838~1922년)는 '자치는 민주주의의 학교'라는 유명한 말을 남겼다. 민주주의를 확실하게 기능하도록 만들기 위해 자치의 활동이 매우 중요하다는 것은 많은 전문가들의 발언이나 세계 각국의 제도를 통해 분명히 알 수 있다. 즉 현실적인 자치 활동을 통해 국민은 국가 전체의 민주주의를 담당하는 주체가 될 수 있다. 국가의 에너지 정책을 생각할 때도 브라이스가 얘기하는 자치와 민주주의 관계가 중요해진다.

현재 일본의 에너지 정책을 국민 각자가 개인의 중요한 문제로 인식하여 현실적으로 참여할 수 있는 기제가 필요하다. 즉 국민이 일정한 자율성을 갖고 에너지 자원을 선택할 수 있는 기반을 조성하는 것이 국가 전체의 에너지 문제를 공적으로 인식하는 데 중요하다.

원자력 발전소의 입지 지역에는 원자력 정책을 정면에서 부정할 수 있는 분위기가 조성될 수 없다. 입지 시정촌의 다수가 국가 정책의 일환으로 많은 교부금 등을 받고 있다. 이 때문에 해당 지자체의 주민은 같은 규모의 다른 지자체와는 비교할 수 없을 정도의 공적인 혜택을 받게 된다. 이러한 현실에서는 원자력 에너지의 유효성에 대한 시시비비를 과학적·논리적으로 냉정하게 논의하고 판단하기는 어렵다. 물론 정부의 에너지 확보를 위한 의도는 이해할 수 있다. 하지만 민주적인 정책 집행이라고 볼 수 없고 자율적인 민주주의의 주체를 육성할 수 있는 자치의 관점과는 거리가 먼 정책이다.

에너지 부문에서 가능한 자치를 실현하는 것이 중요하다. 즉 지역이나 국민이 직접적으로 자신의 책임과 판단에 따라 확보할 수 있는 에너지의 범위를 최대한 넓혀야 한다. 이 경우 자신의 힘만으로는 해결할 수 없는 과제에 직면할 가능성이 많다. 그럼에도 이런 도전의 과정에서 자치를 통해 넘어설 수 없는 과제들을 우리 자신의 문제로 인식하여 진솔하게 받아들일 수 있다. 이것이 바로 자치가 민주주의를 강화시키는 원리다.

에너지 부문에서 자치를 실현하기 위해서는 조건이 있다. 그것은 에너지 자원이 생활 주변에 존재해야 한다는 것이다. 국가 간의 관계나 고도의 과학 기술이 100퍼센트 기능해야 확보할 수 있는 에너지 자원이라면 자치의 실현은 어렵다. 폭넓게 자원이 분포하는 곳에서 작은 범위부터 시작하는 것이 필요하다.

이런 점에서 자연에너지로 전환하는 일은 에너지 자치나 분권화에 크게 이바지할 것이다.


## 5. 환경 선진국 독일에서 받은 충격

나는 2004년 1월과 2월 그리고 6월에 독일에서 두 차례, 도쿄에서 한 차례 열렸던 자연에너지에 관한 국제회의에 참가했다. (그 회의에 대한 자세한 내용을 언급하는 것은 전문가도 아니고 언어도 통하지 않는 나에게는 무리이기 때문에 다른 보고를 참조하기 바란다.)

독일 회의에서 나는 우선 일본의 중앙집권체제가 한계에 이르렀고 지방분권이 강하게 제기되고 있는 현황에 대해 언급했다. 그리고 지속 가능한 사회의 구축이 열 쇳말이 되고 있지만 이를 실현할 구체적 시책을 찾아내는 것이 과제이고, 이를 위해 지역 차원의 전망(환경문제에 대한 관심을 높이는 민간 전력 사업자와의 협력 기반 조성, 법 체계 의 정비 등)을 제시했다.

일련의 회의에 참가하면서 받았던 충격을 일부 소개한다.

독일 등 앞선 대책을 실행하고 있는 지역에서는 단순한 동향이나 환경 친화적이 라는 관점에서 자연에너지 도입을 추진하는 것이 아니다. 에너지 정책 전반 속에서 자연에너지가 어떤 의미를 가지는가를 구체적 자료에 기초하여 필사적으로 논증하 는 노력을 기울이고 있다. 그것은 막연한 개념으로서 지속 가능한 사회의 실현을 얘 기하는 것이 아니라 구체적 수치를 배경으로 한다. 이런 자료를 기초로 강한 신념을 갖고 구체적으로 실현하는 방법을 추구하고 있다.

많은 사람들이 특히 도시 중심 사회의 성장에 한계가 있고 기존 가치의 전환이 필 요한 시대에 이르렀다는 것을 강하게 인식하고 있다. 또 자연에너지로의 전환은 에 너지 문제에 머무르지 않고 지구인의 광범위한 생존의 방식을 제시한다고 이해하 고 있다.

개발도상국, 선진 공업국 등 경제나 체제가 다양한 국가들이 각각의 실정에 맞 추어 독자적으로 자연에너지 관련 정책을 자율과 분산의 방식으로 추진하고 있다. 우리들은 자연에너지에 대한 국제적인 움직임을 인식할 필요가 있다.

일본이 자연에너지로 전환하는 데는 정부만이 아니라 지자체에 대한 기대가 크 다. 일본의 연구 수준은 결코 낮지 않다. 그런데도 왜 구체적인 정책이 추진되지 않 는가에 대해 의문을 제기하는 목소리도 있었다.

내가 '자연에너지를 도입하면 전기 요금이 올라가는 경우가 있다고 들었는데 시 민들이 납득할 수 있는가' 하고 질문하자 다음과 같은 답변이 돌아왔다. '지역에서

자연에너지의 중요성을 논의하여 결정했다. 모두가 바람직하다고 생각하여 내린 결정에 따르는 것은 당연하다.'

자치의 현장에서 논의를 통해 방안을 결정하는 일의 중요성을 많은 사람이 인식하고 있다는 점에서 이러한 판단이 가능하다. (닭이 먼저냐, 달걀이 먼저냐의 논의가 될 수도 있지만) 독일은 자연에너지를 선택할 수 있는 자치 역량을 갖추고 있었기 때문에 앞서 나가는 추진 대책을 세울 수 있었다.

독일의 경우에도 자연에너지가 단번에 정부 차원의 정책이 된 것은 아니다. 자치의 현장에서 작고 구체적인 방안의 실천이 자연에너지에 대한 이해를 넓혔고, 최종적으로는 많은 사람들이 인지하는 정책으로 성장하고 있다.

마지막으로 일련의 회의에서 큰 충격을 받은 부분은 지방정부 수장의 역량 차이다. 사람들 앞에서 논의를 할 수 있고 명확한 의지를 표명할 수 있으며 설명 기술이 뛰어나다는 것은 한 조직의 대표가 당연히 갖추어야 할 능력이지만 일본의 현실을 생각하면 대단히 염려스럽다. 나아가 특정 분야의 박사학위 등을 가진 전문성이 뛰어난 수장들을 많이 만났다. 특정 분야에서의 높은 능력이 행정 운영 전반에 대한 수준을 높이고 있다는 인상을 강하게 받았다.


## 6. 나가며

일본에서 자연에너지의 확대를 추진하는 것이 가지는 한 가지의 의의는 에너지 분야의 분권화를 실현하고 국민이 직접 에너지 문제에 관여하는 기회가 늘어난다는 것이다. 에너지 자치를 확립하는 과정이라고 할 수 있다. 이를 통해 국가 전체의 에너지 정책에 대한 이해가 높아지고 국민의 만족도도 높아진다. 나아가 지구환경에도 기여할 수 있다.

이를 위해 자연에너지가 갖는 사회적 의미를 선입견 없이 받아들이는 것이 중요하다. 그런 의미를 제대로 인식한 다음에 지역이나 개인이 독자적으로 선택할 수 있는 에너지 자원의 범위를 확대한다. 이는 가능한 범위에서 그리고 작은 범위에서 실행하는 것이 중요하다.

에너지 문제는 국가 차원의 중요 과제이지만 민주적인 에너지 정책을 실현하기 위해서는 시민 차원의 논의를 중시하는 자치의 방식에 그 열쇠가 있다. 🌱

# 일본 자연에너지 시장의 전망

이이다 데쓰나리 飯田哲也 지금까지 각 장에서 서술한 내용을 개괄하여 일본
자연에너지 시장을 전망해 보자.

　정부 정책에서도 새로운 지원책이 시작되고 있고, 시장과 지역 그리고 시민이 새
롭게 주도해 나갈 가능성이 있으며, 국제적 동향에 부응할 수 있도록 추진한다는 점
에서 일본에서도 자연에너지가 향후 '주요한 흐름'이 될 것이라 전망할 수 있다.


## 1. 일본 자연에너지 정책의 개관

### 1) '신에너지' 정책의 시작

　일본에서는 1973년의 석유 위기를 계기로 '선샤인 계획'이라는 자연에너지를 포
함한 신에너지 개발과 실용화 계획이 시작됐다. 1980년에는 〈신에너지 종합 개발
기구〉가 설치됐고, 1993년에는 '뉴선샤인 계획'으로 옷을 갈아입으면서 오늘날의
태양광발전 보급으로 이어진 주택용 태양광발전 시스템 설치 보조(1994년), 사업용
풍력발전 설치 보조(1998년) 등의 경제적인 지원 시책으로 이어졌다.

　일본의 자연에너지 정책은 전형적인 '기술 주도형' 내지 '초기 투자형'에서 시작했

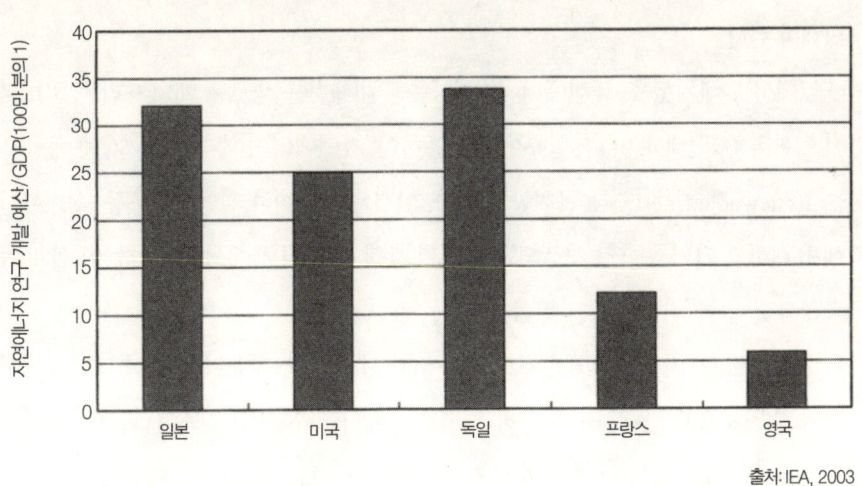

그림 1. 각국의 자연에너지의 연구 개발비(GDP 비율)

출처: IEA, 2003

다. 또한 최근의 기후변화 문제에 대한 사회적 관심의 확대나 지구온난화 방지 교토 회의(제3차 당사국 총회) 주최와 교토의정서의 비준과 맞물려 '신에너지'에 대한 예산 도 급속하게 확대되고 있다. 상대적으로는 원자력 등 기타 에너지에 대한 정부 지출 이 더욱 많기는 하지만 외국과 비교하더라도 일본의 '신에너지 예산'은 손색이 없 다.(그림 1) 이는 아주 바람직한 일이지만 선두를 달리는 태양광발전을 제외하면 두 드러지는 신에너지 예산 규모에 비해 풍력발전이나 바이오매스 등의 보급량은 초 라할 정도의 수준에 머물러 있다. 정부 재정 전반에 대해 심각한 문제 제기가 이어 지고 있고, 이로 인해 초기 투자에 중점을 둔 비효율적인 자연에너지 정책의 수정은 피할 수가 없게 됐다.

## 2) '신에너지'와 '자연에너지'

일본의 행정 용어인 '신에너지'에 대해 간단히 살펴보자. '신에너지'는 정책 용어로서 단어의 정의가 그대로 정책 목표와 곧바로 연결되기 때문에 반드시 정확히 논의해야 한다.

앞에서도 얘기했듯이 '신에너지'는 '석유를 대체하는 새로운 에너지'라는 의미로서 이른바 '80년대 용어'다. 일부에서 사용하는 '자연에너지' 혹은 '재생 가능 에너지'는 'Renewable Energy'를 번역한 것이다. 이것은 태양이나 지열, 인력 등 자연 현상에 유래하고 거의 무한정 재생되는 에너지 자원이다. 이 책에서는 사람들이 쉽게 친숙해질 수 있는 '자연에너지'로 통일했다.

'신에너지'와 '자연에너지', '재생 가능 에너지'는 많은 부분에서 중복되고 있어서 거의 같은 뜻으로 간주하여 사용하는 경우도 많다. 하지만 문제는 '신에너지가 아닌 자연에너지'와 '자연에너지가 아닌 신에너지'가 있다는 점, 또한 '지속 가능한 에너지가 아닌 자연에너지'가 있다는 점이다.(그림 2)

구체적으로 '신에너지가 아닌 자연에너지'란 수력발전과 지열 에너지를 가리킨다. '자연에너지가 아닌 신에너지'는 원래 에너지 자원이 아닌 것(열병합발전 등)과 자연에너지로 가볍게 분류하기에는 문제가 많은 '폐기물 에너지'를 가리킨다. 나아가 '지속 가능한 발전에 반하는 자연에너지'란 대형 댐을 동반하는 수력발전과 효율이 낮아 대기오염을 동반하는 전통적인 바이오매스 에너지 이용을 말한다. 이후 '신에너지'를 대신해 '지속 가능한 자연에너지'를 정책 용어로 재정의하는 것이 필요하다.

### 3) '새로운 정책'의 등장

1990년대 후반부터 자연에너지로 전환하는 데 좋은 분위기가 형성되어 국회에서도 1999년 〈자연에너지 촉진 의원 연맹〉이 발족하여 환경 관련 시민 단체와 협력하여 독일형의 발전 차액 지원 제도를 기본으로 하는 '자연에너지 촉진법'의 입법화를 추진했다. 이에 대해 〈경제 산업성〉이나 전력회사가 반발했지만 여러 가지 우여

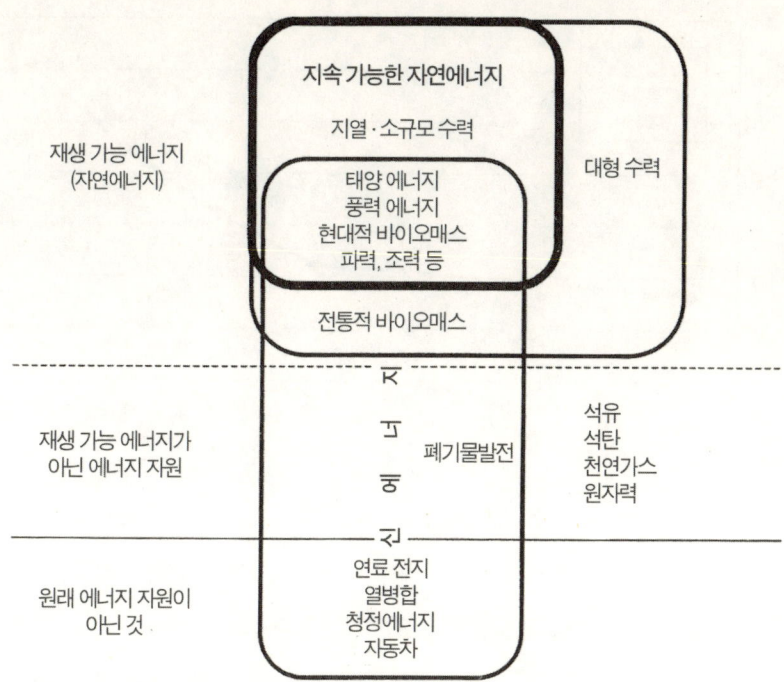

그림 2. 신에너지와 자연에너지(재생 가능 에너지)의 관계

지속 가능한 자연에너지

재생 가능 에너지
(자연에너지)

지열 · 소규모 수력

태양 에너지
풍력 에너지
현대적 바이오매스
파력, 조력 등

대형 수력

전통적 바이오매스

재생 가능 에너지가
아닌 에너지 자원

신에너지

폐기물발전

석유
석탄
천연가스
원자력

원래 에너지 자원이
아닌 것

연료 전지
열병합
청정에너지
자동차

곡절을 겪으며 2002년 6월에 의무 할당 제도인 '신에너지 RPS법'이 정부 입법안으로 만들어졌다. 그 후 운용 기준이 마련되면서 2003년 4월부터 시행되고 있다.

신에너지 RPS법은 ① 대상이 되는 '신에너지 등'을 태양광·풍력·바이오매스·중소 규모 수력·지열 및 폐기물로 정의하고 ② 전기 사업자에게 판매 전력량에 따라 '신에너지 등'을 이용한 발전 전기의 이용을 의무화하는 것이다. 이 의무량의 달성에는 ⓐ 자사에서 발전하는 방법 ⓑ 신에너지 사업자에게서 구입하는 방법 ⓒ 기타 전력 공급자에게서 구입하는 방법 등 세 가지의 수단을 활용할 수 있다. 신에너지 발전은 전력 그 자체와 '신에너지 상당량'으로 나뉘고, 각각을 별도로 거래할 수

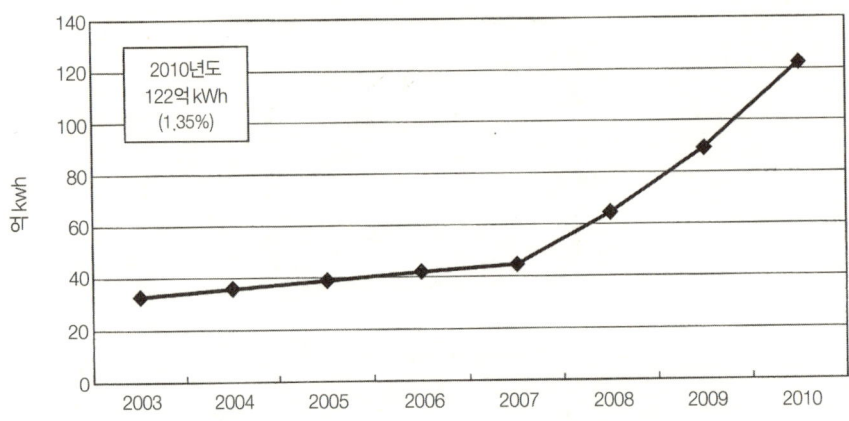

그림 3. 신에너지 RPS의 이용 목표

있다. 이리하여 '신에너지 상당량'을 시장에서 거래함으로써 목표치를 달성하는 동시에 비용을 줄일 수 있다는 것이 홍보에서 최대의 강조점이었다. 그리고 이 '시장'이 지구온난화 방지를 더욱 촉진한다는 점을 상정했다.(그림 3)

하지만 이 제도에서 가장 중요한 요소인 '2010년의 신에너지 도입 목표'는 충분한 논의를 거치지 않은 채 '122억 킬로와트시=전력 공급량의 1.35퍼센트'로 결정됐다. 이것은 제도가 도입되기 이전의 '신에너지 도입 목표치'를 거의 기계적으로 적용한 것으로 독일이나 영국 등 유럽 각국의 10분의 1 수준에 불과하다. 게다가 경과조치로서 〈그림 3〉에서 보듯이 초기 5년간은 해마다 의무량의 확대치가 줄어들면서 더욱 낮은 의무량으로 억제되고 있다. 이 제도에 대한 상세한 내용은 6장의 「RPS 시장의 등장」을 참조하기 바란다.

### 4) 속도가 떨어진 풍력발전

신에너지 RPS법은 일본의 자연에너지 정책으로서 '초기 투자형'에서 '성과 기준'

으로 진화한 최초의 정책 조치이지만 직면한 과제가 많다.

이 법의 시행 전에는 사업용 풍력발전에 대한 전력회사의 자율적인 장기 구입 프로그램을 기초로 풍력발전이 드디어 성장 궤도에 올라섰다. 하지만 이 자율적인 프로그램으로 전력회사가 경제적 부담을 견디기 어렵게 됐고 신에너지 RPS법의 목표치가 낮으며 전력회사가 전력 공급의 안정성에 미치는 영향을 지나치게 우려하는 태도를 보여 〈홋카이도 전력〉을 필두로 일부 전력회사에서는 풍력발전에 대한 '도입 기준'을 설정했고, 응모한 발전소 중 기준을 충족한 발전소를 대상으로 추천을 통해 선정하는 세계적으로 유례가 없는 기묘한 방식을 적용하기 시작했다.

2003년도에 전력회사가 공표한 '기준'의 합계는 33만 킬로와트로, 여기에 합계 204만 킬로와트 규모를 생산할 수 있는 풍력 사업자가 응찰해 치열한 경쟁 구도를 이루었다. 그 후 2004년도에는 〈규슈 전력〉이 5만 킬로와트 기준을 제시했고, 이에 70만 킬로와트 넘게 생산할 수 있는 풍력발전 사업자가 응찰했다. 이러한 '기준'을 이용한 제한으로 지자체 및 제3섹터를 포함한 많은 사업자가 풍력발전 계획과 신규 풍차의 건설을 미루게 됐다.

일본의 풍력발전 시장은 준공 기준으로 보면 누적 설비 용량으로 100만 킬로와트를 돌파할 것이 확실해 얼핏 보면 이륙을 시작한 것처럼 보인다. 하지만 단년도의 발주 기준으로 보면 앞에서 얘기한 사정 때문에 2004년도부터 갑자기 속도가 떨어지고 있다.(그림 4) 이렇게 되면 세계적으로 앞서 나가는 독일이나 스페인과 큰 격차가 발생하여 2010년에 300만 킬로와트라는 '지나치게 낮은 정부 목표'조차 달성하기 어려울 것으로 보인다.

### 5) 폐기물발전과 공존의 과제

'신에너지'에 폐기물이 포함된 것에 대한 문제 제기가 이어지고 있다. 신에너지

그림 4. 일본 풍력발전 시장의 전개와 예측(〈환경 에너지 정책 연구소〉 추계)

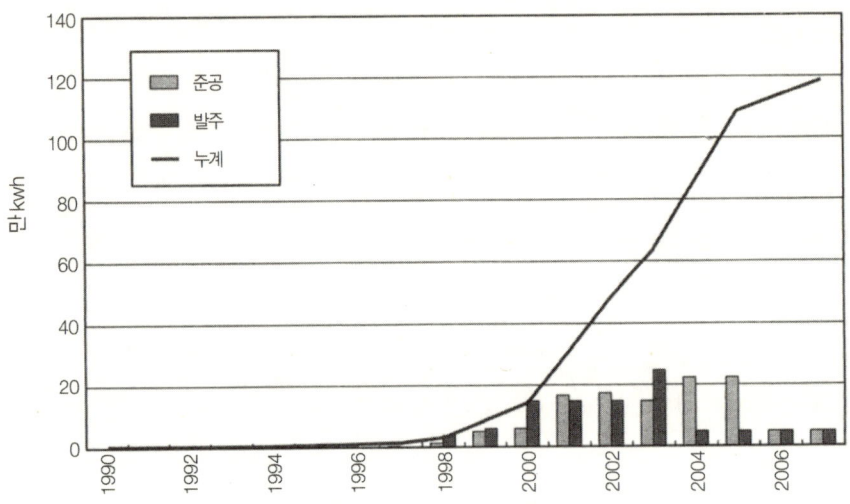

RPS법에서 인정된 설비 용량은 바이오매스발전이 273만 킬로와트로 전체의 63퍼센트를 차지하고, 이어서 풍력발전 67만 킬로와트(16퍼센트), 태양광발전 53만 킬로와트(13퍼센트)의 순이다. 다만 여기서 말하는 '바이오매스발전'의 대부분은 폐기물발전에서 차지하는 바이오매스 성분에 상당하는 양이다.

이 폐기물발전에서 바이오매스 성분만을 RPS 크레딧의 대상으로 운용하게 된 것은 반걸음의 전진이다. 하지만 폐기물발전 전반을 추동하는 효과가 있다는 사실에는 변함이 없기 때문에 '신에너지 RPS법'에 의해 폐기물의 연소량 전체로 확대하면 화석연료에서 유래한 이산화탄소나 유해 물질의 배출이 환경에 미치는 영향이 늘어나 지구온난화 방지라는 본래의 목적이나 물질 순환을 우선하는 '순환형 사회 형성 기본법'의 목적에 반한다.

이는 가장 중요한 목적인 청정 바이오매스 이용의 확대나 신규 자연에너지의 확대를 저해하는 요소가 된다. 따라서 신에너지라는 정의를 수정하여 폐기물발전을 이 법의 대상에서 제외하는 것이 바람직하다.

### 6) '환경 대 환경' 논쟁

풍력발전에 대한 '환경파'들의 비판도 있다. 하나는 경관, 또 하나는 조류에 미치는 영향(조류 충돌bird strike)이다.

〈환경성〉이 자연공원에 풍력발전기를 설치하는 방안에 관한 검토 회의를 설치(2003년)한 이후 경관 문제가 관심을 모았다. 하지만 문제의 본질은 오히려 '자연공원 외부' 및 '풍력발전 이외'에 있다. 풍력발전이 주위의 경관과 조화를 이루는 것이 바람직하다는 것은 두말할 필요도 없다. 하지만 일본에서 도시나 교외의 경관이 두드러지게 나빠지고 있는 반면 일본보다 수백 배나 '풍차 밀도'가 높은 덴마크의 경관이 훨씬 아름답다. 풍차의 경관 문제를 새삼스럽게 제기하는 것은 '의도적인 비판'이 분명하다. 일본의 경관 정책을 근저에서부터 개선하지 않으면 아무것도 해결할 수 없다.

주목을 끌고 있는 조류 충돌의 문제도 세 가지 관점에서 균형을 잃은 논의다.

첫째, 인위적 현상이 조류에 미치는 영향 중에서 풍력발전의 영향이 차지하는 비율과의 균형이다. 유럽에서는 자동차나 집고양이에 의한 영향이 두 자릿수나 높다는 보고도 있고, 조류 보호가 목적이라면 더 우선해야 할 과제가 있다.

둘째, 생물 다양성이라는 전체의 관점에서 본 조류 충돌 문제나 조류 보호의 중요성이다. 조류라면 까마귀도, 참새도 조류 충돌이 문제가 되지 않는다. 따라서 생물 다양성과 지속 가능성을 통합한 관점에서 종합적으로 고찰할 필요가 있다.

셋째, 인류의 에너지 이용이 환경 전체에 미치는 영향과 대비하여 조류 충돌 문제의 중요성을 생각할 필요가 있다. 이때 대체에너지로서 풍력발전의 필요성과의 균형도 고려할 필요가 있다.

결론적으로 말하면 자연보호의 관점에서 조류 보호의 핵심 지역을 신중하게 피하여 개발 과정에서 이를 미리 예방하려는 태도가 빠져서는 안 된다. 하지만 조류 충돌이라는 개별 문제에 빠지지 않고 '지속 가능한 사회'라는 통합적인 목표를 함께 생각하면서 이 문제에 접근할 필요가 있다.

### 7) '시장'을 둘러싼 혼선

일본의 자연에너지는 시장을 둘러싸고 혼란스러운 위치에 놓여 있다. 우선 계통을 둘러싸고 부상한 '전력 자유화'와의 대립 관계가 있다. 일본에서는 전력회사 간의 송전 계통(회사 간 연계'라고 함) 이용은 전력회사에 따라 엄격하게 제약을 받고 있고 아주 적은 이용 가능량을 둘러싸고 풍력발전 사업자와 자유화 정책의 영향으로 새롭게 참여한 전기 소매 사업자(PPS)가 일종의 쟁탈전을 벌이는 대립 관계에 내몰려 있다. 예를 들면 홋카이도와 도호쿠를 직류 전력으로 연계하는 기타모토北本 연계선은 총용량이 60만 킬로와트이지만 계통 안정을 위해 자동 주파수 제어(Automatic Frequency Control, AFC)라 불리는 기능에 10퍼센트에 해당하는 6만 킬로와트를 충당하고, 자유화 기준에 따라 남류 방향에는 10만 킬로와트의 이용만이 인정된다. 이것은 홋카이도에서 토마리 원자력 발전소 등 대규모의 전원이 끊어지는 경우를 대비하여 용량을 확보하기 위한 것이지만 직류송전선이라는 귀중한 사회자본의 이용이라는 점에서는 합리적이지 않다. 마치 고속도로를 만들어 놓고도 구급차의 통행을 위해 본선을 사용하지 않고 비워 두는 것과 같다. 원래 일본형 전력 자유화 제도 중에서 전기 소매 사업자와 자연에너지 사업을 대등한 경쟁선상에 두는 것은 '지속 가능한 사회'라는 더 상위에 자리 잡아야 할 정책 목표를 망각한 혼선이다.

또한 에너지 시장의 관계자는 일본의 자연에너지 사업자가 지금까지 보조금에 의지해 온 결과 '너무 연약하다'고 판단하고 있어 '신에너지 RPS법'과 같은 '시장 경쟁'의 환경이 필요하다고 말한다. 하지만 RPS 크레딧의 거래는 일반 전력회사가 99 퍼센트를 차지하는 유동성이 없는 시장이라는 점과 함께 의무량이 적기 때문에 극단적인 구매자 중심의 시장이 되어 버렸다. 자연에너지에 시장 경쟁을 추구하는 시장 원리주의자는 지역 독점과 규제로 전력회사가 압도적 우위에 서는 불공정은 외면한다. '공정한 시장 경쟁 환경'이라는 관점은 완전히 제쳐 두고 있다.

이상에서 살펴본 대로 '신에너지 RPS법'은 자연에너지의 보급에 공헌하기보다는 풍력발전의 경우에서 보았듯이 혼란을 일으켜 오히려 보급이 정체되는 상황을 만들고 있다. 그 원인으로는 ① 부적절한 제도 선택, ② 지나치게 낮은 목표치, ③ 부적절한 제도 설계, ④ 지나치게 큰 전력회사의 재량권과 그 영향, ⑤ 계통 문제 등 다섯 가지를 지적할 수 있다.

특히 제도의 문제에서 최대의 논점은 발전 차액 지원 제도(독일형의 FIT 등)와 의무 할당 제도(RPS 등) 중에서 어느 것을 선택할 것인가다. 유럽의 사례에서 알 수 있듯이 보급 효과에서는 발전 차액 지원 제도가 낫다는 사실이 확실히 증명됐지만 경제적 효율이 높지 않다는 비판이 제기되고 있다. 이 점에서 주목할 것은 〈유럽 에너지 경제 연구 네트워크(The European Network for Energy Economics Research, ENER)〉가 제안하는 '가격 저감형 발전 차액 지원 제도'다.[1] 이것은 미리 단계적으로 자연에너지에서 구입할 전력 가격을 낮추어 나간다는 것을 예고하는 방식의 발전 차액 지원 제도다. 지금까지 유럽 각국의 경험에 기초한다면 RPS 등의 의무 할당 제도에는 기대한 만큼의 가격을 낮추는 효과가 없다. 따라서 지금 상황에서 '가격 저감형 발전 차액 지원 제도'가 가장 바람직한 제도다. 〈유럽연합〉도 제도 통합을 위한 정책 검토 결과를 곧 제출할 전망이어서 주목할 필요가 있다.

## 2. 지역에서 주도하는 자연에너지 전략

한편 자연에너지 시장을 확대하기 위한 중요한 전략으로 지역 주도의 방식이 있다. 이 책에서도 소개하고 있듯이 이와테 현에서 앞장서서 바이오매스를 추진하는 것이나 '정부'를 선도하는 도쿄 도의 정책 추진 등 새로운 자연에너지 정책과 지구 온난화 정책에서 지자체가 앞장서서 추진하는 방식이 시작되고 있다.

### 1) 북유럽에서의 시도

스웨덴에서 바이오매스 보급의 견인차가 된 것은 지역 주도의 방식이다. 벡셰 시의 방식은 일본에서도 널리 알려져 있다. 자유화 이전에 벡셰 시의 열 공급과 전력 공급을 독점했던 〈벡셰 에너지 공사(Växjö Energi AB, VEAB)〉는 1980년에 정부의 지원을 받아 지역의 열 공급 연료로 바이오매스를 함께 태우는 시도를 스웨덴에서 가장 먼저 시작했다. 이러한 역사를 배경으로 1996년에는 '지방 의제 21'의 방식으로 추진하면서 '화석연료 제로'를 선언했다. 그리고 그 직전에 설치한 최신 바이오매스 전소 대형 보일러에 필요한 연료의 대부분을 바이오매스(나무 부스러기)로 교체하는 사업에 착수했다.

또한 스톡홀름 근교에 있는 엔셰핑Enköping 시의 열 공급을 담당하는 〈ENA 크라프트ENA Kraft〉 사도 〈벡셰 에너지 공사〉와 거의 같은 시기에 거의 같은 규모의 바이오매스 전소 대형 보일러를 신설하고 바이오매스로의 연료 전환을 추진하는 한편으로 근교에서 에너지 작물(Short Rotation Coppice, SRC)을 재배하여 에너지 자원 순환을 시도하고 있다.

이러한 방식으로 지역에 열을 공급하고 있는 회사는 약 220개 사이며, 스웨덴의 가정과 사업용 열 수요의 약 40퍼센트를 공급하여 국가적으로 '바이오매스 에너지 혁명'의 견인차가 됐다. 지역의 열 공급은 전통적으로 지역사회와의 연계가 강하고, 1996년 전력 시장의 자유화가 진행된 후에도 지역사회의 존재를 중심에 두는 지역 독점이 유지되어 왔다. 그것이 지속 가능한 사회라는 방향성을 설정할 때 지역사회 의 의사를 반영한 결정이 이루어져 온 중요한 요인이다.

### 2) 캘리포니아 '지역사회의 에너지 선택'

풍력발전의 비약적인 보급과 함께 '나무를 키우는 전력회사'로 알려져 있는 〈새 크라멘토 전력 공사(Sacramento Municipal Utility District, SMUD)〉 등의 선구적 역사를 가 진 캘리포니아에서는 미국에서도 가장 일찍 전력 자유화가 진행되어 왔다. 하지만 결과적으로는 전력 위기를 맞아 실패로 끝났다. 그러나 그로부터 '지역사회의 에너 지 선택(Community Choice Aggregations, CCA)'이라는 새로운 도전이 시작됐다.

전력 위기의 원인은 그 이후 분명해졌듯이 파산한 〈엔론Enron〉 등 발전회사들이 '자유화 시장'의 빈틈을 이용해서 이윤 게임을 벌였기 때문이다. '전력 자유화'는 시 장 원리주의와 경제의 지구화라는 이데올로기의 색채를 강하게 반영하여 민주주의 가 기능하지 못한다는 사실도 확실해졌다.

새롭게 주목을 받게 된 '지역사회의 에너지 선택'이란 지자체의 결정에 따라 그 지역의 모든 수요자가 전력회사나 전기의 종류를 선택하는 것이다. 〈로컬파워〉라 는 비영리 단체가 1994년 무렵부터 추진했고, 이를 이용하여 롱아일랜드 등에서 이 미 100만 명의 '고객'을 모은 새로운 '에너지 공사'도 탄생하고 있다.

캘리포니아 주에서도 전력 위기 이후 다양한 시민 단체나 환경보호 단체의 호응 이 뒤따르면서 2002년 9월에 '지역사회의 에너지 선택'을 규정한 법안 AB117이 서 명, 발효됐다. 현재 주 내에서 다수의 지자체가 새로운 에너지 공사의 설립을 모색 하고 있고, 그중에서도 샌프란시스코 시는 2004년 2월 17일에 새로운 법안을 발표했다. 이에 따르면 샌프란시스코 시는 '민주주의의 복권'과 '지역 주도의 (전력 시장) 관리'를 위해 '지역사회의 에너지 선택'을 이용하여 종래의 전력회사에서 이탈할 것을 결정하고, 10년 이내에 전력 공급의 4분의 1을 녹색 전력으로 전환하는 것을 목표로 태양광발전이나 풍력발전, 에너지 절약을 추진하고 있다.

일본을 되돌아보면 '관'은 신뢰하기 어렵고 '민'도 실패하고 있어 이른바 '자유화'를 통하여 지속 가능한 사회를 실현할 수 없다는 사실은 명백하다. '지속 가능한 사회'라는 명확한 공공의 목적을 가진 '규제 개혁'을 통해 시민이나 지역사회가 주도하는 자주적 관리와 자율, 즉 본래 의미의 공익적인 전력 체계를 구축해야 한다.

### 3) 일본 지역 에너지 정책의 가능성

일본에서는 1970년대의 공해公害 행정 이래 환경 정책은 지자체가 주도하고 '국가'가 뒤따라가는 방식이 이어지고 있다. 정보 공개나 환경 평가도 지자체가 선행 사례를 만들고 전국으로 확산되는 과정에서 제도가 진화하고 다듬어져 마지막에 '정부'가 기준선을 법제화하는 과정을 거쳐 왔다. 자연에너지의 경우는 원래 에너지에 그다지 관심이 없던 지자체의 태도를 급속히 변화시킨 두 가지 주요한 요인이 있다. 하나는 1990년대 중반부터 〈통산성〉(지금의 〈경제 산업성〉)이 보조 사업으로 시행한 '지역 신에너지 전망'이다. 다른 하나는 1997년 지구온난화 방지 교토 회의 이후의 지구온난화 방지를 위한 대응 체계다. 이런 상황에서, 예를 들면 야마가타山形 현 다치카와立川 정이 1994년부터 앞장서서 이끌고 있는 〈풍력발전 추진 시정촌 전국 협의회〉(2004년 4월 현재 79개 시정촌)나 1995년에 발생한 고속원자로 몬쥬의 사고 이래 독자적으로 에너지 절약을 추진해 온 가와고에川越 시, 1992년부터 수장을 중심으로 활동하고 있는 〈환경 지자체 회의〉 등 우선은 비교적 소규모의 시정촌이 앞장서 왔다.

그 후 이와테에서 전개된 바이오매스의 앞선 추진이나 도쿄 도와 교토 시 등의 지구온난화 방지 조례 등 도도부현(都道府県, 일본의 광역 자치 단체인 도, 도, 부, 현을 묶어 이르는 말. 옮긴이) 단위에서 '정부'를 이끌어 나가는 방식이 확산됐다. 그중에서도 도쿄 도는 환경 정책에서 '정부'를 이끌어 갈 것임을 명확히 선언하고 지구온난화 방지 대책으로서 자연에너지와 에너지 절약에서 앞서 나가는 혁신적인 정책을 이어 나가고 있다. 도쿄 도의 정책은 규모나 정치적 영향력에서 볼 때 '정부'의 환경 에너지 행정을 움직이고 있으며, 이후 일본의 환경 에너지 정책의 진전을 이루는 데 아주 중요한 역할을 담당하고 있다.

## 3. 녹색 전력 시장의 등장

지구온난화를 둘러싼 국제 협의의 진전과 함께 에너지 시장, 특히 전력 시장 개혁(이른바 전력 자유화)이 진전되고 있다. 이 두 가지를 연결하는 방식으로 '녹색 전력 제도' 또는 '녹색 전기 요금'이라 불리는 새로운 체계가 등장했다. 고객이 일정한 형태로 자연에너지를 직접 선택할 수 있는 방식이다.

### 1) 녹색 전력의 역사와 개요

녹색 전력 프로그램이란 수요자의 선택과 참여에 기초하여 자연에너지로 생산한 전력 공급을 확대하거나 보급을 추진하는 프로그램이다. 1990년대 초반에 미국에서 등장한 이후 세계 각국에서 다양한 시도를 통해 발전을 실행하고 있고, 일본에서는 1999년에 시작됐다. 이처럼 각국에서 실시 혹은 검토되고 있는 다양한 형태의 녹색 전력 프로그램은 '상품' 형태나 고객의 참여 형태, 요금 징수 등 프로그램의 내용을 고려하여 다음의 네 가지로 구분할 수 있다.

① 기부·공헌형

전력회사가 준비한 특정 프로젝트나 기금에 대해 수요자가 주로 기부를 통해 '공헌'하는 프로그램이다. 역사적으로는 미국 〈새크라멘토 전력 공사〉가 시행한 '솔라 파이어니어(Solar Pioneer, 태양의 개척자)'가 최초의 사례이며, 녹색 전력 프로그램의 출발점이 되고 있다. 이는 수요자가 매월 일정액을 지불하고 자택의 옥상을 태양광발전을 위해 빌려 주는 것이다. 그 외에 미국이나 유럽을 비롯해 세계적으로도 사례가 많다. 일본의 전력회사가 2001년 가을에 시작한 '녹색 전력 기금'도 이와 비슷하다.

② 전력 선택형

전력 자유화와 함께 등장한 프로그램으로 '전원의 종류' 선택과 녹색 전력 요금을 조합하여 자연에너지로 생산한 전력을 선택할 수 있는 체계로 되어 있다. 이 체계는 자연에너지의 정의와 '자연에너지로 생산한 전력'이라는 사실을 인증하는 제삼자 기관의 역할이 관건이다. 캘리포니아 주에서는 대안 자원 개발 센터(Center for Resource Solution, CRS. www.resource-solutions.org)가 그 역할을 담당하고, 'Green-e'라는 통일 로고가 인증된 '상품'임을 알려 준다. 스웨덴에서는 〈스웨덴 자연보호 협회(Svensk naturskyddsföreningen, SNF)〉가 1980년대에 상품에 환경 마크를 붙이기 시작했는데 이에 전력 상품도 포함하는 방식으로 시작됐다.

③ 증서 거래형

네덜란드가 1998년 1월에 시작한 프로그램으로 자연에너지로 생산한 발전량에 따라 증서를 발행하고, 이것을 거래할 수 있도록 만든 프로그램이다. 일본에서도 2001년 가을에 전력회사가 중심이 되어 설립한 〈일본 자연에너지 주식회사〉가 '녹색 전력 증서'의 거래를 시작했다.(7장 「녹색 전력 사업」 참조)

④ 직접 투자형

특정의 자연에너지 설비에 대한 투자에 고객이 직접 참여하는 프로그램으로 덴마크에서 시작한 '시민 풍차'가 대표적 사례다. 덴마크에서는 풍력발전 사업의 80퍼센트가 공동 출자 혹은 개인 출자로 이루어져 역사적으로 덴마크의 풍력발전 산업을 육성하는 토양이 되어 왔다. 최근에는 수도인 코펜하겐 앞바다나 삼소Samso 섬 앞바다에 설치한 해상 풍력발전과 같이 시민 출자로 건설된 사례도 등장하고 있다.

### 2) 확산되기 시작한 일본의 녹색 전력

일본에서도 드디어 녹색 전력 프로그램이 알려지면서 다양한 이용 사례가 점점 나타나고 있다.

'직접 투자형'인 시민 풍차의 경우는 일본에서도 2001년에 〈홋카이도 그린 펀드〉가 홋카이도 하마톤베쓰 정에 시민 풍차 제1호기인 '하마카제'짱(출력 1,000킬로와트)을 건설한 것을 계기로 아오모리 현 아지가사와 정(2003년 3월에 준공된 '완즈', 1,500킬로와트), 아키타 현 덴노 정(2003년 3월에 준공된 '덴푸마루', 1,500킬로와트), 홋카이도 이시카리 시(2005년 3월에 준공, 1,650킬로와트 2기) 등 시민 풍차가 전국에 서서히 확산되기 시작했다. 시민 출자에 기반하고 있는 비영리 법인 〈홋카이도 그린 펀드〉와 비영리 법인 〈환경 에너지 정책 연구소〉가 공동으로 출자하여 〈유한책임 중간 법인 자연에너지 시민 기금〉 및 〈주식회사 자연에너지 시민 펀드〉를 설립하여 전국 각지에서 폭넓게 출자를 제안하거나 시민 풍차 설치와 관련한 상담에 응하고 있다.(http//www. greenfund.jp/)(11장 「시민 풍차의 보급과 확산」 참조)

또한 '녹색 전력 증서'는 〈소니〉나 〈도요타〉를 비롯한 기업의 환경 대책으로 이용되고 있을 뿐 아니라 '바람으로 만든 수건'(〈이케우치 타월〉), '바람으로 인쇄한 책'(〈다다스 서방紅書房〉), 콘서트에 이용(젭Zepp)되거나 주택 판매에 이용(〈도부東武 철도〉)되는 등 최종 사용자가 눈으로 볼 수 있는 방법이 확산되고 있다.

또한 도쿄 도가 2004년 10월 '구입하는 전력의 5퍼센트를 녹색 전력으로 공급해야 한다'는 배려 조항을 발표한 이후 고시가야越谷 시나 이타바시板橋 구에서는 녹색 전력 증서를 직접 구입하고 있다. 이와 같이 녹색 전력 증서를 지자체에서 녹색 조 달에 이용하는 사례도 등장하고 있다. 이러한 변화는 녹색 전력 프로그램을 지역의 환경 정책에 활용할 수 있다는 방향성을 시사하고 있다.

### 3) 녹색 전력 인증과 지불 의사

녹색 전력 프로그램에서 가장 중요한 요소는 제삼자 기관의 인증이다. 전기 그 자 체는 색깔을 띠지 않으므로 스스로 분명하게 청정한 자연에너지를 선택하여 요금 을 지불할 것임을 인증하는 체계가 꼭 필요하다. 또한 '무엇이 녹색 인가?'라는 정의 도 중요해진다. 이 때문에 스웨덴에서는 소비재 분야에서 인지도 높은 환경 마크로 알려져 있는 〈스웨덴 자연보호 협회〉가 인증과 관련된 역할을 맡았다. 미국에서는 인증을 담당하는 비영리 단체 산하에 다양한 이해관계자가 모여서 인증 체계를 구 축했다. 일본에서도 2001년부터 〈녹색 전력 인증 기구〉가 설립되어 활동을 시작했 다.(http://eneken.jeep.or.jp/greenpower/)

녹색 전력 프로그램을 뒷받침하는 또 하나의 중요 요소는 소비자의 지불의사 (Willingness to Pay, WTP)다. 미국에서 실시된 조사에 의하면 약 70퍼센트의 사람들이 환경 보전을 위해 소비생활을 바꾸거나 더 많은 금액을 지불할 수 있다고 생각하고 있고 환경을 생각하는 미국인의 경우에는 그 비율이 80~90퍼센트에 이른다. 일본 이나 유럽에서 실시된 여타의 조사에서도 거의 비슷한 결과가 나오고 있다. 즉 시민 의 대다수는 환경 보전을 위해 더 많이 지출할 의사가 있고, 이것이 녹색 전력 제도 를 뒷받침하는 가장 중요한 토대가 되고 있다. 다만 실제로 녹색 전력 프로그램을 도입한 지역과 국가를 보면 참여자 수는 전체 소비자의 1퍼센트를 약간 밑도는 경 우가 대부분이고, 아쉽게도 현실에서의 행동은 차이가 있다. 여기에는 녹색 전력 프로그램이 들어 본 적이 없는 새로운 '상품'이라는 점에서 발생하는 이해 부족을 비롯해 다양한 요인이 있다.

### 4) 녹색 전력의 향방

소비자의 선택에 맡겨진 녹색 전력 프로그램에는 풀기 어려운 두 가지의 모순이 있다. 하나는 근원적으로 '오염자 부담 원칙(Polluter Pay Principle, PPP)'에 역행한다는 것이다. 원래 이산화탄소나 방사능 배출 등 환경을 오염시키는 자가 상응하는 부담을 질 필요가 있다. 더욱 깨끗하고 맑은 환경을 원하는 사람이 더 많이 부담하는 것은 환경 공정성의 관점에서는 거꾸로 된 것이다. 이런 영향도 있어 자연에너지 정책의 기반을 갖추고 있는 유럽에서는 녹색 전력 프로그램의 기세가 약화되고 있는 측면도 있다. 두 번째 모순은 녹색 전력 프로그램이 전력회사의 '규제 회피' 방법으로 제안되는 경우가 적지 않아 '녹색 세탁green wash'이라는 비판도 제기된다.

반면 녹색 전력 프로그램의 본질적인 의의는 소비자, 즉 시민들의 자율적인 선택과 자기 결정이다. 이런 요소를 존중하면서 상기의 두 가지 모순을 해소해 나갈 수 있는 정책적 지원이 필요하다. 하나의 가능성으로서 전력 자유화와 함께 유럽이나 미국 등에서 시작하고 있는 '발전원 증명(Guarantee of Origin, GoO)'이 있다. 이것은 전력 거래에 따라 발전원에 관한 정보를 제공하는 것으로 미국과 유럽에서 각각 전력 자유화의 전개와 함께 제도화되면서 정비되고 있다. 또 하나는 지역사회에서 대면 방식으로 참가할 수 있는 녹색 전력 프로그램이다. 시민 출자로 만든 풍차나 지역의 자연에너지 설비에 지역 주체의 녹색 전력 기금을 지불하는 사람에게는 유무형의 구체적인 혜택이 제공되며, 나아가 지역에서 에너지의 자립성을 높인다는 점에서 앞서 얘기한 모순을 해소할 가능성이 있다고 생각한다.

## 4. '자연에너지 열 정책'의 재구축

수요 측면에서 자연에너지의 이용 확대를 도모하기 위해서는 전력 분야만이 아니라 '저온열의 에너지 정책'을 확립하는 것이 중요하다. 저온열이란 전력 분야만이 아니라 냉난방과 급탕에 관한 에너지 정책이다. 유럽에서 확인할 수 있듯이 에너지 정책은 크게 네 가지로 나뉜다. 전력 이용, (저온)열 이용, 교통 에너지 이용, 산업 에너지 이용이다. 하지만 일본의 에너지 정책은 사실상 에너지 공급 사업자별 대책에 불과하며 유럽과 같은 수요자 중심의 관점은 거의 없다. 이 때문에 일본에서는 이 '저온열 정책'이 지금까지도 빠져 있다.

그 결과 민생 분야에서 저온열 이용 현황은 바닥 상태다. 열 공급 기기의 경우에는 존재하는 모든 난방 기기나 급탕 기기가 몰려들었고, 에너지원도 등유를 중심으로 전력, 가스, LPG 등이 혼재되어 있다. 최근에는 저렴한 전기에 의존하는 난방 기기가 보급되고 있다. 즉 저온열이라는 낮은 엑서지(exergy, 종합적인 에너지의 유효 이용도有效利用度를 평가하는 데 쓰이는 단위. 옮긴이)의 이용 분야에 대해 화석연료의 직접 연소 혹은 전력이라는 높은 엑서지의 에너지 공급에 의존하는 매우 비효율적인 체계가 형성되어 왔다.

그 반면에 일반 서민의 생활은 주택의 빈약한 단열 밀폐 성능과 맞물려 부실한 저온열 환경에 그대로 방치되어 왔다. 즉 생활 조건이 열악한 저온열 환경을 엑서지 효율이 현저하게 떨어지는 비효율적인 에너지 시스템으로 충당하는 '사람들에게도, 환경에도 친화적이지 않은 시스템'이라 할 수 있다. 이런 수준이라면 도저히 선진국의 주택 에너지 환경이라고 할 수 없다.

저온열 정책이 존재하지 않는 일본의 자연에너지 정책에서 실패의 상징이 태양열 온수기다. 1980년의 석유 폭등의 파도를 타고 일본에서 태양열 온수기가 빠르게 보급됐다. 하지만 1990년대에 들어 '시장에서 자립 기반을 갖추었다'는 〈통산성〉(지금의 〈경제 산업성〉)의 판단에 따라 신에너지로서의 보조나 우대가 중단되고 일부 사업자의 불상사까지 더해지면서 시장이 급속도로 축소됐다. 2010년에 439만 킬로와트를 목표로 한다는 정부의 공언과는 달리 확대는커녕 현재 수준(약 98만 킬로와트)조차 해마다 줄어들고 있는 실정이다.

앞으로 민생 분야에서 에너지 시장은 온실가스 배출의 가장 주요한 요인이라는 점을 생각하면 무엇보다도 엑서지를 고려한 저온열 정책을 확립하는 것이 필요하다. 구체적으로는 전기난방이나 화석연료의 직접 연소를 금지하거나 과징금을 부과하여 이를 사용하지 않도록 하는 동시에 엑서지가 낮은 저온열(열병합발전의 폐열 이용)이나 자연에너지(태양열과 바이오매스)의 이용으로 유도하는 시책이 요구된다. 나아가 단열 강화나 온열판 히터 등의 난방 기기, 그리고 소규모 지역의 열 공급 등을 조합한 종합적인 '저온열 시책'으로 추진할 필요가 있다.


## 5. 자연에너지 사업의 새로운 패러다임 '시장 활성화 조직'

자연에너지를 효율적·자율적으로 추진하기 위해서는 새로운 사업 모델의 역할도 필요하다. 여기서 덴마크를 필두로 〈유럽연합〉이 보급을 위해 노력해 온 '지역 에너지 환경 사무소'의 협력 관계가 주목을 받고 있다. 이것은 원래 1970년대에 덴마크에서 활발하게 전개된 탈脫원전 운동을 추진하던 각지의 거점으로서 에너지·환경·지역사회에 대해 함께 공부하는 공간으로 탄생했다. 그 후 원자력이 에너지 정책에서 퇴장한 후에는 지자체나 사업자들의 교류의 장으로 역할이 바뀌고 있다. 덴마크에서의 성공을 지켜본 〈유럽연합〉도 1992년부터 지역 에너지 환경 사무소의 확대에 노력하여 현재 약 250개가 넘는 사무소가 유럽 전역에 자리 잡고 있다.

지역 에너지 환경 사무소의 역할을 음미하면서 또 한 걸음 나아간 것이 '시장 활성화 조직(MFO)'이다. '지속 가능한 기술 시장을 육성하기 위한 지역 조직'이라고 할 수 있다. 원래는 개발도상국에서 지속 가능한 발전을 추진하기 위한 기술·정보·금융·정책 등 모든 역량이 취약한 사회 환경에서 시장을 형성하기 위한 민관民官 협력 관계, 이른바 오염자 부담 원칙(PPP)의 일종으로 탄생했다. 이것은 일본의 지역사회에서 자연에너지를 확산하는 데 중요한 접근법으로 적용할 수 있는 개념적 수단이 된다. 왜냐하면 자연에너지는 지역사회에 제공하는 혜택이 많고, 정책면에서의 지원에 보답하기 때문이다. 동시에 지역 차원에서 보면 일본조차 기술·금융·정책 등이 모두 취약할 뿐만 아니라 기술은 새롭고 사업은 소규모여서 이익도 변변치 않아 정책의 역할이 필수다.

시장 활성화 조직의 기본적인 역할과 기능은 정책, 공동체, 사업 등 세 개의 분야를 중심으로 국내외에 열린 네트워크를 가진 '지역 환경 사업의 부화기'라 할 수 있다. 구체적인 활동으로는 네트워킹이나 협력 관계 맺기, 홍보와 보급, 시장 조사, 소비자(시민) 교육, 사업 설계와 촉진, 기술적 조언, 자문, 금융, 정책 제언이나 조언과 같은 기능을 들 수 있다.(그림 5)

이와 같이 다양하면서도 고도의 기능을 지역에서 실천하기 위해서는 고차원의 관점과 실력 있는 인재, 지역사회에 뿌리를 두면서 이처럼 새로운 추진 방식에 유연성을 갖춘 인재가 신뢰에 기초해 협동하는 것이 필수다.

이 책에서도 소개하고 있는 나가노 현 이이다 시의 방식이 현재 상황에서는 일본에서 최초라 할 수 있는 시장 활성화 조직의 사례로 그 성과가 기대된다.(12장 「지역 에너지 사업의 새로운 패러다임」 참조)

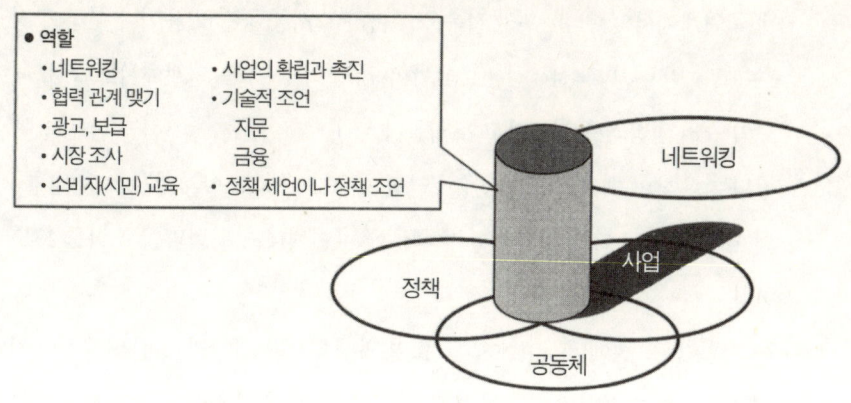

그림 5. 시장 활성화 조직(MFO)의 역할

**● 역할**
- 네트워킹
- 협력 관계 맺기
- 광고, 보급
- 시장 조사
- 소비자(시민) 교육
- 사업의 확립과 촉진
- 기술적 조언 자문 금융
- 정책 제언이나 정책 조언

네트워킹

정책

사업

공동체

## 6. 자연에너지 시장의 구축을 향하여

신 RPS법이나 신에너지 산업 전망 등 일본에서도 시장 주도형 자연에너지 정책으로의 전환이 시작됐다. 이런 흐름에 속도를 붙여 향후 자연에너지 시장을 확립해 나가기 위한 자연에너지 정책에서는 다음과 같은 개혁을 추진할 필요가 있다.

① '지속 가능한 발전'을 최상위의 정책 목표로 설정하고 자연에너지와 에너지 절약을 중심에 둔 에너지 정책으로 재구축할 것.
구체적인 정책의 개선 사항으로는 다음과 같은 것들이 있다.
- 산업 정책으로서의 강화: 단순한 에너지 정책의 차원이 아니라 자연에너지 자체가 산업 육성 효과를 갖는 중요한 산업 정책이 되도록 위상을 새롭게 설정하여 정책에 중심을 둔다.
- 장기적이고 비약적으로 높은 목표치: 2015년에 10퍼센트 규모의 유럽에 버

금가는 높은 목표치를 제시하고 수요 창출을 지향한다.

- 계통 연계에서의 우대: 우선 접속을 비롯하여 계통 증강 비용이나 부하 조정 in balance 비용(계통 부하에 대한 요금)의 부담 방식 등 계통 연계에서도 우대 제도의 합리적 방식을 검토하고 도입한다.

- 전력 자유화의 제도 설계에 반영: 전력 자유화의 제도 설계에는 자연에너지의 보급을 전혀 고려하지 않았기 때문에 자연에너지 정책과의 조화를 도모한다.

- 녹색의 가치: 신에너지 RPS법의 도입 과정에서는 법안의 성립을 우선했기 때문에 RPS 크레딧의 환경적 부가가치라는 미묘한 문제에 관한 논의가 미루어졌다. 하지만 앞으로는 지구온난화 정책이 본격화되면서 특히 이산화탄소 크레딧의 관련성을 명확하게 규정하는 것이 매우 중요한 과제가 될 것이다.

② 새로운 패러다임의 자연에너지 정책을 확립할 것(표 1)

- 이전에는 기술 평가에 많은 역량을 투입했지만 앞으로는 '시장 평가'가 중요해지면서 시장의 결함이나 위험을 정책으로 보완하는 방향으로 선택의 중점을 전환한다.

- 이전에는 태양광발전 등 개별 기기의 공급에 초점을 맞추었지만 녹색 전력이나 시민 풍차 등 사용자 관점의 가치나 새로운 사업 모델에 초점을 맞추도록 전환한다.

- 이전에는 단순히 비용을 낮추거나 경제적 경쟁력에만 초점을 맞추었지만 이후 정책·금융·제도·조직 등 폭넓은 사회적 필요성의 관점에서 정책적 해결책을 제공하도록 전환한다.

- 이전에는 기술 실험을 중시했지만 앞으로는 사업 모델이나 금융 모델의 창조, 제도·조직 모델의 개혁, 사회적 실험 모델 등을 중시하도록 전환한다.

**표 1. 자연에너지 정책의 새로운 패러다임**

| 기존 패러다임 | 새로운 패러다임 |
|---|---|
| 기술 평가 | 시장 평가 |
| 기기 공급에 초점 | 응용, 부가가치, 사용자에 초점 |
| 경제적 경쟁력 | 정책·금융·제도·조직, 사회적 필요성과 해결책 |
| 기술 실증 | 사업/금융 모델, 제도·조직 모델, 사회 모델 |
| 초기 보조금 | 건전한 시장 형성에 필요한 위험과 비용 분담 |
| 계획과 정책 의도 | 경험, 결과, 교훈 |
| 저감 | 시장 경쟁력 |

- 이전의 초기 보조금에서 앞으로는 건전한 시장 형성을 위한 위험과 비용을 정책면에서도 분담할 수 있는 정책 설계로 전환한다.

  국제적으로 보면 자연에너지는 에너지 분야만이 아니라 전체 산업 중에서도 성장이 두드러진 분야 중 하나다. 게다가 성장의 혜택이 단순히 산업 경제 분야에 머물지 않고 지역사회나 개발도상국 혹은 미래 세대로, 그리고 사회 전체에 미치게 된다. 국제사회가 일본에 기대하는 역할을 수행하기 위해서는 시민과 지역사회에 열린 방식으로 자연에너지 시장 전략을 재구축해야 한다. 🌱

---

1) "ENER Forum 3: Successfully Promoting Renewable Energy Source in Europe", *ENER BULLETIN 25.02*, Budapest, Hungary, 6-7 June 2002.

# 자연에너지라는 새로운 패러다임으로

지구온난화 방지 등 환경 보전을 비롯해 에너지 자급률의 향상, 산업이나 고용의 육성, 중산간 지역의 활성화 같은 자연에너지의 가시적인 혜택이 자연에너지 시장을 뒷받침하고 있다. 이에 머무르지 않고 사회의 근본적인 변화가 더욱 깊은 차원에서 작용하고 있다. 향후 이 자연에너지를 둘러싼 패러다임의 변화는 일본의 에너지 정책이나 사회 전체에서 상호작용의 과정을 통해 새로운 변화로 이어질 것이다.

일본의 에너지 정책은 역사적으로 전력회사를 핵으로 하는 독점적인 에너지 사업자와 정부의 산업 정책에 기인하여 치밀한 공범 관계를 형성해 왔다. 그 사이에 경제도, 에너지도 경쟁하듯 급성장해 온 시대 배경과 맞물려 거대 기술에 대한 믿음과 에너지 인프라 형성이 서로를 증폭시키는 방식으로 에너지 정책을 둘러싼 규제·조직·사고방식의 얼개 등 이른바 기존 에너지 정책의 패러다임을 만들어 왔다.

'국가 정책'이라는 특성을 배경 삼아 하향식이나 지휘명령형의 정책에 기초하여, 예를 들면 '전력 왕국'으로 비유되는 '하향식 지역 독점'이 강화되어 왔다. 이런 상황에서 거대 설비의 구축에 이상할 정도로 집착하는 반면 시민사회나 지역사회에서의 상상력은 심각한 제약을 받아 왔다.

자연에너지를 개척하려는 새로운 패러다임은 기존의 패러다임과 대척점에 서 있다. 새로운 패러다임에서는 의사 결정이 분산됨에 따라서 새로운 지식이나 다양한 가치를 창출한다. 기존 패러다임에서는 석유도, 원자력도, 풍력발전도 모두 동일한 '1킬로와트시'였다. 에너지가 가진 산업 경제적인 가치만이 유일한 척도였다. 하지만 앞으로는 지역이나 사람 그리고 에너지의 종류에 따라 각각 새로운 가치를 갖게 된다. 안전보장이나 산업 경제의 요체인 에너지 정책은 '국가 정책'과 맞물려 있었다. 하지만 이제는 지속 가능한 사회를 지향하면서 지역사회에서 에너지의 바람직한 존재 방식을 빼고서는 논의 자체가 불가능하다. 기존 패러다임에서는 거대 기술에 대한 믿음이 경제적 가치의 측면과 함께 지역 자원을 수탈하는 에너지 개발이 이루어지는 데 영향을 미쳤다. 하지만 앞으로는 '풍차를 이용한 지역 활성화'와 같은 지역사회에서의 가치나 장작 난로의 불을 지켜보며 느끼는 '시간의 풍요로움'이 에너지의 존재 방식에서도 존중을 받게 될 것이다.

일본의 자연에너지 시장은 1990년대에 전력회사의 자율적인 잉여 전력 구입 프로그램이나 정부의 주택용 태양광발전에 대한 설치 보조금 덕분에 정책 차원에서 의도하지 않았는데도 실질적으로 탄생하게 됐다. 하지만 지구온난화 방지를 위한 교토 회의에서도 원전의 20기 증설이 최대의 정책 논쟁이었던 것처럼 명시적인 정책으로서는 자연에너지 시장을 전혀 인식하지 못했다. 1998년 무렵부터 내가 참여해 온 자연에너지 촉진법의 법제화 운동은 국회의원을 둘러싸고 폭넓게 전개되어 일본에서 자연에너지 시장을 향한 정책 논쟁의 효시가 됐다. 그 후 이러한 일본의 움직임에 영향을 받아 한국, 대만에서도 자연에너지를 둘러싼 정책 논쟁이 벌어졌고, 그 결과 모두 법제화가 되었다. '자연에너지 2004 국제회의'에서 주목을 받은 중국도 2005년도 안에 새로운 법안을 결정할 예정이고, 여기에 독일이나 영국, 미국의 전문가나 연구자, 정부가 참여하여 활발한 정책 논쟁이 이루어지고 있다. 이와 같이 자연에너지 시장을 둘러싸고 지식을 창출하는 연계나 공감이 아시아를 넘어서 세계로 확대되고 있고 이런 흐름에 우리도 '동시대의 당사자'로 관련되어 있다.

'석유를 둘러싼 전쟁'에서 '태양이 만드는 평화'로.

'자연에너지 2004 국제회의'의 개막식에서 독일 연방 정부 〈경제협력개발부〉 장관인 하이데마리 비초레크-초일Heidemarie Wieczorek-Zeul이 미래에 대한 희망을 담아서 발언한 이 말처럼 자연에너지는 새로운 패러다임을 확실하게 열어 나가고 있다.

이이다 데쓰나리

# 용어 해설(가나다 순)

**개방open 접속** → '계통 문제' 항목을 참조.

**계통 문제grid connection**  풍력발전 등의 자연에너지 발전소를 전력 계통에 접속할 때(계통 연계)의 규칙이나 우선 순위, 비용 부담 등이 애매하다는 점이 자연에너지 발전의 보급에 장해물이 되는 문제를 말한다.

 풍력발전 등의 변동하는 자연에너지가 전력 계통에 미치는 영향은 ① 스파크 등의 현상으로 나타나는 국지적 영향, ② 계통 전체에 발생하는 교류의 주파수에 미치는 영향이 있다. ①은 기술 요건을 규정하는 것으로 해결하지만 ②는 수급 균형 전체의 문제로 풍력발전은 많은 요인의 일부에 불과하다. 한편 공공재로 간주되는 전력 계통에 어떤 전원을 연계하고, 어떤 전력을 공급할 것인가의 우선 순위에 대한 사회적 합의, 특히 환경 부하가 적은 자연에너지를 계통과 우선 연계하는(우선 접속) 등 투명성이 높은 제도가 요구된다.

**계통 연계** → '계통 문제' 항목을 참조.

**공정한 시장 경쟁 환경level playing field**  기존의 보조금이나 기득권을 그대로 두지 않고 환경 부하 등의 외부 경제를 포함하여 '공정한 시장 경쟁'을 위한 기반을 조성하는 접근 방식이다.

 에너지 시장은 지구온난화나 대기오염을 초래하는 화석연료가 보조금을 받고, 또한 방사성 폐기물이나 파멸적인 사고 위험성 등의 문제가 있는 원자력은 그 이상의 보조금을 받고, 여기에 지자체의 일반 폐기물발전이나 열 이용은 시설 건설 자체를 공공 사업으로 충당하고 있다. 이러한 사항들이 환경 부하를 비용에 산정하지 않은 채로 순수 민간 사업에서, 더욱이 환경 부하가 적은 자연에너지 발전과 경쟁하는 불공정한 경쟁 환경에 놓여 있다. 이런 상황을 고려하여 환경 보전을 시장의 규칙으로 설정하고 다양한 수단을 통해 비용의 내부화를 도모하고 조건을 동등하게 만들어 시장 경쟁을 추진할 필요가 있다.

**교토 메커니즘Kyoto mechanism**  교토의정서에서 인정된 제도로 선진국이 삭감 목표를 달성하기 위해 국내 삭감을 주로 하되, 보완적으로 해외에서의 삭감을 가능하게 만드는 체계다.

다음 세 종류의 메커니즘, 즉 ① 선진국이 배출 기준을 매매하는 '배출량 거래', ② 선진국끼리 배출 삭감 프로젝트를 추진하는 '공동 이행 제도', ③ 선진국과 개발도상국이 배출 삭감 프로젝트를 추진하는 '청정 개발 체제'가 있다. 이중 '공동 이행 제도'와 '청정 개발 체제'에서는 자연에너지를 이용한 삭감 프로젝트로 배출 삭감을 실현하고, 이를 통해 해당 국가의 지속 가능한 개발에 기여하는 방식으로 주목을 받고 있다.

**규제의 재구축→ '에너지 시장 개혁' 항목을 참조.**

**기술 주도형technology push**  새로운 기술을 개발하고 보급할 때 기술 개발을 지원하여 '좋은 기술이 완성되면 보급한다'는 공급자 중심의 사고방식으로 '공급 주도'라고도 한다.

기술 주도형의 정책은 시장이나 사회의 필요와 무관하게 정부가 기술을 주도하기 때문에 불필요한 연구 개발 투자에 빠지기 쉽고, 보급에서도 시장 위험을 정책에서 경시할 가능성이 있다는 단점이 있다. 최근의 보급 정책은 정부 등이 미리 기술의 종류를 특별히 정하지 않고, 에너지 소비 삭감량이나 자연에너지로 생산한 전력 발전량 등 본래 얻을 수 있는 성과를 기준으로 기술을 평가하고, 그것을 경제적 방법 등으로 유도하는 '시장 주도형'으로 이행하고 있다.

**녹색 전력 프로그램green power program**  수요자의 선택과 참여에 의해 자연에너지로 생산한 전력 공급의 확대나 보급을 추진하는 프로그램이다. 1990년대 초기 미국에서 등장한 이래 세계 각국에서 다양한 시도가 이루어지고 있다. ① 기부·공헌형, ② 전력 선택형, ③ 증서 거래형, ④ 직접 투자형으로 나뉜다. 이중 기부·공헌형은 수요자가 전력회사나 시민 단체 등이 준비한 프로그램에 기부하는 것으로 일본 전력회사의 '녹색 전력 기금green fund'도 이에 해당한다. '증서 거래형'은 자연에너지로 생산한 발전량에 따른 '녹색 전력 증서green certificate'를 발행하고, 이것을 거래할 수 있는 프로그램이다.

**발전원 증명(Guarantee of Origin, GoO)**  전력 거래에서 발전원의 정보를 주고받는 열게다. 구입하는 전력이 원자력 발전소에서 생산한 것인가, 이산화탄소 배출량이 많은 석탄 화력 발전소에서 생산한 것인가, 이산화탄소 배출량이 비교적 적은 천연가스 화력 발전소에서 생산한 것인가, 운전할 때 이산화탄소를 포함하여 환경 부하를 배출하지 않는 자연에너지로 생산한 것인가를 표시하여 전력의 '녹색 구매'나 '환경 부가가치'를 포괄한 시장 거래도 가능하게 만든다.

**발전 차액 지원 제도** fix tariff system 또는 FIT(Feed in Tariff) 자연에너지 보급을 촉진하기 위해 지역의 송전 계통 관리자 내지는 전력회사에 자연에너지로 생산한 전력을 일정 가격으로 구입하는 것을 의무화하는 정책이다. 발전 차액 지원 제도는 영국 등의 의무 할당 제도와 마찬가지로 발전량을 대상으로 경제적 인센티브를 성과 기준으로 제공하는 지원 조치의 일종이다. 발전 차액 지원 제도는 독일이 1990년에 도입한 '전력 공급법(EFL)'을 계기로 덴마크나 스페인 등에서 차례로 도입했고, 이 세 나라에서 유럽의 풍력발전 설비 용량의 80퍼센트 이상을 차지하고 있다.

**시민 풍차** community wind 시민 스스로 사업자가 되어 폭넓은 시민의 출자 참여를 통해 추진하는 풍력발전 사업을 가리킨다. 풍력발전은 건설에 1~2억 엔이 들어가기 때문에 시민이 자금을 조달하는 일이 쉽지 않다. 하지만 익명 조합을 결성하는 등의 방법으로 시민이 직접 출자를 하여 사업 자금을 모은다. 출자자가 늘어나면서 전국의 지역사회에 풍력발전의 지지자가 늘어나고 지역 에너지 자립의 계기를 만드는 등의 부수적 성과도 있다. 시민 풍차는 2001년 〈홋카이도 그린 펀드〉를 시작으로 이미 일본에서도 여러 기가 운용되고 있다. 시민이 공동으로 건설·운영하고 있는 태양광발전까지 포함하여 '시민 공동 발전소'라고 부르는 경우도 있다.

**시장 주도형** market pull 기술 개발이나 기술 특정형의 보급을 하향식으로 추진하지 않고 성과 기준에 따라 구매 제도나 탄소세 등의 시장 장려책을 포함한 제도를 마련하고 기술 선택은 시장에 맡기는 보급 방식, 또는 그것에 기초한 제도다. '수요 견인'이라고도 한다. 종래의 기술 개발, 기술 특정형 보급을 중심으로 한 기술 견인형 정책과 대비해 이용된다. 자연에너지 보급 정책의 구매 제도로는 독일이나 덴마크 등의 '발전 차액 지원 제도', 영국이나 일본 등의 '의무 할당 제도' 등이 있다.

**시장 활성화 조직**(Market Facilitation Organizations, MFO) 개발도상국에서 지속 가능한 발전을 추진할 때 기술·정보·금융·정책 등이 취약하다는 상황에 대응하여 시장을 육성하기 위한 민관 협력 조직이다.

　일본에서도 지역에 자연에너지를 보급할 때는 기술·금융·정책 역량이 취약한 상황에서 기술은 새롭고 사업은 소규모여서 이익이 적어지므로 시장 활성화 조직이 위력을 발휘할 것으로 기대된다. 일본에서는 나가노 현 이이다 시에서 이루어지고 있는 방식이 최초다.

**신에너지** → '자연에너지' 항목을 참조.

**에너지 시장 개혁** energy market restructuring 에너지 시장을 기존의 독점과 명령 관리형의 방식에서 참여를 기본으로 하는 자유화의 방식으로 전환하는 개혁이다.

　이 개혁을 추진할 때 종래의 화석연료나 원자력 보조금 및 기타 환경 부하를 비롯한 외부 경제를 무시한 가격 경쟁을 용인할 것인가, 환경 부하 등의 외부 경제를 내부화한 경쟁 시장으로 전환할 것인가가 초점이 되고 있다. 참여 정도와 환경 배려라는 두 개의 축으로 정리하면 참여를 확대하고 환경을 배려하지 않는 유형(시장 원리주의형), 참여를 제한하고 환경도 배려하는 유형(유럽형)으로 나뉜다. 일본의 '규제 완화', '전력 자유화'의 논의는 종래의 공급자를 중시한 결과 시장에서의 가격 저하에 초점을 맞추면서 환경문제의 내부화는 거의 논의되지 못했고 보조금 삭감은 유보됐다. 유럽에서 유사한 문제를 '규제의 재구축'이라 부르며 외부 경제의 내부화나 환경 규제의 강화를 전제로 참여 확대를 도모한 것과 대조적이다.

**우선 접속** → '계통 문제' 항목을 참조.

**의무 할당 제도**fixed quota system 또는 RPS  전력 공급자나 발전 사업자에게 일정 비율의 자연에너지 공급을 의무화해 자연에너지 보급을 촉진하는 정책이다. '할당제', '자연에너지 할당 기준(Renewable Portfolio Standard, RPS)'이라고도 부른다. 의무 할당 제도는 독일이나 스페인의 발전 차액 지원 제도와 마찬가지로 발전량을 대상으로 경제적 인센티브를 제공하는 성과 기준에 따른 지원 조치의 일종이다. 영국이나 일본 등은 '의무 할당 제도'를 채택하고 있지만 자연에너지의 보급에 반드시 성공하는 것은 아니다.

**잉여 전력 구입 프로그램**purchasing program of surplus electricity  일본의 전력회사가 자율적으로 추진해 온 것으로 자연에너지로 생산한 전력을 구입하는 프로그램을 가리킨다.
　전기 요금과 동일 요금에서 60퍼센트 정도의 단가로 구입하는 계약은 자연에너지 보급에 공헌했다. 단, 자가 소비를 제외한 '잉여 전력'을 구입해야 하고, 그 상한을 발전 전력의 50퍼센트로 설정했기 때문에 원래 자가 소비를 상정하지 않는 풍력발전 등에서는 풍력 사업자가 이 조건에 맞추기 위해 50퍼센트의 전기를 사실상 폐기하는 사례까지 발생하여 문제가 됐다.

**자연에너지**renewable energy  석탄과 석유 등의 유한하고 고갈되어 가는 화석연료나 원자력과 달리 태양광·태양열, 수력, 풍력, 바이오매스, 지열 등 자연 현상 속에서 자원이 재생되는 에너지다.
　재생 가능 에너지와 같은 뜻으로 사용된다. 신에너지new energy는 석유 위기 이후 1974년에 〈통산성〉(지금의 〈경제 산업성〉)이 수립한 선샤인 계획에서 처음 등장한 일본 정부의 특수한 용어다. 국제적으로는 지속 가능한 발전에 반하는 댐식 수력이나 전통적인 바이오매스 이용을 제외한 지속 가능한 자연에너지(new, renewable)라는 개념으로 합의 형성이 진행 중이다.

**자연에너지 국제정치**global politics on renewable  자연에너지의 보급 확대를 지구온난화 방지 정책뿐만 아니라 에너지 정책의 핵심으로 설정하고, 나아가 선진국 간의 경제나 산업의 핵심으로 또한 개발도상국을 지원할 때 개발 정책의 핵심으로 삼아 국제정치의 주요 의제로 설정하는 국제정치의 흐름이다.

〈유럽연합〉은 자연에너지를 소속 국가들의 에너지 정책의 중심에 자리 잡게 만들었을 뿐만 아니라 국제정치의 무대에 자연에너지 정책을 끌어올렸다. 이런 흐름은 2000년 오키나와 정상 회의에서 〈G8 자연에너지 전담 기구〉 설립으로 이어졌고, 2002년 요하네스버그 정상 회의[지속 가능한 발전에 관한 세계 정상 회의(World Summit on Sustainable Development, WSSD)]에서는 자연에너지의 목표치가 중요한 정치적 주제가 됐으며 이것이 본Bonn에서 열린 '자연에너지 2004'로 이어지면서 자연에너지와 관련한 국제정치의 주요한 계기가 형성됐다. 2005년에 교토의정서가 발효되어 이런 흐름에 박차를 가할 것으로 기대된다.

**자연에너지 시장renewable energy market** 자연에너지 관련 경제 시장의 총칭이다. 자연에너지 기기 제조업체만이 아니라 자연에너지와 관련한 투자, 고용 등을 총칭한다. 시장 형성에는 정책을 통한 보급, 특히 '시장 주도형' 보급 정책이 크게 공헌했다. 특히 〈유럽연합〉은 지구온난화 등의 환경 보전을 필두로 에너지 안보의 향상, 산업과 고용 확대, 그리고 지역 개발이라는 네 개의 측면에서 자연에너지를 〈유럽연합〉 국가들의 에너지 정책의 중심에 두고 있고 나아가 개발도상국 지원에 적극적으로 이용하고, 풍력발전과 바이오매스 열 이용을 비롯하여 관련 시장 형성에 공헌했다.

**자연에너지 전력 거래 제도renewable power ·purchase** 발전량을 대상으로 경제적 인센티브를 제공하는 성과 기준의 지원 조치에 따라 자연에너지 보급을 추진하는 제도다. 기술 개발, 혹은 개별 성과 평가와 무관하게 기술을 정부가 특정하여 보급하는 제도와 대비된다. 구매 제도에는 ① 발전 차액 지원 제도(FIT), ② 의무 할당 제도(RPS), ③ 경쟁 입찰, ④ 기타 정책이 있다. 유럽의 풍력발전 설비 용량의 80퍼센트 이상을 치지하는 독일·스페인·덴마크는 ①을, 일본은 ②를 채용하고 있다.

**자연에너지 할당 기준 →** '의무 할당 제도' 항목을 참조.

**재생 가능 에너지 →** '자연에너지' 항목을 참조.

**저온열 정책(low temperatute) heat supply & use policy** 가정이나 업무 부문의 난방과 급탕용 열 수요 등 저온열 사용에 의한 화석연료 소비를 줄이고 자연에너지나 열병합발전 과정에서 나오는 열을 이용하는 방식으로의 전환을 도모하는 정책이다.

'저온열'은 자연에너지나 열병합발전 과정에서 나오는 열을 이용함으로써 쉽게 충당할 수 있는데도 일본에서는 태양열 이용의 보급에 실패했고 열병합발전도 가정이나 업무상의 사용이 아주 적기 때문에 대부분을 화석연료나 전력에 의존하고 있다. 북유럽 국가들 중 덴마크·스웨덴·핀란드에서는 바이오매스 이용이 진척을 보이고 있고, 여기에 바이오매스발전을 포함한 화력발전의 대부분이 열병합발전이기 때문에 발전 과정에서 나오는 열을 저온열로 사용하고 있다.

**전력 자유화 →** '에너지 시장 개혁' 항목을 참조.

**지역사회의 전력 선택(Community Choice Aggregations, CCA)** 지자체의 결정에 따라 지역의 모든 수요자가 전력회사나 전기의 종류를 선택할 수 있는 제도다. 롱아일랜드 주 등에서 이미 시민 단체가 주도하는 공동체의 전력 선택을 통해 100만 명의 고객을 유치한 새로운 에너지 공사도 탄생했다. 2002년 9월에는 캘리포니아 주법이 제정되어 샌프란시스코 시를 비롯한 다수의 지자체가 새로운 에너지 공사 설립을 모색하고 있다.

**지역 에너지 환경 사무소local energy & environmental agency** 유럽에서 에너지 대책을 각 지역에서 논의하고 추진하기 위해 지역의 이해관계자가 모이는 공간이다. 1970년대에 덴마크 각지에서 에너지·환경·지역사회에 대해 함께 공부하는 공간으로 생겨났고, 그 후 지자체나 사업자가 교류하는 협력의 장이 됐다. 〈유럽연합〉도 1992년부터 지역 에너지 사무소의 확대에 주력하여 현재 유럽 전역에 약 250개가 넘는 사무소가 설치되어 운영되고 있다. 시장 활성화 조직(MFO)의 한 형태다.

**쿼터제 →** '의무 할당 제도' 항목을 참조.

**프로젝트 금융project finance** 프로젝트와 관련한 융자 중 프로젝트의 수익을 변제의 재원으로 충당하고 프로젝트의 자산을 담보로 하여 융자해 주는 방식을 가리키며, 일본의 융자 방식의 주류인 기업의 신용을 배경으로 한 기업 금융corporate finance과 비교하여 이렇게 부른다.

원래 대규모 사업의 자금 조달에 이용해 왔지만 최근에는 자연에너지 프로젝트가 규모와 장래성에서 매력적인 융자 대상이 되고 있다. 여타의 프로젝트와 마찬가지로 풍력 발전소 등이 자연에너지 시설을 대상으로 하는 프로젝트 금융도 특정한 풍력 발전소 등의 사업만을 추진하는 사업회사(특수목적 회사(SPC))를 설립하여 여기서 풍력발전 설비를 건설하기 위한 비용을 사업 자산을 담보로 조달하고 사업 수입(현금 흐름)에 따라 변제하게 된다.

**화석연료 제로 (지자체)fossil fuel free (community)** 지자체 내에서 소비하는 에너지량에 상당하는 자연에너지 생산을 정책 목표로 내건 지자체를 가리키며, 지자체가 추진하는 자연에너지 촉진이라는 정책 목표 중에서도 수준이 가장 높다.

지자체가 추진하는 이런 정책은 지구온난화 방지에 기여할 뿐만 아니라 지자체 내의 '자연에너지 시장'을 확대하여 산업과 고용을 튼튼하게 하고, 그것이 지역 산업의 활성화를 초래하여 '지역사회의 자율'을 육성하는 계기가 된다. 또한 파급효과로서 지자체의 입지를 확보하여 주민이 자부심을 갖게 되고, 지역에서 생산하는 상품이나 관광 산업이 '상품'으로 활용되는 등 '지역의 부가가치'를 전체적으로 향상시키게 된다. 또한 외부의 대규모 전원과 연료에 의존하지 않는 소규모 분산형의 에너지를 지자체와 그 지역의 주민과 기업이 적극적으로 실행하는 '에너지의 자치'를 추진하게 된다. 지자체가 추진하는 자연에너지 보급 정책은 그 양적 확대나 이산화탄소 배출 삭감의 양적 진전에 머물지 않고 자치나 지역 경제의 존재 방식 등을 재설계하는 장대한 사회 정책과 연계되어 있다고 할 수 있다.

**환경 부가가치**environmental value  일반적으로 환경 보전형 상품을 대상으로 하는 환경 공헌 시장에서 환경적 가치를 경제적으로 환산하여 가격에 포함시키는 것을 가리키며, 자연에너지의 경우에는 이산화탄소 배출 삭감 등의 환경 보전 가치를 구매 가격에 포함시키는 것을 말한다. 예를 들어 녹색 전력 프로그램이나 의무 할당 제도(RPS)로 거래되는 '녹색 전력 증서'는 통상의 전력 가격에서 환경 부가가치가 분리된 것으로 볼 수 있다. 단, '일본의 신에너지 이용 특별 조치법'에서는 환경 부가가치와의 관련이 명시되지 않아 혼선이 발생하고 있다.

# 참고 자료

## 7장 녹색 전력 사업

(財)日本エネルギー経濟研究所, 2004, 『國內外グリーン電力制度(プログラム) に關する調査』, 平成15年度新エネルギー等電力市長擴大促進對策基礎調査.

## 6장 RPS 시장의 등장

「新エネルギー等利用法電子管理システム」, 資源エネルギー庁(http://www.RPS.go.jp/). 이 자료의 2004년 10월 5일자 'RPS법에 있어서 신에너지 등 전기 등의 거래 가격 조사 결과'를 이용하여 작성.

資源エネルギー庁, 2003, 『海外における新エネルギー等導入促進施策等に関する調査報告書』, 東京海上リスクコンサルテトング(株)〔現 東京海上日動リスクコンサルテトング(株)〕수탁 조사.

西尾 健一郎・浅野 造志, 2003, 『RPS下における新エネルギー導入量と対策費用の分析』, 電力中央研究所・研究報告Y02014.

資源エネルギー庁 新エネルギー等電気利用推進室, 2003, 「電気事業者による新エネルギー等の利用に関する特別措置法」의 신고 방법 등에 관한 설명회 자료.

資源エネルギー庁, 2003, 『国內外のグリーン電力制度(プログラム) に関する調査報告書』, (財)日本エネルギー経済研究所(http://www.enecho.meti.go.jp/040903green.pdf).

## 8장 청정 개발 체제 등 유연적 조치의 활용

国連気候変動枠組条約(UNFCCC), 1997, 京都議定書, マラケシュ合意.

UNFCCCウェブサイト, http://unfccc.int/2860.php/.

CDMウェブサイト, http://cdm.unfccc.int/.

気候変動に関する政府間パネル(IPCC), 2001, 『第3次評価報告書』

環境省, 『2002年度の温室効果ガス排出量について』, http://www.env.go.jp/earth/ondanka/ghg/index/index.html.

環境省, 2003, 『図説京都メカニズム』, 第2版.

経済産業省, 2004, 『CDM/JI・標準教材・version 1.0(京都メカニズム専門家人材育成事業) 京都メカニズム利用ガイド version 5.4』.

(社)海外協力センター, 『京都メカニズム情報プラットフォーム』, http://www.kyomecha.org/.

## 9장 자연에너지에 대한 투융자

IEA, 2002, *World Energy Outlook 2002*.

German Government 2004 Conference Report, *Outcomes and Documentation*, International Conference for Renewable Energies, Bonn, Federal Ministry for Economic Cooperation and Development BMZ and Federal ministry for the Environment, Nature Conservation and Nuclear Safety BMU, Government of Germany, available at www.renewables2004.de.

IEA, 2003, *World Energy Investment Outlook 2003*.

UNDP, 2001, *G8 Renewable Energy Task Force Report*.

UNEP FI, 2002, *Climate Change and the Financial Services industry UNEP Finance Initiative*, DTIE, 2002.

UNEP Energy, 2004, *Financial Risk Management Instruments for Renewable Energy Projects*, UNEP Energy, DTIE, 2004.

SEFI, 2004, *Communiqué from Creating the Climate for Change-Sustainable Energy Finance*, Bonn, Germany 1-2-June 2004 Sustainable Energy Finance Initiative SEFI, UNEP available at www.sefi.org.

Sontag-O, Brien and Usher, E., 2004, *Mobilizing Finance for Renewable Energies*, Thematic background paper for Bonn Renewable 2004 UNEP.

Credit Lyonnais Securities Asia, 2004, *Sun screen: Investment opportunities in solar power*,

Credit Lyonnais Securities Asia.

Gross, Leach and Bauen, 2002, *Progress in renewable energy*, Environment International
  987 20021-18.

Augusta Finance, 2003, *European Wind Power*, Industry White Paper2.

BTM Consult, 2003, *Renewables Report*.

Credit Suisse First Boston, 2003, *UK renewable policy sector review*.

The Carbon Trust, 2003, *Building options for UK renewable energy*.

Shimon Awerbuch, 2000, *Getting it Right: The Real Cost Impacts of a Renewables Portfolio
  Standard*, Public Utilities Fortnightly.


## 10장 목질 바이오매스 에너지 활용에 도전

岩手県, 2004, 『いわて木質バイオマスエネルギー利用拡大プラン』.

岩手県林業技術センター, 2004, 『研究成果速報 No. 141, 142』.

岩手県, 2004, 『木質ペレット規格案策定事業報告書』.

岩手県, 2004, 『木質バイオマス活用地域モデル総合実証調査報告書』.

岩手県, 2002, 『岩手木質バイオマス資源活用計画』.

# 자연에너지 십계명

　이 책을 번역하고 수정하는 사이에 일본에서는 지각 변동에 비유할 만한 새로운 변화의 바람이 불고 있다. 제2차 세계대전에서 패전한 이후 50년 이상 집권당의 자리를 지켜 왔던 자민당이 야당의 자리로 위치를 옮겼다. 그리고 만년 야당이었던 민주당이 2009년 8월 30일에 실시된 중의원 선거에서 압승을 거두며 정권 교체에 성공했다. 이런 정치적인 변화가 이 책의 주제인 일본 자연에너지 체계의 구축과는 어떤 연관이 있을까?

　먼저 자민당 집권 기간에 조성된 기존 화석연료의 체계 내에서 그저 찻잔 속의 회오리로 표현되던 자연에너지에 대한 관점이 바뀌고 있음을 알 수 있다. 다시 말해 "높은 비용, 낮은 효과"로 인식되어 온 자연에너지를 일본의 미래 사회에 반드시 필요한 수단으로 바라보기 시작했고, 이런 관점에서 활용 방안의 설계에 착수했다. 나는 그 서막을 주택용 태양광 발전소에서 생산되는 전력을 일반 전력의 두 배의 가격으로 의무적으로 구입한다는 민주당의 정책에서 발견한다. 이 정책은 이전 자민당 정권에서 사라졌던 태양광발전에 대한 보조와 지원을 부활시키면서 기업의 시장 참여를 더 큰 규모로 그리고 지속적으로 이끌어 낼 수 있는 방안이다. 나아가 내년에는 잉여분뿐만 아니라 가정용 태양광발전 전량을 모두 전력회사가 사들이게 한다는 과감한 구상도 나오고 있다. 이 정책은 일본 사회가 직면한 이산화탄소의 감축이라는 긴급한 과제의 해결이라는 또 한 마리의 토끼를 잡는 데도 기여할 수 있다.

엮은이 이이다 데쓰나리는 두 달 전의 통화에서 일본의 자연에너지 시장의 전반적인 침체 분위기를 전하면서, 특히 태양광발전 도입량이 줄어들고 있다는 사실에 크게 우려하고 있었다. 2008년 말의 조사 결과(www.solarbuzz.com)에 따르면, 일본의 태양광발전 신규 설치 규모는 23만 킬로와트로 스페인(250만 킬로와트), 독일(186만 킬로와트), 미국(36만 킬로와트) 등에 이어 세계 6위로 전락했다. 과연 일본 민주당의 새로운 에너지 정책이 이런 엮은이의 걱정을 덜어 줄지 지켜볼 생각이다.


지속 가능한 사회로의 진전을 거론할 때 우리는 새로운 제도의 구축을 언급한다. 이는 어떤 전망과 목표를 가지고 추진하느냐에 따라 전혀 다른 모습의 사회나 체계를 만들 수 있다는 점에 초점을 맞춘다. 지속 가능한 사회로 전환하는 데 있어 핵심적 과제이자 수단인 에너지의 전환 또한 마찬가지다. 예를 들어, 이 책에서 자연에너지의 보급 확대를 위해 자연에너지 의무 할당(RPS) 제도의 도입을 거론하지만 자세히 보면 전혀 다른 두 모습이 존재한다.

우선 기존 발전 사업자(화력·대규모 수력·원자력 등)의 체제를 공고히 하는 데 도움을 주는 측면이다. 이는 최근 한국에서 RPS 제도와 관련한 논의에서 지적되고 있듯이 자연에너지의 도입과 확대에서 발전 사업자들의 이산화탄소 배출 삭감을 중심 과제로 설정할 경우에는 시장 확대에 기여하기 어렵다.

반면 제도 도입의 초기에 취약한 자연에너지 시장을 조성하면서 장기적인 관점에서 시장 형성의 비전을 제시해 준다면 에너지 체계 전환의 촉매 역할을 할 수 있다. 이런 상황에서 관건은 RPS 비율을 어느 정도까지 설정할 것인가에 있다.

우리가 주목해야 할 사실은 기존 발전 사업자에 대한 규제도 중요하지만 새로운 에너지 시장 창출이라는 측면에서 접근하지 않는다면 새로운 돌파구를 만들기 어렵다는 점이다. 즉 기업이 자연에너지 시장에 자본을 투자할 가치를 느낄 만큼 매력적인 시장으로 만들 수 있는지의 여부가 향후 우리나라 자연에너지 시장의 성장에 핵심 과제가 된다.

우리의 상황은 과연 어떠한가? 혹시 두 마리의 토끼를 쫓다가 한 마리도 잡지 못하는 우를 범하고 있지는 않는가? 또는 한 마리 토끼에만 눈을 팔다가 나머지 토끼들은 놓치고 있지는 않는지 깊은 고민이 필요하다.

현재 지구적 차원에서 에너지를 둘러싸고 새로운 시장과 경쟁의 구도가 형성되고 있고, 나아가 새로운 사회 체계의 구축에 관한 대안을 확보하기 위한 경쟁이 치열하게 진행되고 있다. 이는 기후변화에 대한 대응과 에너지 안보의 확보라는 거시적 과제에서부터 우리 생활 방식의 전환이라는 미시적 과제에 이르기까지 거의 모든 분야에 해당한다.

더구나 2009년 12월 코펜하겐에서 열리는 유엔 기후변화 협약 제15차 당사국 총회는 기존 에너지 체계에는 위기이지만 지속 가능한 에너지 체계에는 더욱 폭넓은 기회를 제공할 것이다. 특히 개발도상국들에게는 지속 가능한 발전을 향한 국가적 의지와 역량을 검증하는 시험대가 될 것이다. 우리나라의 경우, 정부가 2005년 대비 4퍼센트 감축을 목표로 내걸고 새로운 도전에 나섰다. 위기이자 기회가 될 이번 결정이 우리 사회의 지속 가능성을 높이는 데 기여하기를 바라며, 이 책이 그 과정에서 촉매 역할을 해 줄 것이라 믿는다.

이 책이 일본에서 출간된 지 4년이 지났다. 하지만 우리의 자연에너지 시장의 현실에 견주어 생각해 보면, 마치 무대 뒤에서 기다리다가 시간에 맞추어 나타나는 배우처럼 한국판의 출간이 시의적절하다고 생각한다. 그것은 이 책이 우리 사회가 지속 가능한 에너지 시스템 형성이라는 관점에서 이제 막 도전에 돌입한 과제들에 대해 앞선 노력과 고민을 담고 있기 때문이다. 또한 무수한 현실의 장벽과 부딪혀 얻은 성과와 한계들도 고스란히 전해 준다. 이런 측면에서 이 책은 이제 우리가 자연에너지의 다양한 분야에서 다양한 주체가 다양한 방식으로 도전하는 여정에 좋은 길잡이가 될 것이라 생각한다.

번역의 과정에서 보여 준 엮은이의 호의에 감사를 표한다. 그리고 동아시아 차원의 지속 가능한 발전을 위해 협력하자는 엮은이의 제안을 지키기 위해 노력할 생각이다. 끝으로 엮은이가 자연에너지의 가능성과 관련하여 금과옥조처럼 강조하는 열 가지 이점을 독자들에게 소개하고 싶다.


1. 지구온난화 방지

2. 지역 환경문제 해결

3. 국가 에너지 자급도 향상

4. 자연에너지 산업 육성

5. 건전한 고용 창출

6. 지역 자원의 효과적 활용

7. 에너지 정책의 지방 분권화

8. 의사 결정 과정에 시민 참여

9. 지역사회 활성화

10. 생생한 환경 교육의 제공


2009년 12월

옮긴이를 대표하여 윤전우

**자연에너지 시장**

엮은이 | 이이다 데쓰나리
옮긴이 | 푸른아시아
펴낸이 | 이명희
펴낸곳 | 도서출판 이후
편집 | 김은주, 신원제
마케팅 | 김우정
편집 도움 | 서영심
표지 · 본문 디자인 | DESIGN BAG

첫 번째 찍은 날 | 2010년 1월 8일

등록 | 1998년 2월 18일(제13-828호)
주소 | 121-745 서울시 마포구 동교동 165-8 엘지팰리스 827호
전화 | 대표 02-3141-9640 편집 02-3141-9643 팩스 02-3141-9641
ISBN | 978-89-6157-034-3 93300

이 도서의 국립중앙도서관 출판시도서목록(CIP)은 e-CIP 홈페이지(http://ni.go.kr/cip.php)에서 이용하실 수 있습니다. (CIP
제어번호: CIP 2009003915)